百萬父母都說讚！

菜市場營養學

權威營養師為**寶寶**寫的

110道主、**副食品**烹調技巧

讓寶寶得到最可靠的營養，健康成長！

學者研究指出：「人類在出生後到 4 歲之間，會發展出大約 50%的學習能力；在 8 歲以前，又會發展出另外的 30%。」

因此，3 歲前的嬰幼兒副食品決定寶寶的健康與好腦力！隨著寶寶一天天長大，所需要的營養當然也日益增多；而孩子偏食容易造成營養失衡，所以副食品的口味變化必須多元且營養均衡，如果父母們能充份掌握副食品的正確營養觀念，細心烹調嬰幼兒料理給孩子食用，相信必能感受到孩子在健康營養的環境下成長之喜悅。

市面上雖然不乏嬰幼兒食譜的書籍，但是由專業營養師撰寫的卻寥寥可數。而《百萬父母都說讚！菜市場的營養學》一書，則是由 4 位實務經驗豐富的臺北市立聯合醫院營養師聯合執筆，內容深入淺出，以最貼近生活概念與自身哺育的經驗，有系統地分析嬰幼兒主食與副食品的營養需求與可能遇到的情況，同時搭配多款易做且深具特色的營養食譜，提供給寶寶全方位的營養攝取。

本書也針對父母們時常感到困惑或煩惱的嬰幼兒生活飲食問題：包括嬰幼兒膳食該如何製備，才能兼具健康與美味、寶寶挑食或偏食的解決辦法、適當的用餐時間究竟是多久、各階段離乳期能餵食食物是什麼，以及過敏寶寶的飲食等等，作者以活潑生動的方式為父母們清楚解答嬰幼兒飲食的各項疑惑，讓父母育兒之餘，更加得心應手。

身為兒科醫師，在三十二年的醫病生涯中，非常能體會新手父母養兒育女的用心及苦心，因此我誠摯地推薦本書給每一位為人父母者，願我們的寶貝能在良好飲食習慣的基礎上，得到最可靠的營養，健康成長。

臺北市立聯合醫院陽明院區院長　楊文理

作者序 Author foreword

讓寶寶「營」在起跑點，「養」出孩子的聰明成長

在這個少子化的現代社會，每個爸爸媽媽在面對新生命的感動之後，便開始了無止境地戰戰兢兢、如履薄冰的關懷與照護，過程雖然辛苦，但每每看著寶寶入睡後那微揚的嘴角，比蒙娜麗莎還甜美的微笑，就覺得孕吐、生產、犧牲睡眠與身材、辛苦地到處找書找資訊等等心酸苦楚全都值得了！

而寶寶的第一口食物，可說是建立健康飲食習慣、全方位營養的基礎，也是寶寶給父母親的另一項大挑戰！甚麼時候開始給副食品？要先給什麼？要吃多少？寶寶吃完拉肚子怎麼辦？

身為營養師兼顧新手媽媽的自己，本來心想只要依照衛生署「寶寶每天飲食建議表」及早已經背到滾瓜爛熟的「食品營養圖鑑」兩套秘笈就可以制敵必勝，萬萬沒想到首先遇到的關卡是隔代教養的差異，在兒子 4 個月的時候，奶奶就迫不及待地讓小孫子嚐試蘋果、水梨原汁，這還不打緊，爺爺更想依照自己的重口味添加蜂蜜、醬油、鹽等來「推己及孫」，為了避免長輩們與現代營養學相衝突觀念造成的困擾，每天就像官兵捉強盜般替兒子的離乳新體驗過濾把關；解決了上一代，下一代也不是那麼好相處的，吃成小花貓是小事，嗆到、拒食、挑食、不專心與便秘、紅屁股等狀況層出不窮，甚至連食材、器皿衛生安全的選擇都是一大重點，這些都成為身兼職業婦女的自己莫大的臨場考驗！

當然，在經歷兒子給予的訓練與磨練之後，自己也相對成長了，「吃」原來不只是將該吃的食物放進嘴裡這麼簡單！因此我將這些心得運用在文中與大家分享，希望天下父母在面臨實戰時可以不再手忙腳亂，順利幫寶貝贏在起跑點！

吳雅惠

寶寶重要的成長期，讓你不再手忙腳亂！

自從當了營養師之後，週遭親友只要家中有嬰幼兒，幾乎都會前來請教我有關嬰幼兒副食品的製作方法。當我還沒結婚生子之前，總以為這一切很簡單，只要依照教科書那一套，原封不動照本宣科就是了。但是，有了小孩之後，才發現說得容易做得難。因為，我的小孩根本完全不像教科書所寫，什麼階段就會吃什麼，餵給孩子的食物，他也不一定會乖乖吃。

因此從孩子成長至 6 個月之後，我就天天與孩子奮戰，每天花盡心思為他準備副食品，看著他吃完自己精心準備的食物，心裡就有無限的歡喜。當時，我心想，教科書上寫的原則雖然沒錯，但是執行起來真是大大不易啊！如果有一本真正貼近實際經驗的嬰幼兒副食品書籍能讓大家輕而易舉地上手的話，該有多好！適巧，有這機會讓我可以將實際相關經驗與知識結合，希望能給予身為新手父母的讀者們參考，讓父母們可以在寶寶重要的成長期，不會手忙腳亂，能夠快快樂樂、輕輕鬆鬆陪伴寶寶一起成長。

高雅群

多胞胎、早產兒體虛多病？只要副食品吃對就完

身為一位營養師，照護民眾的營養、宣導健康飲食觀念、推動社區營養政策等皆是份內職志。當親朋好友徵詢這類訊息時，我的知能和經驗可以派上用場，盡點棉薄之力，常讓我感受助人為樂。九十五年夏天，正是我人生另一個里程的開始。兩個小生命同日誕生，而我成為一位母親，照顧寶貝們的健康，養育他們日漸茁壯。何其有幸的，因著我的職業，自從預計生育開始，即刻著手改造自己的健康狀況，盡其所能儲存所有需要的營養、能量於體內，為即將孕育下一代而努力。

如同其他多胞胎所可能發生的早產，我家寶貝們提早了一個月又五天和家族成

最均衡最營養的寶寶副食品，自製才是王道

當營養師將近十年了，工作內容大部分以成人營養照護為主，但對於幼兒營養照護的領域，則是在自己的小孩出生後，特別專研嬰幼兒營養照護的知識。從一開始母乳的哺餵、配方奶的選擇、副食品的給予及選購製作副食品的器具，這些都是媽媽們擔心的問題，至於副食品要如何製作，更是令媽媽們百般煩惱。在我小時候，母親都是以米麩、 仔魚粥等幾種食物作為我的副食品，其實這樣的食物並不足夠，因為嬰兒時期是孩子發育最旺盛的階段，應該以均衡飲食為基礎，並且在此時期提供多樣化的食物，千萬不要因為媽媽本身挑食或有禁忌，使得寶寶在成長過程中對某些特定食物挑食。

現代的媽媽們對寶寶的營養都非常注重，市面上亦有很多種方便調理的嬰兒副食品，對於忙碌無法自行製作副食品的媽媽而言，當然非常便利，但市售的副食品在部分營養素上仍無法與自己製作的副食品相比，因為有些營養素在製作過程中易受破壞，像是維生素 C 及植化素，故藉此機會，與讀者分享六個月至兩歲寶寶的副食品製作食譜，並且分享在餵養寶寶及製作副食品的經驗，希望本書能夠幫助媽媽們在製作副食品時，不用再煩惱該給寶寶吃什麼，而能製作出營養均衡又美味的副食品。

黃雅慧

全沒問題！

員見面。姊弟倆算是爭氣，體重都達到兩千公克以上，身體功能健康無恙。照顧他們的過程，除了上天賦予的母愛天性，更多了一份營養師的用心。從懷孕、新生、六個月、週歲、兩歲，如今他們已足六歲，原本他們的體型與同年齡寶寶相比非常瘦弱，但一路成長之下，如今都以達到同齡寶寶的平均值，甚至比平均值更好。因緣際會參與本書寫作，和雅群、雅惠、雅慧三位優秀的營養師媽媽們，將所學知能、所為經驗，從能加以活用的書本知識到菜市場的食材選購，與您分享育兒心得。

饒月娟

目錄 Contents

Part 2

分齡營養照護篇

針對不同時期寶寶所需營養，跟著專業營養師這樣做，就能養出健康聰明的寶寶！

目錄 Contents

Part 4

完全實踐篇

營養學權威教你做，最適合兩歲以上寶寶的56道健康飲食！

Part 5

症狀救急篇

寶寶常見症狀的照護與飲食

副食品的食材小叮嚀！
各階段副食品材料大小與烹調要點

各階段副食品的材料烹調與大小都須進行適當的處理與調整，才能讓寶寶對副產品的餵食不會感到排斥，且容易消化與吸收，分量也才能漸漸增多。下列的資料是依照寶寶的體力、食欲、消化能力等等歸納，可供媽媽們作參考。

	初期副食品（5～6個月）	中期副食品（7～9個月）	後期副食品（10～12個月）	完成期副食品（12～18個月）
米	米和水比例為1：10倍的粥。將米絞碎後，煮成像流動的水一樣的米糊。	米和水比例為1：8～5倍的粥。稍微攪打到剩下一點塊狀，煮成可滴落的粥。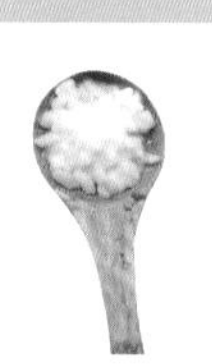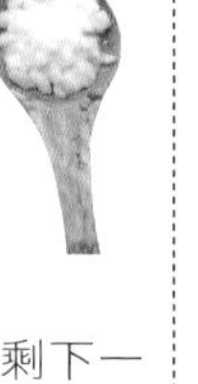	米和水比例為1：5倍的軟飯。看得到飯粒，可用牙齦咬碎。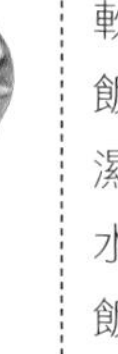	軟飯～飯。潮濕、帶水分的飯。
南瓜	將皮切除、去籽，煮到呈現糊狀。	煮熟後再搗碎或搗到0.2～0.3公分大小。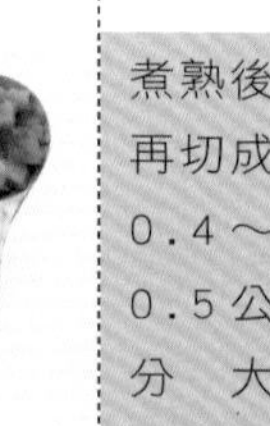	煮熟後再切成0.4～0.5公分大小。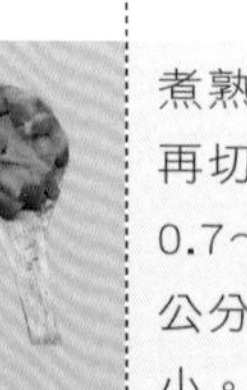	煮熟後再切成0.7～1公分大小。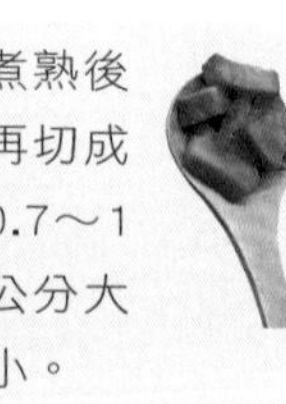
馬鈴薯	煮到融化狀。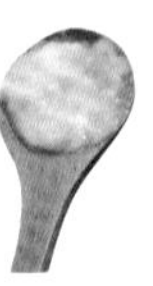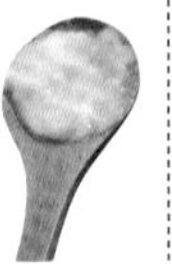	煮過後將其搗碎或搗成0.3公分大小。	煮熟後切成0.4～0.5公分大小。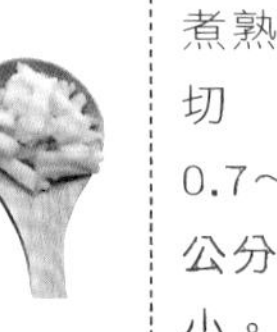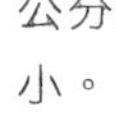	煮熟後切成0.7～1公分大小。

	初期副食品（5～6個月）	中期副食品（7～9個月）	後期副食品（10～12個月）	完成期副食品（12～18個月）
紅蘿蔔 	煮熟後取出，攪打成糊狀。 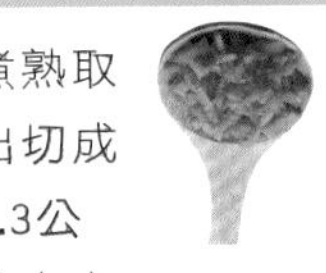	煮熟取出切成0.3公分大小。 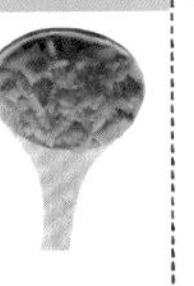	煮熟後取出，切成0.4～0.5公分大小。 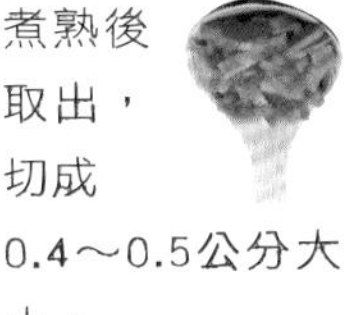 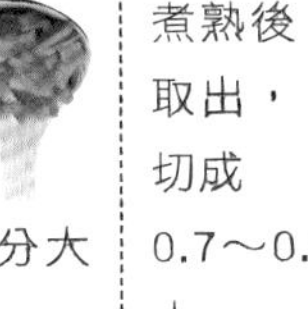	煮熟後取出，切成0.7～0.8公分大小。 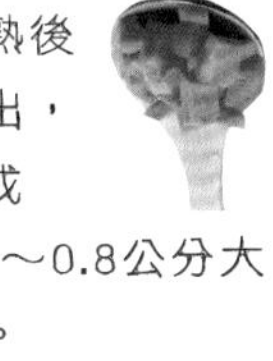
白肉魚 		蒸熟後，挑出魚刺，只將魚肉搗碎。 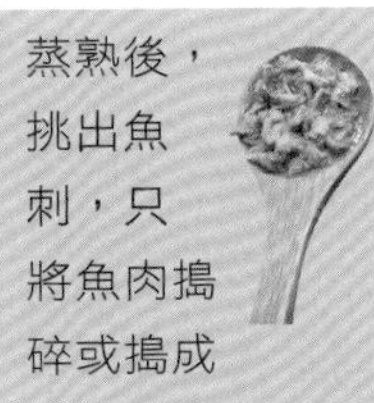	蒸熟後，挑出魚刺，只將魚肉搗碎或搗成0.5公分大小。 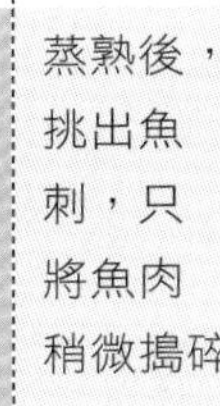	蒸熟後，挑出魚刺，只將魚肉稍微搗碎。 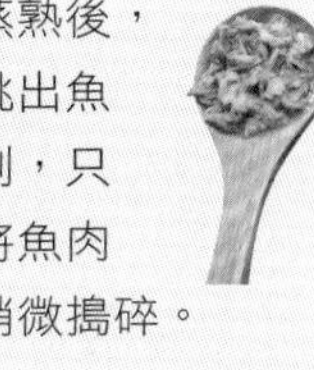
黃瓜 	將黃瓜燙煮，煮到呈融化狀。 	將黃瓜燙煮後，再搗成0.2～0.3公分大小。 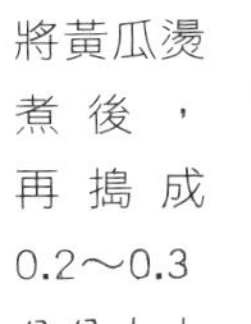 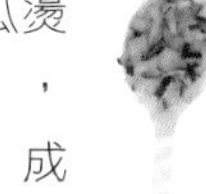	將黃瓜燙煮後，再切成0.4～0.5公分大小。 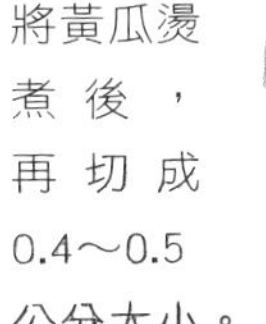 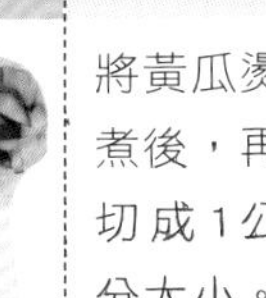	將黃瓜燙煮後，再切成1公分大小。 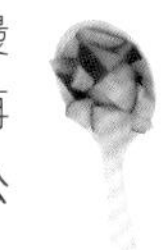
雞蛋		煮到全熟，只取蛋黃並搗碎。 	只取蛋黃攪拌後料理或將全熟蛋黃搗成塊狀。	雞蛋煮熟後再切成適當大小的塊狀。 
青花菜 	將青花菜燙煮，煮到呈融化狀。 	將青花菜燙煮後，再搗成0.2～0.3公分大小。 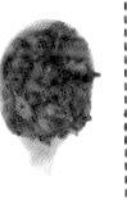	將青花菜燙煮切成0.4～0.5公分大小。 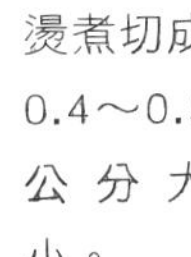 	將青花菜燙煮後，再切成1公分大小。 

新手媽咪必讀！
餵食副食品的4大階段

在未來的一整年裡，我們將副食品的餵養分為4個階段，依照餵食次數、攝取量、料理方法等要點進行鉅細靡遺的整理。

快點跟著計畫，一起開始正確的副產品餵養吧！

	STEP 1 初期副食品（出生後5～6個月）	STEP 2 中期副食品（出生後7～9個月）	STEP 3 後期副食品（出生後10～12個月）	STEP 4 完成期副食品（出生後13～15個月）
次數	1次（上午1次）＋零食1次	2次（上午1次，下午1次）＋零食1次	3次（上午、下午、晚上各1次）＋零食1～2次	3次（上午、下午、晚上各1次）＋零食2次
時間	上午10點（零食下午6點）	上午10點，下午6點（零食下午2點）	上午7點，下午1點，下午6點（零食上午10點，下午3點）	上午7點，下午12點，下午6點（零食上午10點，下午3點）
攝取量（分量）	第一天用5g，再逐日加量。平均30～80g	平均70～120g	平均100～150g	平均120～200g
料理方法	米和水比例為1：10倍的粥，完全打碎。	米和水比例為1：8倍的粥。搗碎成0.2～0.3公分大小。	米和水比例為為1：5倍的軟飯。並搗碎成0.4～0.5公分大小。	較軟的飯壓碎0.7～1公分大小。

	STEP 1 初期副食品（出生後5～6個月）	STEP 2 中期副食品（出生後7～9個月）	STEP 3 後期副食品（出生後10～12個月）	STEP 4 完成期副食品（出生後13～15個月）
進食方法	僅能以舌頭前後推動的方式進食。	已熟練舌頭前後推動的方式進食，學著將食物帶到上顎後再吞嚥。	以靈活地將舌頭往前後左右推動的方式進食，學著以牙齦和門牙咬碎食物後吞嚥。	吃法幾乎和大人相同，但咀嚼力很小，會利用門牙或臼齒咬碎食物來進食。
平均牙齒顆數	1～2顆	3～4顆	6顆以上	8顆以上

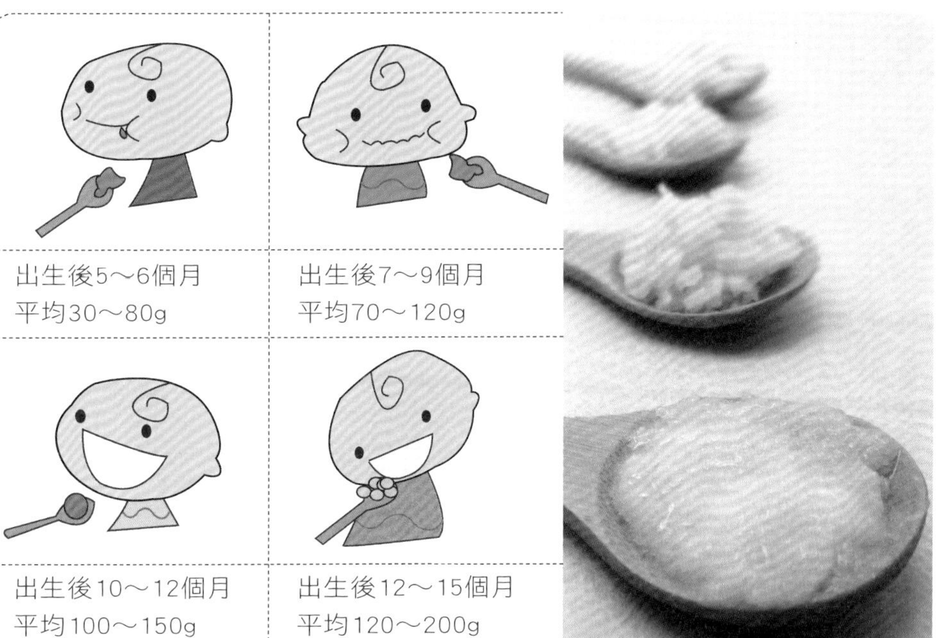

每個時期添加副食品時可以使用以及必須慎選的食材

不論哪一時期，使用食材的時候務必謹慎小心。由於孩子的消化器官還未成熟，讓他慢慢練習適應各種食材的特性、味道、質感等是相當重要的。把握每次只增加一種新食材的原則，再仔細觀察孩子的反應。對於有過敏體質的小孩，在食材的選擇上需特別小心注意，有可能導致過敏的高危險群食材，最好在滿周歲或滿兩歲以後再慢慢添加，且依照孩子的狀態來決定提早或延緩餵食。

以「*」標示的食材，有過敏體質的小孩務必小心食用。

	初期副食品		中期副食品	
	初期前期階段・出生後5個月	初期後期階段・出生後6個月	中期前期階段・出生後7個月	中期後期階段・出生後9個月
穀類	粳米、燕麥片 ●初次的米糊使用粳米製作	燕麥片	*高粱	糙米、發芽糙米
蔬菜類			馬鈴薯、番薯、南瓜、青花菜、花椰菜、小黃瓜、高麗菜、油菜 ●將南瓜、小黃瓜的皮和籽去除，只使用果肉部分	白菜、紅蘿蔔、菠菜、洋蔥 ●菠菜含有葉酸，如果年紀太小的幼兒攝取過量，有可能導致貧血，最好從出生後6個月再食用，並燙過或煮過

	初期副食品		中期副食品	
	初期前期階段・出生後5個月	初期後期階段・出生後6個月	中期前期階段・出生後7個月	中期後期階段・出生後9個月
水果類	蘋果、梨子、李子（可自榨果汁稀釋一倍）	●孩子如果過早食用水果，會習慣於甜味，所以水果從出生6個月後再開始餵食	香蕉、西瓜 ●香蕉的兩端很容易殘留農藥，最好兩端切掉後再食用	葡萄乾、棗子
肉類			牛肉高湯、雞肉高湯	牛里脊肉、豬里脊肉、雞胸肉 ●牛肉、雞肉使用不油膩的里脊肉、胸肉
魚貝類		＊不會引起過敏的白色魚肉（鰈魚、鱈魚、黃魚等）		
海藻類			昆布高湯 ●昆布高湯雖然可以從出生後7個月後開始使用，但因為含有鹽分而帶有鹹味，請偶爾使用。	海帶芽、紫菜 ●烤紫菜不使用鹽等調味料 ●海帶先浸泡在水中，要先將去除鹹味後，再使用

	初期副食品		中期副食品	
	初期前期階段・出生後5個月	初期後期階段・出生後6個月	中期前期階段・出生後7個月	中期後期階段・出生後9個月
豆類			*豆類：黑豆、大豆、扁豆、茶豆等 *豆製成的食品：豆腐、嫩豆腐等	*炒過的豆粉
蛋類			*蛋黃 ●蛋黃容易引起過敏，要煮熟後再使用	

後期副食品與完成期副食品

	後期副食品		完成期副食品	
	後期前期階段（出生後10～11個月）	後期後期階段（出生後12個月）	完成期前期階段（出生後13～14個月）	完成期後期階段（出生後15個月）
穀類	綠豆	紫米等大部分的穀類	*麵粉	紅豆 *薏米等大部分的穀類
肉類	牛里脊肉、雞胸肉等瘦肉		雞腿肉、雞翅膀肉 *豬脊背肉、里脊肉等瘦肉	大部分的肉類 ●不論哪種肉類，油脂較多的部位請不要使用

	後期副食品		完成期副食品	
	後期前期階段（出生後10～11個月）	後期後期階段（出生後12個月）	完成期前期階段（出生後13～14個月）	完成期後期階段（出生後15個月）
魚貝類	＊白色的魚肉（生明太魚、凍明太魚、鯧魚、帶魚等）	＊櫻花蝦、鯷魚、鯷魚高湯、乾蝦仁高湯、鰹魚高湯。 ●請將櫻花蝦、鯷魚浸泡在水中去除鹹味後，再使用	＊鱈魚、背部深的青色魚（鯖魚、魚、秋刀魚等）、魷魚、乾銀魚	＊鮭魚、鮪魚、鰻魚、章魚、*蟹肉、＊蝦子＊貝類（蛤仔、花蛤、貽貝、環文蛤等）、鮑魚、蚵仔、海螺、飛魚卵
海藻類		昆布	昆布粉	海苔
蔬菜類	＊豆芽菜、綠豆芽、茄子、牛蒡 ●豆芽菜將頭部和鬚部分切掉後再使用		綠豆、茼蒿、甜椒、菊苣、紫蘇、芽菜、蔥、蒜頭 *番茄	山藥、韭菜、蘆筍、薺菜、蒜苗、芹菜、荷蘭芹
水果類	香瓜汁、葡萄汁、橘子汁	香瓜	藍莓、橘子、柳丁、軟柿子、*草莓*奇異果、檸檬、鳳梨、鮮果汁	梨、芒果 *水蜜桃

	後期副食品		完成期副食品	
	後期前期階段（出生後10～11個月）	後期後期階段（出生後12個月）	完成期前期階段（出生後13～14個月）	完成期後期階段（出生後15個月）
豆類	*豆腐渣等豆類製品		四季豆	*油豆腐 ●油豆腐放入水中燙過後再使用
蛋類、乳製品		*幼兒用起司 *無糖原味優格	*整顆雞蛋 *鵪鶉蛋 ●*牛奶、*奶油、人造奶油	*鮮奶油 *奶油起司
堅果類			*核桃、*松子、葵花子、瓜子	*銀杏、扁桃 ●花生極有可能導致過敏，滿周歲後再慢慢食用
油脂類	芝麻、芝麻油 ●將芝麻絞碎後再使用	白蘇子、黑芝麻、白蘇油、葡萄籽、橄欖油 ●請使用少量的植物性油	大部分的植物性油 ●油脂類易變壞，請購買小瓶裝的油	
其他		*麵線、米線、年糕、綠豆粉	醋、梅粉、醬油、*麵類（烏龍麵、義大利麵、蕎麥麵）*吐司、*麵包粉	明太魚子醬、海鹽、醬油、味噌醬、清麴醬、咖哩粉、明膠、米粉、冬粉

副食品的食材，選擇當季的最好！

用新鮮的當季食材製成的料理是健康基本！

雖然所有的食材幾乎都可以在四季當中看到，但還是盡量利用充滿新鮮氣息的健康食材來製作寶寶的副食品。

每個時節，都有每個時節當令、當季的盛產食材，所以爸媽們可以多多瞭解哪些季節盛產哪些蔬菜水果，如此，不僅可以吃到最鮮美的口味，同時，也能品嚐到最健康的營養。請多注意各季節盛產的食材！

春天

3月

蔬菜

薺菜、芹菜、大白菜、芥藍、艾草、蒜毫、蘿蔔梗、小蘿蔔、小白菜、青花菜、牛蒡、蘆筍、韭菜、番茄

魚&海鮮

鯛魚、鯧魚、金線魚、黃魚、鰈魚、短蛸、泥蚶、蛤蜊、海帶芽、海苔

水果

草莓、橘子、檸檬

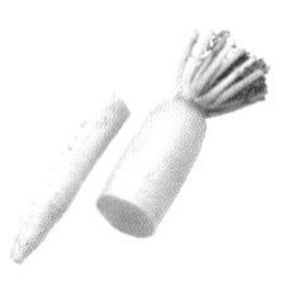

4月

蔬菜

結球萵苣、高麗菜、大白菜、茼蒿、艾草、四季豆、竹筍、蘆筍、韭菜、洋蔥、豌豆、番茄

魚&海鮮

鯧魚、黃花魚、鯛魚、銀魚、蛤蜊、雌螃蟹

水果

草莓、杏、香瓜、檸檬

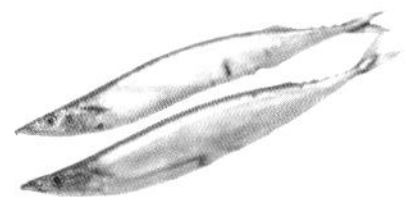

5月

蔬菜

結球萵苣、甜玉米、小黃瓜、大白菜、芹菜、桔梗、洋蔥、萵苣、蒜頭、蔥、豌豆、韭菜、栗子南瓜、南瓜葉、錦葵、竹筍、番茄

魚&海鮮

鯧魚、鮪魚、扁口魚、魟魚、鯖魚、飛刀魚、魷魚、鯷魚、櫻花蝦、鮑魚

水果

草莓、櫻桃、梅子、香瓜、龍眼

夏天

6月

蔬菜

馬鈴薯、玉米、小黃瓜、洋蔥、紫蘇葉、菠菜、韭菜、四季豆、豆類、番茄、空心菜、大頭菜

魚&海鮮

鯧魚、黃花魚、鯛魚、鮭魚、魷魚、鮑魚

水果

香瓜、梅子、西瓜、李子、水蜜桃、杏、葡萄

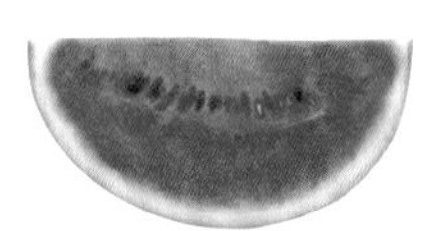

7月

蔬菜

蘿蔔梗、空心菜、小白菜、莧菜、甜椒、南瓜、茄子、韭菜、洋蔥、結球萵苣、馬鈴薯、玉米、豆類

魚&海鮮

平魚、鯧魚、帶魚、魟魚、鰻魚、魷魚、鮑魚

水果

西瓜、香瓜、鳳梨、李子、水蜜桃、野草莓、香瓜、葡萄

8月

蔬菜

馬鈴薯、玉米、小黃瓜、紫蘇葉、番薯葉、南瓜、豆類、茄子、蘿蔔、青花菜、莧菜、

魚&海鮮

帶魚、鯉魚、鰻魚、竹莢魚、魷魚、鮑魚、海膽

水果

西瓜、香瓜、水蜜桃、葡萄

秋天

9月

蔬菜

番薯、辣椒、紅蘿蔔、草菇、香菇、松茸、菱角、芋頭、南瓜、馬鈴薯、玉米、毛豆、菠菜、小黃瓜、韭菜、紫蘇葉、洋蔥、番茄

魚&海鮮

黃花魚、石斑、帶魚、鮭魚、鰻魚、魷魚、螃蟹、蝦子、海蜇、蚵仔、鯖魚

水果

石榴、蘋果、水梨、無花果、葡萄、蜜棗

10月

蔬菜

菠菜、蘿蔔、番薯、辣椒、松茸、草菇、蘑菇、南瓜、韭菜、紅蘿蔔、小蔥、小油菜

魚&海鮮

鰈魚、鯡魚、平魚、鯧魚、鰻魚、帶魚、鯖魚、飛刀魚、鮭魚、章魚、螃蟹、貽貝、海螺、蚵仔

水果

蘋果、水梨、木瓜、柚子、棗子、石榴、栗子、芭樂、火龍果

11月

蔬菜

紅蘿蔔、蘿蔔、洋蔥、白菜、南瓜、牛蒡、青花菜、黃豆芽、綠豆芽、菠菜、韭菜、茼蒿

魚&海鮮

帶魚、馬頭魚、鱈魚、平魚、鯧魚、鮪魚、鯖魚、鮭魚、魷魚、海膽、蛤蜊、蚵仔

水果

蘋果、橘子、水梨、柚子、奇異果、柿子、棗子

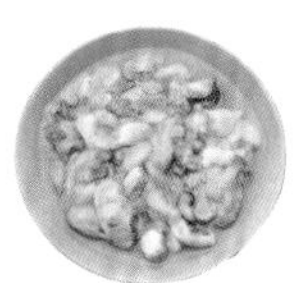

冬天

12月

蔬菜

茼蒿、花椰菜、山藥、蘿蔔、蓮藕、菠菜、大白菜、黃豆芽、綠豆芽、紅蘿蔔、南瓜、高麗菜

魚&海鮮

鰈魚、帶魚、鱈魚、鯧魚、平魚、鱈魚、魴魚、鯖魚、鰩魚、章魚、螃蟹、蝦子、海螺、蚵仔、蝦、貽貝、海帶芽、海苔

水果

蘋果、橘子、香蕉、草莓、棗子、柿子、奇異果

1月

蔬菜

牛蒡、蓮藕、紅蘿蔔、蘿蔔、黃豆芽、綠豆芽、青花菜、菠菜

魚&海鮮

鰈魚、鱈魚、馬頭魚、黃姑魚、鯧魚、帶魚、鯖魚、章魚、蝦子、貽貝、蚵仔、海參、海苔、海帶芽

水果

橘子、柿子、蘋果、檸檬、草莓

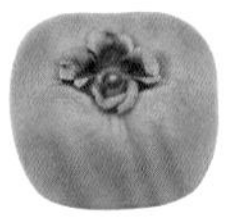

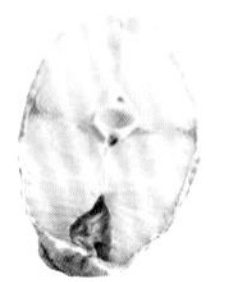

2月

蔬菜

菠菜、洋蔥、大白菜、短果茴芹、青花菜、牛蒡、蓮藕、紅蘿蔔、蘿蔔、黃豆芽、綠豆芽、薺菜、韭黃、芹菜

魚&海鮮

鰈魚、平魚、鱈魚、鯧魚、鯖魚、章魚、蝦子、泥蚶、貽貝、鮑魚、蚵仔、刺松藻、昆布、海苔、海帶芽

水果

蘋果、橘子、柳丁、檸檬、草莓

嬰幼兒為什麼要吃副食品？

到底副食品是什麼？要分成幾個階段比較好呢？
副食品需要具有哪些營養、功用？以及幫寶寶進食的方法、基本的食譜有哪些？這些知識，媽咪們一定要要先具備才行喔！

到底什麼是副食品？

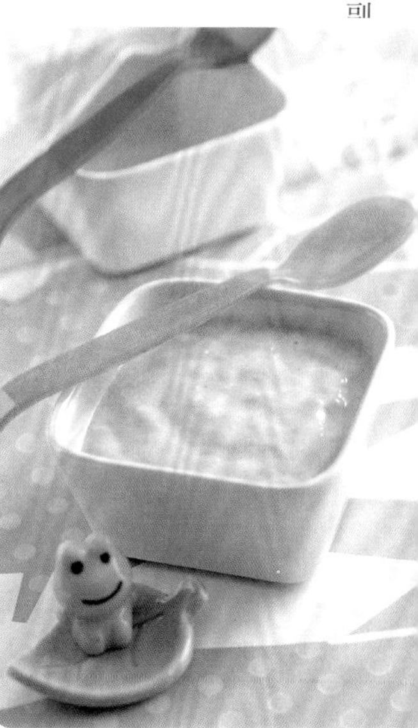

剛出生的嬰兒，靠喝母乳或奶粉來攝取養分，但是只靠這些是不夠的，必須讓寶寶慢慢學會咀嚼固體食物，才能攝取到其在成長階段所必需的營養。為了讓寶寶學會咀嚼固體食物所練習的過程，是非常重要的，而在這段練習時間吃的食物，就稱作「副食物」。

在寶寶出生後5～6個月，開始對父母在吃的食物產生興趣，會出現想要自己吃的動作跟反應。所以，就先從磨成泥狀的食物開始，每次約一湯匙的份量，照著階段慢慢練習，大約1歲半左右就可以讓他學著自己拿湯匙，直到他學會自己吃固體食物為止。

◆ 媽咪要學會尊重寶寶的進食速度

進食需要配合口腔的發展與咀嚼力，所以在讓嬰兒練習吃副食品的過程中，從一餐、兩餐到最後三餐，每個階段的進食次數與份量都要慢慢的增加。而且進度往往不會如我們想像般的順利，必須耐著性子，讓寶寶慢慢的累積經驗，一點一滴逐漸成長。

每個嬰兒的成長與發展的進度不同，所以要多觀察他們嘴巴的動作、表情、聲音，然後

配合寶寶自己的速度慢慢地進行，千萬不能操之過急。

雖然在這段時間裡，媽媽很容易在不知不覺之中就陷入「再多吃一點」的想法，不小心就拼了命的餵，但別忘了父母擔任的角色是「讓寶寶學會自己吃」的輔助者，所以用從容的心去看待這樣的過程是很重要的。

副食品具備的4大功能

功能1：寶寶學會吃固體食物的必要練習

不像吸吮跟吞嚥是與生俱來的能力，吃固體食物所產生的一系列動作，必須要經由練習才能學會。配合寶寶的成長與發展，吃東西的動作也會隨著階段的不同而隨之進步，然後慢慢學會、熟練這些「吃」的動作。

大約5～6個月左右，嬰兒學會前後移動舌頭來吞食，7～8個月左右，則會用舌頭和上顎把食物壓碎後再吞食，當9～12個月時，就會用舌頭把食物推到兩邊，用牙齦壓碎。只要先了解各個發展階段，就能在每個時期中適切的應對。

功能2：補充寶寶成長必需的營養

為了維持孩子的健康與成長，必須要攝取足夠的營養。對剛出生的嬰兒而言，母乳與奶粉是理想、足夠的營養來源。但是大約5～6個月左右，隨著成長發展的進步，消化、吸收的能力也會跟著提高，對嬰兒而言，這時候母乳跟奶粉的營養已經開始不足。

而且7個月後，寶寶從母體得到的鐵質就會消耗殆盡，所以從6個月後就要開始練習吃副食品，藉著副

食品來攝取應有的營養。

功能3：咀嚼力的培養&訓練

為了讓嬰兒學會吃固體食物，要配合他們不同的成長階段，給予適合的大小、硬度的食物，這對培養咀嚼力是很重要的。

所以，仔細觀察嬰兒嘴巴的動作，給予他們適合、能夠引起食欲的副食品，讓嬰兒對食物產生興趣，培育他們「想吃」的欲望，才有機會訓練咀嚼力。

咀嚼力的培養，在給予副食品的過程中是很重要的一環，請仔細地，慢慢的訓練。

功能4：體驗食物的美味與香味

副食品能讓寶寶體驗食物中各式各樣的美味與香味，例如甜、酸、苦、辣等。隨著他日益成長，能吃的食材逐漸增多，每次吃東西時體會到的味道與香氣，也一點一滴地被體會與記憶。

一般來說，專家都認為舌頭上的味細胞（接受味道的信號的細胞），在嬰兒時期是最多的，所以利用能引出食材美味的副食品，讓寶寶充分體驗食材本身的味道，才能孕育出豐富的味覺，並且因為感覺到「好吃」而產生幸福感。

請各位爸媽放輕鬆的吃東西吧！從一開始到每天的三餐，如果可以家人一起圍著餐桌吃飯，孩子的心情跟吃副食品的進度都會發展很好喔！

寶寶第一次吃食物時，一定要遵守的3大原則

為了知道食物是不是引發寶寶過敏的過敏原，先行了解是必要的原則，當第一次進食時，要遵守3個原則，才能知道哪些食物會引發寶寶過敏，避免再使用這些食材。

1 當寶寶第一次吃食品時，要先從1湯匙開始，一邊觀察，一邊進行餵食

第一次讓寶寶吃的食物，從1湯匙開始是大原則。一次給的太多，如果食材是寶寶的過敏原，會造成很強烈的過敏症狀。另外，第一次吃的食物一天不要給2種以上，以免分不清是哪種食材造成問題。

2 在餵食的過程中，如果發現寶寶不喜歡，媽咪們就要特別注意，找出原因加以改善

如果餵食的時候，發現寶寶厭惡、抗拒時，就必須要好好注意。有可能是單純的不合口味，但也有可能是因為口感不好、食物讓嘴裡感到不舒服（例如刺刺的）、或是氛圍讓敏感的寶寶感覺不舒服，這種時候不要勉強餵食，耐心仔細的觀察，免得造成他對進食產生不開心的印象。

3 千萬不要操之過急，特別或不常見的食材，不要太早餵食，以免造成反效果

對於消化、吸收能力還未成熟的寶寶，副食品只是吃固體食物的練習階段，所以沒有挑戰特別食材的必要。不必故意給幼兒吃很多種類的食材，先從不用擔心的安全食物開始吧。

不同時期的寶寶，要給予不一樣的營養素

		5～6個月	7～8個月	9～11個月	1歲～1歲6個月
嘴的動作和進食法		放進嘴裡的食物要從前面一點一點的往裡面移動，讓他慢慢吞嚥。	把食物放在嘴巴前面，讓他學著用舌頭和上顎壓碎。	無法用舌頭或上顎壓碎的食物，會移到牙齦上再壓碎。	前牙長出來，後面的牙齒也開始生長，有持續用牙齦練習咬碎食物的必要。
1次的量	碳水化合物	穀類1湯匙（弄碎煮粥）	穀類50g（全粥）～80g（全粥）	穀類80g（軟飯）～90g（白飯）	穀類80g（軟飯）～90g（白飯）
	蛋白質	肉× 白肉魚1湯匙 豆腐1湯匙	肉10～15g 白肉魚10～15g 豆腐30～40g 乳製品50～70g 蛋黃1個～全蛋1/3個	肉15g 魚15g 豆腐45g 乳製品80g 全蛋1/2個	肉15～20g 魚15～20g 豆腐50～55g 乳製品100g 全蛋1/2～2/3個
	維他命礦物質	蔬菜、水果1湯匙	蔬菜、水果20～30g	蔬菜、水果30～40g	蔬菜、水果40～50g
調味料的量		讓嬰兒體驗食材的味道或香味，所以避免使用調味料。當寶寶不想吃時，可以加入些許高湯或菜汁、水果等來添加風味。	從8個月左右開始，可以使用少許的鹽、醬油、砂糖等，但並不是調味，而是增加風味。	蔬菜等食材推薦用植物油或奶油炒香，加水後再煮的「炒煮法」。少量的美乃滋或番茄醬，可以酌量增加。	調味的量必須是成人的1/3。要注意不可用辛香料，但少量的咖哩粉是可以使用的。

當寶寶5～6個月，該怎麼補充營養？

◆ 最佳時機是什麼時候？

前期

很多嬰兒到了5～6個月時，由於頸部逐漸變硬而能坐起來，或是有支撐的話就能坐起。當寶寶看到大人吃飯的樣子，會發出聲音或流口水的話，差不多就可以開始餵副食品了。

其實，只要趁著寶寶心情很好，媽媽也有空的時候就可以了，但如果擔心吃了以後，可能造成身體狀況的變化，可選在醫院營業時間裡進行比較讓人放心；最好選在上午餵過1次奶之後再進行餵食比較適當，最慢在6個半月就要開始。

後期

等到副食品開始1個月左右，習慣了米粥、蔬菜、薯類後，就可以嘗試加入含有蛋白質的食物。

◆ 食物要餵多少分量？

前期

首先是從磨碎米粒的稀飯開始，湯的量大約是米的10倍。用嬰兒用的湯匙，餵很少的量（1湯匙左右）。如果寶寶不喜歡的話，可以試著把胡蘿蔔或馬鈴薯等比較沒有草味的蔬菜，或把薯類磨成泥後加進去。第一次吃的食物，分量一定要從1湯匙開始，如果皮膚或糞便沒有變化，再慢慢增加餵食量。

後期

脂肪少又容易消化吸收的白肉魚，是寶寶最好的蛋白質來源，從嬰兒湯匙的1湯匙開始餵，持續3天左右，如果皮膚或糞便沒有變化，就可以慢慢的增加餵食量。豆腐也一樣，從1湯匙開始，適合的硬度可以從觀察寶寶吞下的樣子，一點一點的減少水分，慢慢成為優格狀來餵食。雖然有個人發展差異，但是副食品開始的2個月左右，餵到10湯匙的程度是大概的標準量。

◆ 餵食時間表

前期

07:00、15:00、18:00、21:00　授乳
10:00　副食品＋授乳

如果寶寶心情好，媽媽可以在上午10點左右，趁著家事告一段落時，進行授乳與餵食副食品。盡量每天同一時間餵食，就可以營造出寶寶的生活規律。

後期

7:00　授乳
10:00　副食品＋授乳

和開始時的時間相同。從這個時期開始，副食品餵食的時間只要定下來後，就不要再改變，這是讓生活規律的重點。

15:00　授乳
18:00　副食品＋授乳

習慣了副食品後，如果寶寶食欲旺盛，可以選在下午6點左右再餵1次副食品，從第1餐的1/3～1/2的量開始，

21:00　授乳

BOX

營養師貼心小提醒

1 調整成容易餵食的姿勢

躺著或是坐太直都不容易進食。盡量讓嘴巴打開時，舌頭幾乎呈現水平，這樣餵進嘴裡，嘴巴闔上後就會有一點點傾斜，食物就會自然的往喉嚨移動。用這種角度來餵是最好的，如果要抱著餵的話，媽媽的手臂要撐著寶寶的背。

2 讓湯匙輕靠嘴唇

用湯匙前方挖一點點食物，稍稍靠在嘴唇上，等他把嘴張開。不要強迫把湯匙塞進嬰兒的嘴。

當寶寶7～8個月，該怎麼補充營養？

◆ 最佳時機是什麼時候？

前期

持續一天2餐，讓寶寶繼續習慣副食品。目前為止都是利用舌頭前後移動來吞下泥狀食物，但在這個時期必須開始讓寶寶練習舌頭上下動，用舌頭和上顎來壓碎柔軟又小的塊狀食物後食用。

後期

持續一天2餐餵食副食品大約1個月後，2餐的副食品份量都可以增加，如果能用舌頭壓碎切碎柔軟粒狀食材後吞食，可以再增加要大口咬碎才能吞食的食物。

◆ 食物要餵多少分量？

前期

可以逐漸增加水分少的濃稠薯泥，或是煮到很軟的切碎蔬菜或切丁的嫩豆腐等。納豆、雞里肌肉、豬肝等各種蛋白質來源也可以一點一點的餵，讓寶寶逐漸敢吃。請一次一種，慢慢的增加食材的種類。

後期

用叉子大略的壓碎蔬菜，或是稍稍將白肉魚壓碎等，不規則大小或形狀的食物慢慢增加。例如柔軟又入口即化的嫩豆腐等等，可以取大塊一點的來挑戰。還要逐漸加入很軟但沒辦法直接吞下、有形狀的食物。

因為蛋白容易成為過敏原，所以在7～8個月前，先不要給寶寶食用，但對蛋黃習慣後，可以少量慢慢的加進去，直到能吃全蛋為止。雖然半熟蛋或茶碗蒸是這個時期的寶寶適用菜單，但蛋一定要從蛋黃到全蛋的順序來進行。如果皮膚或糞便沒有變化，就可以一邊觀察狀況一邊增量。

◆ 可以用這樣的食譜

這個時期從稀飯進行到單品食物。7倍湯的稀飯加魚、豆腐、肉等的蛋白質來源或蔬菜，或是用小盤子將食材一樣一樣的盛盤，可以讓寶寶記住單一種味道的單品食物。

◆ 餵食時間表

前期

7:00 授乳

10:00 副食品＋授乳

上午10點的第一次副食品，從已經吃慣的量開始，可以嘗試換新的食物。

15:00 授乳

18:00 副食品＋授乳

第2次是在6點左右。量從第一次的1/3～1/2開始，內容是寶寶已經吃慣的東西。

20:00 授乳

後期

7:00 授乳

10:00 副食品＋授乳

「副食品＋母乳或配方奶」這樣的組合每天一定要餵一次，盡量在同一時間，就能產生規律性，這對寶寶養成生活的規律很重要。

14:00 授乳

18:00 副食品＋授乳

第2次的副食品，份量差不多和第1次一樣，飯後的母乳或配方奶，餵寶寶喝想喝的量就好，不要勉強。

◆ 餵食法的提示

1.調整成容易餵食的姿勢

身體微微往前彎，或是不要躺的太下去，調整嬰兒坐椅的椅背角度，避免讓寶寶身體搖搖晃晃，可以在椅背與寶寶的間隙中塞入捲起來的毛巾來支撐。有附桌子的坐椅，可以讓嬰兒把手放上去，讓姿勢安穩。

2.慢慢的餵食

確定他已經吞下去後，再慢慢的把下一口放到嘴裡。

3.餵食各種形狀或大小的食物

即使是同一食材，也可以試著改變形狀或大小，或是可以用一樣大小，讓寶寶體驗不同的食材，都有利於咀嚼力的練習。

當寶寶9～11個月，該怎麼補充營養?

◆ 最佳時機是什麼時候？

前期

終於到了3餐餵食的時期！

進入這個時期後，要讓寶寶的舌頭加入前後、上下、還有左右移動的動作。讓他習慣吃進無法用舌頭壓碎的食物時，就會推到左右兩邊用牙齦壓碎後食用。

以香蕉的硬度為基準，慢慢增加能用手指壓碎的程度的食材。胡蘿蔔、馬鈴薯等蔬果要柔軟，切到比1cm小一點的丁狀來餵，可促進咀嚼力的培養。另外，即使一樣是胡蘿蔔，煮軟後切成棒狀，也能讓寶寶練習自己拿著吃。

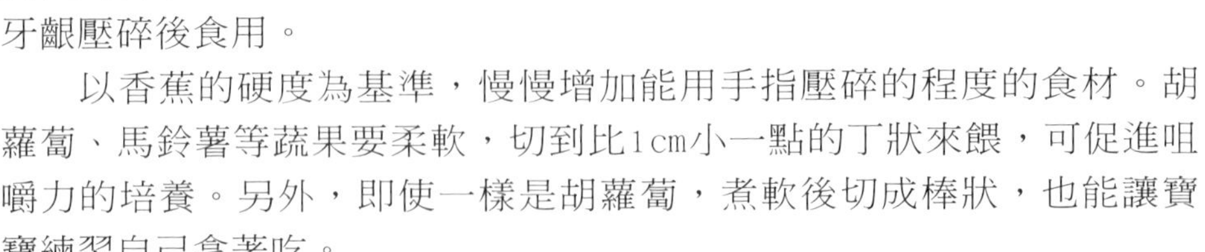

後期

等到寶寶已經能夠熟練的用手抓住食物後，慢慢拉開餵食副食品的時間間隔，盡量調整到與大人的用餐時間相近。過了1歲以後的寶寶，餵食時間可以盡量以調整到上午7點半、12點、下午6點為目標。

◆ 食物要餵多少分量？

前期&後期

在寶寶的消化、吸收能力愈來愈發達的這個時期，可以試著讓他一點一點的挑戰竹莢魚、秋刀魚等青魚或是牛肉、豬肉等紅肉，所以請加入紅肉、魚、肝等鐵質豐富的食材。

開始能使用少量的植物油或是奶油來調理，所以可擴大菜單的種類。因為蔬菜只用煎或炒是不會軟爛的，所以推薦炒過後再加入溶於水的調味料蒸煮的「炒煮法」。

另外，因為寶寶對於吃副食品會漸漸感到厭倦，所以到了這個時期，食欲會停滯不動，變得光玩不吃、偏食等，是個煩惱逐漸增多的時期。也有很多食物是因為不容易入口而使他討厭，所以媽媽們在調理方法上要試著多下工夫。

◆ 餵食時間表

前期

7:00　授乳

10:00　副食品＋授乳

第1餐的副食品大約在10點左右，量和7～8個月一樣就可以。在這個階段，第一次餵的食材，從1湯匙開始。

隔4小時左右。

14:00　副食品＋授乳

第2餐的副食品要讓寶寶吃習慣的東西。量從第1餐、第3餐的1/3～1/2的量開始。

18:00　副食品＋授乳

第3餐副食品的量和7～8個月一樣就可以了。這是和家人一起享受快樂的用餐時光。

19:00　授乳

後期

7:00　副食品＋授乳

晚上早點讓他睡，早上起來就能餵副食品，開始飲食豐富變化的一天。

10:00　授乳

13:00　副食品＋授乳

讓他盡興的玩，等到之後肚子很餓時，再餵副食品。

後期

15:00　肚子餓了的話也可加上點心。

18:00　副食品＋授乳

第3餐的副食品在下午6點左右，和家人一起吃能讓他更快樂。

20:00　授乳

◆ 餵食法的提示

❶放在嘴巴的前面

前齒的附近有可探知食物質感或溫度、大小的感應器，能讓舌頭、顎、牙齦順利反應。但是放在後面的話，就會不咀嚼而馬上吞下去，要特別小心。

❷檢查有沒有在咀嚼

如果有好好的咀嚼，嘴唇會往咬的方向動。

❸用手抓食物能引起食欲

「自己把食物放到嘴裡」這樣的感覺會促進食欲。爸媽們要下工夫做一些可以自己拿的食物，例如蔬菜棒。

當寶寶1歲～1歲6個月，該怎麼補充營養？

◆ 最佳時機是什麼時候？

前期

這個時期的寶寶差不多已經固定一天吃3次副食品。

為了讓生活規律，早餐是很重要的。早上，要好好補充做為頭腦或身體能源的碳水化合物，為能活潑的度過整個上午做好準備，也能讓排便變得規律，自然就能調整出良好的生活作息。

後期

這時候前齒長齊，後齒也開始長。稍微調整到能讓前齒咬取食物的量，讓嬰兒能用牙齦或裡

面的牙齒來咬碎食用。雖然和大人的吃法幾乎相同了，但因為咀嚼力還很小，也不擅長因食物而調整咀嚼方法，所以食物上要避免太硬或很難入口的形狀。

◆ 什麼食物餵多少？

前期

這個時期的寶寶需要很多的能量，卻無法一次吃很多東西，在餐和餐之間容易不足，所以點心是很必要的。雖然大家容易把點心當成是零食、零嘴，但在嬰兒時期，則是以飯、麵包、麵、薯類等的碳水化合物為主，再加上水果或牛奶等即可。

後期

以糯米丸子的軟硬度為標準，餵食能以手抓住或是將各種大小、形狀不同的食物來練習咀嚼。

另外，在寶寶想自己吃的欲求變強的時期，只要常常讓他用手抓食物吃，就能慢慢挑戰用湯匙來練習吃飯。若使用一般的碗時，很容易把食物撒到外面，所以要用安全碗。

◆ 餵食時間表

前期

7:00　副食品

早餐是上午活動的能源。目標是在7～8點的時候能吃完。

10:00　母乳或配方奶

12:00　副食品

午餐要固定在12點左右。

15:00　點心＋母乳或配方奶

為了讓嬰兒在第3次吃飯時，不會因為太餓吃太多或餓過頭吃不下，可以加一次點心（零食）。

18:00　副食品

太晚吃的話晚上會太晚睡，所以晚餐定在18點左右。

20:00　母乳或配方奶

後期

7:00　副食品

早餐是上午活動的能源。目標是在7～8點的時候能吃完。

10:00　母乳或配方奶

12:00　午餐

15:00　點心＋母乳或配方奶

為了補給午餐和晚餐之間的能源，可以在15點左右給予點心（零食）。

18:00　副食品

太晚吃的話晚上會太晚睡，所以晚餐定在18點左右。

20:00　母乳或配方奶

睡前的牛奶要慢慢減少。

◆ 餵食法提示

1.培養出自己進食的寶寶

培養他什麼都想嘗試的欲望，可以試著把食物咬碎，或是放進口裡再拿出來。如果媽媽能夠像玩遊戲一樣的陪他動腦、進食，更有助於促進食欲喔！

2.從遊戲轉移到對用餐的興趣

當寶寶熱中玩遊戲的時候，可以試著說「小豬也想吃飯哦，一起吃吧」等類似這樣的話，把他的注意力轉移到用餐上。

3.容易進食的餐具和湯匙

準備嬰兒的手容易握的圓柄湯匙或安全碗。

Part 1

基礎觀念篇

掌握好基礎概念，營養學權威教你在家就能做出健康的嬰幼兒料理！

食物搭配學問大，營養太多或不夠，對寶寶的身體都是有害無益，副食品該怎麼煮？份量怎麼抓？器具及餐具該怎麼挑選？怎麼保存？這個章節包含了所有的基礎概念，對於應付寶寶的副食品時期可以達到事半功倍的效果喔！

1-1

新手父母看過來！讓寶寶頭好壯壯的「主食與副食品」Q&A

相信當每個媽媽跟自家那個紅通通、濕膩膩的寶貝第一次見面的瞬間，心中絕對是充滿著感動。然而將寶貝奉如祖宗般的侍候與磨合，就開始與其進入不眠不休的奮戰期，同時，該如何讓寶寶吃副食品，又會成為媽咪們煩惱的新課題了。「啥！蜂蜜不能吃？」、「吃海鮮會過敏？」、「便便顏色怎麼不一樣？」等等問題，總是讓新手父母手忙腳亂！爸媽們，別慌張，我們就在此為各位新手父母解答有關副食品的各種疑惑吧！

Q1 什麼是副食品？

寶寶隨著活動量日趨增加，腦部發育及身體的快速生長，母乳（或牛奶）的營養已經漸漸不足以應付寶寶的需求，因此需要主食，也就是奶類以外的食物，即稱為副食品。

美國稱為固體食物，日語稱為「離乳食」，也就是開始離開母乳，準備從奶瓶轉為杯盤，並且從單一奶類食物轉為各種食物的階段，除了補強不足的營養外，其實，這個階段正是讓寶寶學習咀嚼、吞嚥及運用餐具技巧，邁向幼兒固體飲食的一個新契機。

Q2 我的寶寶應該從什麼時候開始吃副食品呢？

其實，每個寶寶開始吃副食品的時間並不一定，一般而言，寶寶的月齡是添加副食品的參考基準，以目前趨勢，會建議在寶寶六個月之後開始進行（早產兒以矯正年齡，也就是預產期為準）。

當然，如果寶寶到四個月大，而媽咪奶量不足，或是因為厭奶而胃口不佳，導致體重過輕；抑或是寶寶奶量超過1000 C.C.，但總是盯著大人吃東西而口水直流，不然就是看到任何東西都想往嘴裡塞等等情況，都能當作是可以給寶寶副食品的訊號。

針對不同時期增加副食品的技巧

媽咪可以觀察寶貝的咀嚼狀況、消化吸收狀況及手部肌肉發展的情況來逐步調整。

階段 1 四至六個月的吞嚥階段

發展：寶寶的舌頭從原本侷限於上下移動的情況，慢慢發展到可以前後捲動。

做法：可以嘗試每天一次餵食容易吞嚥的稀釋果汁，讓寶寶慢慢練習與適應吸食小湯匙上的果汁，感受奶類以外的味道。

★這個階段的熱量來源，還是要以奶類為主。

階段 2 七至九個月的咬動（舌頭咀嚼）階段

發展：這個階段的寶寶比較會咀嚼，也開始長出乳牙了，學會以舌頭及上顎壓夾食物，閉口時舌尖會含住上頭的食物。

做法：可以供應能用舌頭壓碎的泥狀或半固體狀的柔軟食物，種類可以增加蛋白質類，例如豆腐、細絞肉、魚肉及蛋黃等。

★原則上一天可以供應兩餐，供應量約占一日飲食熱量的30%至50%。由於這個階段的寶寶喜歡啃小拳頭或手指，因此可以搭配長條或棒狀食物，例如米餅等，藉此訓練他以手就口的技巧。

階段 3 十至十二個月的咀嚼階段

發展：這個階段的寶寶舌頭可以左右移動將食物推到牙床，咀嚼轉由牙床來執行，乳牙顆數增加了，消化功能也趨向完善，母乳或配方奶已經可以退居輔助的角色了，因此可以依據寶寶口腔與牙齒的壓含能力，供應形狀及軟硬適中的食物，藉此訓練寶寶的咀嚼能力。

做法：食物太大或食物過硬容易讓寶寶排斥而吐出，或過於勉強地吞食，這樣反而容易使寶寶脹氣；食物太軟爛又容易造成寶寶直接吞下，而喪失咀嚼的訓練，因此所提供的副食品以0.5～1公分大小為宜，副食品的硬度則是以熟成香蕉的軟硬度為準。

★副食品的量可以逐漸增加到一天三餐至五餐，供應寶寶一天所需熱量的70%至80%。

3 不同成長階段的寶寶，該如何餵食副食品？

通常餵食寶寶副食品有階段性的飲食規則，原則上：先從清流湯類→泥糊→半固體末狀→小丁→大丁；種類則由水果、米穀類→蔬菜、麥粉、蛋黃、豆類、魚類、肉類→蛋白、乳品類；濃度由稀到稠，量由少到多。

4 副食品添加有一定的食材或順序嗎？其原則是什麼？

◎食物供應原則

基於寶寶純淨的腸胃道而言，副食品是完全陌生的營養來源，因此剛開始最好從單一食物嘗試為宜，可以先從米湯或稀釋果汁（水和果汁的比例是1：1）開始食用，然後再進展到麥糊、蔬菜湯、果泥、薯泥等。

最重要的是，食物一定要新鮮、原味、純天然無添加物為佳！含糖、鹽、味精的加工食品，對寶寶而言是未能蒙其利，卻先受其害的非必需品，太早食用容易造成未臻成熟器官的代謝負擔。

◎形狀與溫度

秉持適口、適手與適溫的原則，依據咀嚼吞嚥的能力，給予大小適中的食物，在訓練寶寶抓取能力時，要選擇小手剛好可以一手握取的食物為宜。

此外，溫度以微溫或室溫為宜，以免造成口腔黏膜或腸胃道的傷害。

◎適當的餐具

嬰幼兒的舌頭往外推出比向內捲動容易，可以盡量使用小湯匙、練習杯等餐具，將食物送到口腔的後段，才能讓攝食過程順利。

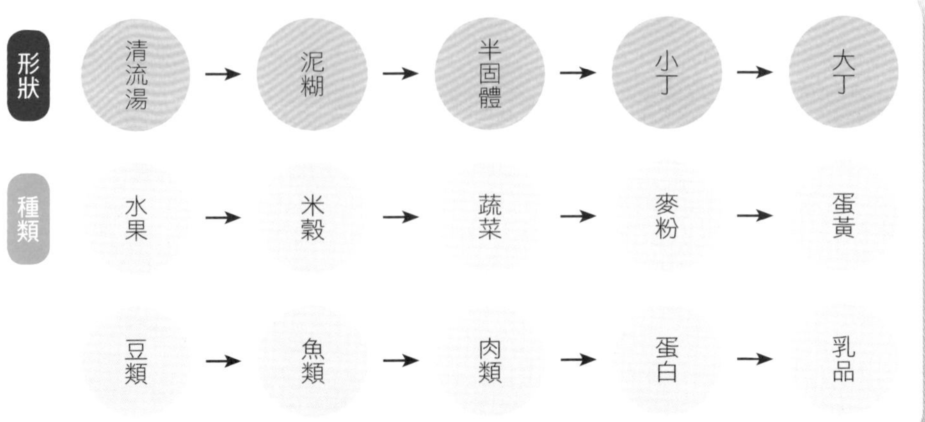

5 餵食寶寶副食品時，到底多少量才算足夠？

新手父母可以依照行政院衛生署的寶寶飲食指南作為參考基準，再依據自家寶寶的發展情況做適度調整。

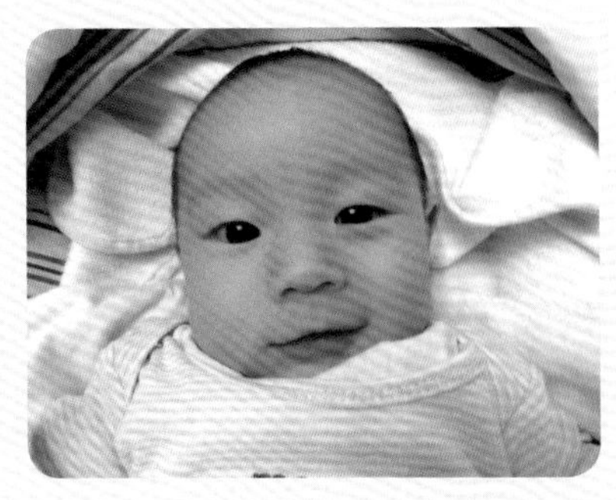

食物種類＼月齡	4～6	7～9	10～12
母奶＼配方奶(次)	5	4	3～1
每次量(ml)	170～200	200～250	200～250
五穀類	米粉 4 湯匙	2.5～4份	4～6份
蔬菜	不添加	菜泥1～2湯匙	剁碎蔬菜 2～4湯匙
水果	自榨果汁 (稀釋一倍) 1～2茶匙	自榨果汁或果泥 1～2湯匙	自榨果汁或果泥 1～2湯匙
蛋、豆、魚、瘦肉	不添加	1～1.5份	1.5～2份

◎參考資料來源：行政院衛生署

6 成長中的嬰幼兒，最需要哪些營養？

從零歲邁向一歲的寶寶，除了體重增加和迅速生長之外，需要的熱量也急遽增加，因此飲食上如果能夠依照建議量補給為佳。

若寶寶身高體重的成長速度正常，媽咪則不需太過擔心，倒是偏食的寶寶要特別注意下列營養素的補充。

◎蛋白質

食物來源：蛋、豆、魚、肉類

蛋白質是身體生長發育，維持免疫力、腦細胞與身體組織的重要營養素，攝取上盡量從蛋、豆、魚、肉類中找到寶寶願意接受的食物，像寶寶不喜歡吃豬肉，可以嘗試毛豆泥，不喜歡魚肉，也可以試試蒸蛋，或是將肉、魚末混入喜歡的食物裡，才能避免蛋白質攝取不足的狀況。

▲優質蛋白質是寶寶成長所必需。

BOX
營養師貼心小提醒

不同時期的寶寶，需要的蛋白質量也不同。以下列出不同時期所需的蛋白質量，讓媽咪在準備副食品時能輕鬆計算。

出生到六個月

寶寶每公斤體重需要2.2～2.4公克的蛋白質。

六至九個月

寶寶每公斤的體重需要2.0公克的蛋白質。

九個月到一歲

寶寶每公斤的體重需要1.7公克蛋白質。

◎優質脂肪

食物來源：豆、蛋、魚、肉類、〈特別是鮭魚、鮪魚等深海魚類〉

尤其是必需脂肪酸及DHA，腦細胞有百分之五十為脂肪，所以適量攝取優質脂肪有助於腦部細胞的發育，還能協助中樞神經的發展及脂溶性維生素吸收等。

所以均衡攝取豆、蛋、魚、肉類，特別是鮭魚、鮪魚等深海魚類，並維持奶類的攝取，就能讓寶寶頭好壯壯喔！

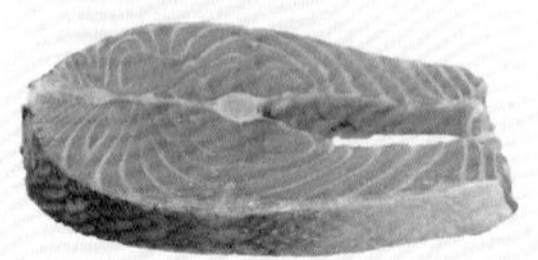

◎鐵質

食物來源：蛋黃、肝臟、瘦肉、豬血及菠菜、毛豆

鐵質是血紅素中攜帶氧氣的元素，能幫助免疫力與智力的發展，在寶寶四至六個月後，因生長發育快速，血流量增加，原本儲存的鐵質已經慢慢不敷使用了，因此需要加入像是蛋黃、肝臟、瘦肉、豬血及菠菜、毛豆等鐵質豐富的食物。

◎鈣質

食物來源：豆類、深色蔬菜及海藻

鈣質是骨骼與牙齒發育不可或缺的因子，還能幫助神經傳導、穩定情緒，因此除了奶類之外，最好在寶寶的食物裡加入豆類、深色蔬菜及海藻等食物。

7 我的寶寶是過敏體質，在製作副食品時，有什麼禁忌或需要注意的地方嗎？

所謂的過敏，是因為食物中的某些成分會讓身體的免疫系統當成入侵病毒，因而可能產生如異位性皮膚炎、紅疹、腹

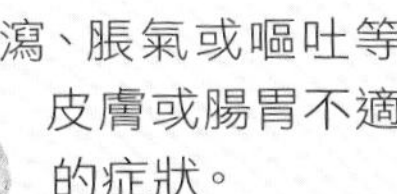

瀉、脹氣或嘔吐等皮膚或腸胃不適的症狀。

過敏體質的寶寶，在消化道還沒成熟前，容易因「異類蛋白」而過敏，所以建議在寶寶六個月之後再接觸副食品。過敏兒媽咪製作副食品需要有更多的耐心，每餵食一種新的食物，尤其是常見的致敏食材如麥類（麩質）、海鮮、核果、蛋白與柑橘類水果等，必須小心觀察寶寶進食後三至五天有沒有過敏的情況發生，若一切情況正常，才可以再增加新的食材，直到嘗試了四至五種單一食材之後，才可以再混合使用。

然而，在飲食選項上，建議先由米製品、蘋果、葡萄、水梨開始，寶寶七、八個月大的時候，再嘗試蛋黃；不過，蛋白、麥、核果、海鮮、乳製品等則可以等十個月至一歲後再慢慢加入！

當然，居家環境及睡眠環境保持清潔、通風也是絕對不能忽略的重點喔！

8 給寶寶的副食品，也有地雷區嗎？

媽咪在準備副食品時，都會抱持著要讓孩子贏在起跑點的雄心壯志，但是，要小心有些食物並不適合食用，讓他吃了反而會造成反效果喔！

寶寶不宜嘗試的5種危險食物

❶蜂蜜

孩子便秘時，家中長輩可能會準備蜂蜜水來舒緩症狀，然而這麼做可能會導致他因此感染了肉毒桿菌，容易造成寶寶肌肉麻痺、嘔吐、神智不清等狀況。

❷蜂膠

蜂膠雖然是市面上用來增強免疫力、保護氣管的健康食品，但蜂膠的製作過程中可能含有酒精或帶有肉毒桿菌等物質，因此不適合兩歲以下的幼兒食用。

❸食品添加物當中的磷酸鹽、色素、防腐劑等

這些被廣泛運用於加工肉品、罐頭、飲料等食品，容易影響鈣質吸收，會造成器官代謝上的負擔，也會增加過敏的機率。

❹低營養密度的飲料

市售含糖飲料、茶品、調味果汁、含咖啡因飲料及汽水等，除了過多糖份會造成維生素消耗之外，還會導致寶寶變成易胖體質。

❺質地不宜的食品

像是過硬食物或形狀容易噎到的整粒堅果、葡萄乾、玉米粒、青豆仁、粉圓等；肉、魚類的骨頭、小刺在供應時要小心剃除；質地偏黏易嗆的糯米製品、麻糬及粿，或各種醃漬品等等。

9 孩子排斥吃副食品時，該怎麼辦？

開始餵食副食品時，寶寶只會動動小嘴，還會反射性地將食物頂出嘴巴外，這種狀況會隨著成長而趨緩，媽咪們千萬別心急於強制進食，多嘗試幾次，讓孩子熟悉吞嚥的動作；還可以直視其眼睛，跟他說要咬咬咬，並做出咀嚼的動作讓寶寶模仿，如果孩子還是一再抗拒的話，那就休息幾天之後再試試！

另外，在食物硬度、大小適合幼兒的前提下，餵食時要維持舒適的環境，避免玩具、電視或吵雜的環境讓他分心；補充副食品的時間則可以在寶寶喝牛奶之前，肚子有點餓又不會太餓的時候，或將用餐時間固定，讓他知道這個時間該吃東西囉！

營養師貼心小提醒

責備與否定會讓寶寶留下負面記憶，不但沒有成效，反而會造成見到餐具就扁嘴、轉頭加哭泣的反射動作。

所以媽咪適時運用微笑、認同與讚賞，孩子就會想要好好表現以得到更多支持，這樣才是達成雙贏的結果。

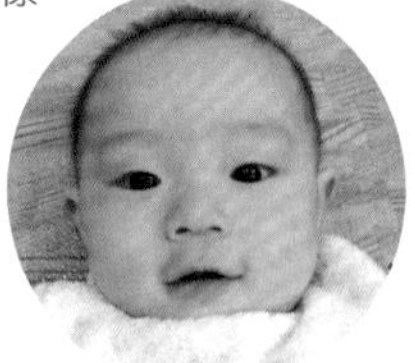

10 孩子總是挑食，爸媽該怎麼辦？

寶寶的拒食或挑食絕對是媽媽一定會遇到的關卡，建議媽咪可以運用一些小撇步來幫助孩子飲食的均衡：

❶粉身碎骨法：將食材壓成泥末之後，再加入幼兒的米粉裡，或混入絞肉、製作成肉丸、餛飩等成品中，可以增加寶寶的接受度。

❷避重就輕法：可以利用香甜的水果壓過特殊的蔬菜味，或是以洋蔥、梅汁的甜味去除魚類的腥味等，避免孩子專注在不喜歡的味道上。

❸改頭換面法：將米飯變化成各式海苔捲、小飯糰，或將食材以卡通圖案、花朵或動物造型來吸引寶寶嚐鮮的動機。

❹循循善誘法：除了家長以身作則吃給孩子看之外，有研究指出寶寶接受新口味的食物需要嘗試約十二次左右，偶爾以獎勵的方式鼓勵寶寶吃個一、兩口，也能漸漸降低他的抗拒感。

11 讓孩子討厭的食物，可以變得更美味的祕訣是什麼？

孩子普遍不愛吃胡蘿蔔、青椒、洋蔥、芹菜等氣味強烈的蔬菜，如果是哺乳媽咪則可以多攝取這些食物，進而透過母乳讓寶寶熟悉這些味道。

如何把孩子討厭的食物變美味？

媽咪製作副食品時，也可以試著用「增色」、「添香」、「加味」的技巧來解決：

增色

孩子天生喜歡繽紛色彩及模仿崇拜的卡通偶像，因此可以準備不同的餐具來吸引他的注意，可以是五顏六色的可愛造型餐盤，也可以是哆啦A夢餐墊、KITTY貓飯糰；或是將餐點美化，運用模型處理食材，像是愛心胡蘿蔔等，都可以降低寶寶對於食材的厭惡感。

添香

熱度與香甜的味道通常是提升味覺的祕密武器，因此可以運用天然食材熬煮成高湯或以水果讓寶寶先嘗試，如鳳梨、蘋果、昆布等芳香蔬果，進而改變孩子不喜歡的氣味。

加味

將寶寶所排斥的食材少量混入平日喜愛的餐點中，例如：將彩椒加入咖哩飯、胡蘿蔔絲藏在海苔飯捲當中、洋蔥炒鮪魚等，會產生出其不意的好味道喔！

12 孩子不愛吃水果，該怎麼辦？

首先，提醒媽咪，給寶寶的水果建議量最多為30公克，不要以大人的攝取量來要求寶寶；再來，可以嘗試不同種類的時令水果，以辨別孩子是不是挑水果；真的找不到願意接受的水果種類的話，試試將少量新鮮果汁過濾後加水稀釋，或加入稀飯、菜泥中，讓他慢慢習慣水果味道。

所以媽媽不用急於一時，只要經常在孩子面前表現出「哇！水果好好吃」的表情，或許哪天他就會愛上水果了。

13 市售的副食品，在選購上有什麼訣竅？

市售副食品對忙碌的職業婦女媽咪而言，無疑是天大的福音，但是在選擇上必須多加考慮下列幾項因素：

◎符合寶寶的月齡：

通常市售副食品會有標示說明，尤其是四到六

個月的嬰兒，一定要從單一食物如蘋果泥、梨子泥開始攝取。

◎**食品身分證**：除了檢查保存期限之外，是否添加色素、香料及糖、蜂蜜、鈉等添加物等，都是檢查與選擇的重點。

◎**包裝**：包裝要完整，密封罐沒有碰撞凹陷的狀況，盡量以小包裝、少量為優先選擇，以免開封後接觸空氣，影響新鮮度及營養素。

◎**過敏原**：如果發現寶寶對花生、牛奶、蛋白或海鮮等來源過敏，就必須避免這些食物。

14 我的孩子總是胃口差，有什麼小祕方，可以讓他的食欲變好？

寶寶沒胃口時，要先排除是不是因為生病、便秘，或是太熱、環境吵雜而導致無法專心等因素，

食物製備上可以善用甜味食材，像是枸杞、紅棗、地瓜等，香味食材如花生油、芝麻等，也可以運用帶點酸味的醋、和風醬、百香果、番茄、鳳梨、蘋果等幫助腸胃蠕動，進而達到開胃的效果。

15 寶寶生病時，該怎麼吃比較妥當？

孩子生病時，除了讓他多休息、多喝水外，針對不同病症，可以給予不同的副食品補充。

❶上呼吸道感染

通常會伴隨發燒、咳嗽、流鼻水、喉嚨痛等症狀，食欲及消化力可能也會受影響，此時的副食品要避免冰冷、甜食、油炸或刺激性食物，選擇容易消化且溫和的食物，例如：豆腐、粥品、蒸蛋等為宜。如果寶寶不餓，只願意喝奶也不必勉強，注意適當補充水分即可。

❷腸胃症狀（嘔吐、腹瀉）

嚴重時先暫緩給予食物，避免像是口乾、深色尿液、前囟門凹陷等脫水狀況的產生。可增加母乳、水、稀釋果汁或葡萄糖、電解質水的補充，症狀緩解之後，再由少量米湯、白粥、蘋果泥、葡萄汁等食物開始餵食。

❸腸胃症狀（便秘）：

便秘的症狀可能會是以顆粒狀的便便，或前端便便偏乾成形，而且寶寶會因為一直憋氣、用力，顯現不舒服或哭泣的表情，甚至會造成解出些微血絲的狀況。

在處理上媽咪可以先以棉花棒沾凡士林刺激肛門口，搭配以順時針方向輕輕按摩肚子來幫助腸子蠕動。便秘的發生，通常是由於水分補充不足、天氣熱、換奶或開始攝取副食品等情況。

營養師貼心小提醒

水分不足時，可以增加奶類、果汁或蔬菜汁的攝取，就可以軟化便便；如果是因為副食品的膳食纖維攝取不足、蛋白質卻增加的情況，在離乳初期的寶寶可以試試攝取些微的稀釋黑棗汁、蘋果汁，六個月以上的寶寶則可嘗試蔬菜泥、地瓜、南瓜、香蕉或木瓜泥等含有溫和纖維的食物來暢通腸道。

16 嬰幼兒可以吃外食嗎？

因應寶寶需要加強食材安全性與無調味料的特性，一歲前的孩子盡量避免外食及食用成人吃的食物或食品，如餅乾、零食類。

需要在外用餐時，可以使用市售產品如稀飯方便包、罐頭蔬菜、肉泥等，並準備嬰幼兒米餅、土司、香蕉、米粉、麥粉等可以隨時待命的點心為佳。

而一歲以後的寶寶，如果真要外食，除了注意用餐環境的整潔舒適與食材來源可信賴之外，菜色盡量不要太複雜，如豆腐、麵條、燙青菜、川燙肉片、蘿蔔湯等，搭配熱水燙過，去除多餘的調味料更佳。

PART 1

02

製作嬰幼兒飲食的各種疑難雜症完全解決

在製作孩子的副食品時，媽媽們總會有許多的疑問，例如到底要做多少？份量以及形狀要怎麼拿捏等等問題都讓人頭痛不已。
別擔心！這些惱人問題，都可以在這個單元，獲得最完整最實用的解答。

不同階段的寶寶飲食攝取量，也會有所差異

從無齒寶貝、口水直流到咬牙切齒，媽咪與寶寶同樣都在學習，而被迫必須現學現賣的媽咪，剛開始可能會有點手忙腳亂，或許有些媽媽更是第一次下廚，所以對於什麼是十倍粥、七倍粥、五倍粥？完全沒有概念，甚至於果汁要喝多少？到底該不該加鹽等等，以及嬰幼兒的飲食攝取原則，有太多問題正困擾著媽咪。

其實媽媽們不需要太心急，寶寶剛開始的基礎飲食真的很單純，只要一點果汁或是一份五穀類，且每個階段的訓練期間大約兩到三個月的時間。這段期間，媽咪們只要一天學一點觀念，到了需要製作副食品給孩子食用時，媽媽的手藝，肯定可以進步不少。

以下，提供給不同階段的孩子，一日餐點的參考範例，只要跟著做，就能幫他製作出最健康的副食品喔！

第一階段：四至六個月的一日餐點範例

餐別	供應的食物	供應量
早餐	母奶 或 寶寶配方奶	170～200 C.C.
早點	米湯 葡萄果汁 母奶 或 寶寶配方奶	→米 10g（2 / 3湯匙） →5 C.C.（加5 C.C.水稀釋） →100C.C.
午餐	母奶 或 寶寶配方奶	170～200C.C.
午點	地瓜糊 水梨果汁 母奶 或 寶寶配方奶	→30g →5 C.C.（加5 C.C.水稀釋） →100 C.C.
晚餐	母奶 或 寶寶配方奶	170～200 C.C.
晚點	母奶 或 寶寶配方奶	170～200 C.C.

第二階段：七至九個月的一日餐點範例

供應份量：五穀類3份，蛋豆魚肉類約1.5份

餐別	供應的食物	供應量
早餐	母奶 或 寶寶配方奶	200～250C.C.
早點	母奶 或 寶寶配方奶	200～250C.C.
午餐	玉米粥 蛋黃 胡蘿蔔泥 西瓜汁	→米 30g（2湯匙） →半個 →15 C.C. （1湯匙） →15 C.C. （1湯匙）
午點	母奶 或 寶寶配方奶	200 ~ 250C.C.
晚餐	豌豆糙米糊 鮭魚末 菠菜泥 香蕉泥	→豌豆50g、糙米粉20g →2湯匙 →15 C.C. →15 C.C.
晚點	母奶 或 寶寶配方奶	200～250C.C.

第三階段：十至十二個月的一日餐點範例

供應份量：五穀類4～6份，蛋豆魚肉類1.5份

餐別	供應的食物	供應量
早餐	雞蓉芋頭粥	→胚芽米 30公克（2湯匙）、芋頭丁 30公克、雞胸肉末 15 公克、芹菜末1湯匙
早點	母奶 或 寶寶配方奶	200～250C.C.
午餐	高麗菜肉末麥片糊 木瓜丁	→即溶麥片 30公克（2湯匙）、細絞肉 1兩、高麗菜末 15 公克 →15 公克（1湯匙）
午點	母奶 或 寶寶配方奶	200～250C.C.
晚餐	瓠瓜魩魚麵線 柳丁汁	→麵線40公克、瓠瓜絲 15 公克、魩仔魚1湯匙 →15 C.C.（1湯匙）
晚點	母奶 或 寶寶配方奶	200～250C.C.

副食品的食材軟硬與大小，爸媽要精準拿捏

新手父母可能會說：「吃，原來不是只有把食物送進嘴巴裡那麼簡單，形狀、大小不合，退貨！食物不對，拉肚子！心情不好，再說！真是恨不得將寶寶塞回肚子裡呀！」

其實，製作副食品給孩子吃不需要弄得像上戰場一樣，媽媽不需要對自己或他過份要求，只要秉持三心與二意「耐心！細心！愛心！記憶！注意！」，相信很快可以讓他吃得開心又健康。

跟著營養師一起做！給予寶寶副食品的三大步驟！

適合四至六個月
以無硬塊、糊液狀，
搖動時呈現液態流動狀的食物為主

水果：剛開始請將果汁與開水以1：1的比例稀釋，適應一段時間之後，再慢慢減少開水的比例，以免剛開始寶寶的腸胃不適應。製作上可以將蘋果、水梨、芭樂、奇異果、水蜜桃、火龍果等水果磨成泥之後，以細紗布過濾；葡萄、橘子、西瓜等則擠出汁液；柳丁、葡萄柚則榨汁後再將果渣過濾之後再飲用。

五穀類：寶寶米粉、米湯或十倍粥（水與米的比例為10：1，煮熟後壓泥過濾後食用）。

適合七至九個月
以含著可輕鬆壓碎的泥末狀的食物為主
水分可以減少，以擺盤時可以成型的程度為宜

水果：給寶寶的飲食可以進展到純果汁或果泥了，像是木瓜、香蕉、蘋果等都可以用湯匙直接刮成泥狀餵食。

五穀類：各種根莖類、穀類、麵線、豌豆等食物可以蒸熟、壓泥過篩後餵食即可。

蔬菜類：洗淨後切末，煮熟後可以餵孩子吃。

蛋、豆、魚、肉類：寶寶可以開始嘗試以大骨高湯為基底的副食品，將豆腐、蛋黃、肉品及魚類製備成細末後運用。豆腐必須再加熱，蛋黃則需要調和一些高湯或熱水以免過乾，絞肉要選擇絞打兩次的瘦細絞肉，牛肉、雞肉都以脂肪含量少的部位為宜，魚類則要小心剃除小刺、魩仔魚避免尾巴過乾，以符合孩子的飲食需求。

Step 3 適合十至十二個月 牙床咬含易糊碎的小顆粒狀 成品類似廣東粥般的軟質或細碎狀的食物為宜

水果：除了果汁、果泥之外，軟質水果可以切成小丁供應給寶寶食用。

五穀類：可以是成形的，如軟飯、小塊根莖澱粉類、小段麵條、麵線、米粉等，但是顆粒狀的青豆仁還是必須壓碎再供應，以免寶寶囫圇吞棗或噎著了！

蔬菜類：洗淨後，以小段、小丁、碎片形態煮熟後餵食。

蛋、豆、魚、肉類：蛋白可以慢慢加入菜單裡，因此可以蒸蛋、蛋花形式供應，偏硬的食材例如豬肝、絞肉處理為小丁末，軟嫩食材如魚肉、豆腐則可以稍大的片狀、丁狀呈現。

用對方法估算副食品的份量，就算目測也OK

副食品的供應量與奶類完全不一樣，不再是單純以250C.C.或200C.C.的奶量來計算。寶寶吃一碗稀飯或一碗麵會不會太多？蘋果半顆會不會太少？在了解供應量之前，首先要準備的是量測工具：量匙、量杯與磅秤。

量匙在五穀粉、肉、魚等供應量評估上相當方便，通常兩湯匙為一份，如果剛好手邊沒有這些工具時，奶瓶、藥杯、給藥針筒等也都可以拿來運用，甚至寶寶平日使用的杯、碗、匙等都可以事先以上述工具測量，以利臨時目測時，換算成大概估算的需要量。

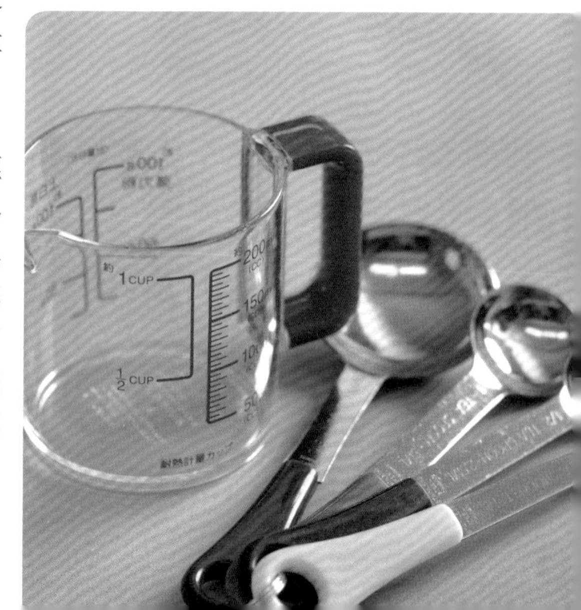

100公克的食物，大概是這樣的份量

體積、重量換算：

1小匙 = 5毫升

1大匙 = 3小匙 = 15毫升

1盎司 = 30公克

1 杯 = 240毫升 = 16湯匙（約1碗）

10公克：等於2茶匙或2/3湯匙。

20公克：等於4茶匙或1又1/3湯匙。

30公克：等於6茶匙或2湯匙。

100公克的食物大約是半碗或一勺舀湯的湯匙。

PART 1

03 自己熬高湯最安心！媽咪熬出好湯的必學祕訣

自製副食品時，能運用事先準備好的高湯，對媽咪來說，是省時又省力的好方法，對寶寶來說更是營養健康的元氣湯飲！自己熬高湯不僅喝得安心，孩子更健康！

6大步驟，輕鬆熬出好湯頭

步驟1：挑選熬高湯的好食材

包裝或冷凍食材最好搭配相關認證並選擇合格大品牌廠商，可以多一層保障。若是冷凍食品，要注意是否儲存於適當的溫度，並避免反覆解凍，影響營養素。

步驟2：充分運用材料

骨類食材放入鍋裡之後，加水蓋過約5公分，在熬煮最後一小時可以加入蔥、薑、蒜、香草以去除腥味，或加入可以提升湯頭層次感的香甜蔬果。

步驟3：大火煮滾，小火燉熬

大火沸騰後，將火侯轉為文火狀態，讓湯品表面偶有小泡浮起震動的狀態為宜，因為骨頭裡的胺基酸凝結溫度不高，若瞬間持續高溫，反而會因此將營養封存在骨頭內，因此要以小火低溫的方式燉煮，才有助於骨頭裡微量分子的釋放。

步驟4：熬煮的時間是影響營養度的關鍵

一般來說，蔬菜與魚類所需熬煮的時間不需要太久，約0.5～1小時即可釋放出蘊藏其中的營養素；而大骨類則至少需要4～8小時以上細火慢熬，才能讓其中的礦物質、胺基酸等精華物質溶解釋放。

不同食材該怎麼挑？

❶蔬果類

以當季、在地食材為首選，蔬菜要選擇莖葉鮮嫩肥大、菜葉有光澤、斷口不乾枯為宜；水果選擇果皮完整，水分多、外部無碰撞的安心蔬果，如果經濟許可之下，更可以選擇無農藥的有機蔬果。

❷五穀、根莖及豆類

新鮮無異味、非基因改造、檢測無重金屬汙染的穀米，包裝食材最好選擇真空包裝比較妥當，這類食材開封後如果沒有吃完，請放冰箱冷藏保存以延長新鮮度。

❸魚類

新鮮魚產的肉質及肚子都有彈性、魚鱗不易脱落、魚鰓鮮紅、魚眼光亮呈現透明水晶狀；此外，要注意食材的原色，像魩仔魚應該為銀灰，不要選擇太白皙的顏色。

❹肉類

冷凍食品需有CAS認證，市場選購的肉品最好要「看」、「聞」、「壓」，要注意肉品的顏色是否是自然肉品顏色、氣味有無腥臭味、按壓可有彈性，並且選擇沒有黏滑液等等，都是選購的重點。

❺蛋類

通常雞蛋的蛋殼粗糙、氣室小、重量較沉的比較新鮮，至於市售的洗選蛋則由外觀完整及包裝日期來辨別，使用前必須先稍微沖洗蛋殼，以免受到沙門氏菌汙染。

營養師貼心小提醒

高湯有豐富的礦物質與胺基酸，不需要再依照成人的口感添加任何調味料，以免破壞營養喔！

步驟5：去除食物中的雜質

湯頭上的浮末主要是凝結的蛋白質與血液，如果沒有定時撈除，長時間加熱的狀態下可能會與湯頭再度融合，這樣反而會影響湯頭風味。

步驟6：保存訣竅

當香濃甘甜的高湯完成之後，保留現吃的部份之外，剩餘的部分可以在鍋外用碎冰塊降溫，以降低因為室溫存放過久而滋生細菌的機率，溫度下降後，移到冰箱冷藏。

冷藏後表面會凝結一層動物性脂肪，去除動物性脂肪之後分裝，並且標示品名、日期，然後放入冷凍庫儲存。

6大鮮甜高湯當基底，寶寶營養沒問題

高湯經過長時間的熬煮，會溶出像是鈣、鉀、鈉等礦物質及微量胺基酸，因此不必使用鹽、味精，就帶有天然的鹹味與甘甜味，運用於麵、粥、麵包或蔬菜當湯底時，會讓口感的層次更豐富，是寶寶吃很好、全家吃也好的營養高湯喔！

以下就為媽媽們示範美味又營養的鮮味高湯：

1 豬肉高湯

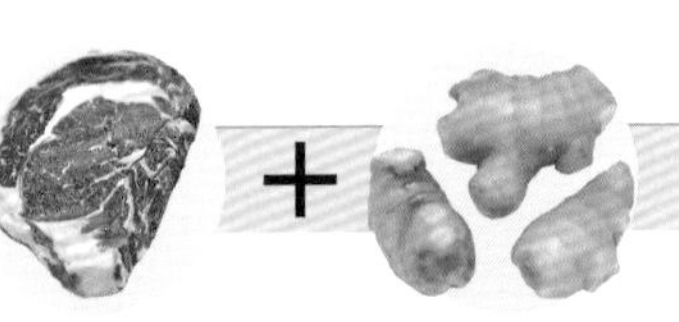

材料：

豬大骨或豬肋骨、老薑、蔥。

做法：

1. 所有材料洗淨後，豬大骨川燙去除血水。
2. 蔥切段、老薑拍扁。
3. 材料加入適量水，煮沸後，轉小火熬煮約4小時，定時去除表層浮渣。
4. 完成後，放涼之後，冷藏隔夜，去除浮油後，分裝冷凍即可。

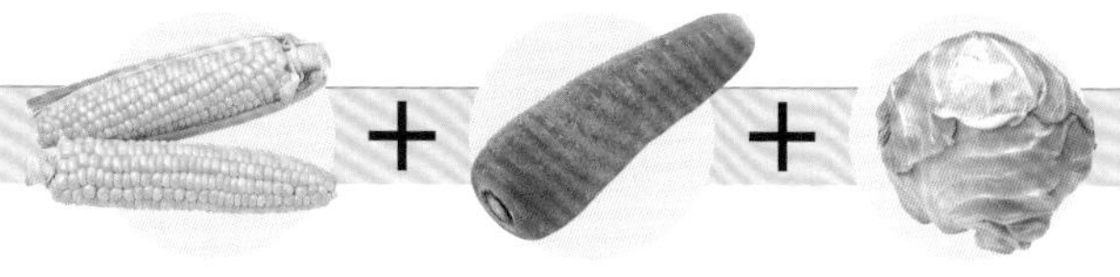

2 鮮蔬高湯

材料：

選取適量的胡蘿蔔、馬鈴薯、洋蔥、高麗菜、青花菜、西洋芹、黃豆芽、玉米、南瓜、牛蒡等五色蔬菜。

做法：

1. 將材料洗淨，切成適當大小後，放入大鍋，加水到覆蓋所有食材量，大火煮滾後轉小火，熬煮到軟爛後，以篩網過濾出高湯。
2. 放涼後，分裝到製冰盒，冷凍保存，每次取需要份量即可。

營養師貼心小提醒

濾出的蔬菜可以再製成蔬菜泥當成寶寶的副食品，也可以作為闔家用餐的火鍋湯底，是一道高纖、高鉀的好料理喔！

3 雞肉高湯

材料：

雞胸肉、雞骨架、蔥、老薑。

做法：

1. 所有材料洗淨後，將雞骨架、雞腳稍微川燙去除血水。
2. 蔥切段、老薑拍扁。
3. 所有材料放入鍋中，加適量水覆蓋，煮沸後，轉小火熬煮約4～6小時，定時去除表層浮渣。
4. 完成後放涼，冷藏隔夜，去除浮油後，分裝冷凍即可。

牛骨高湯

材料：

牛骨、胡蘿蔔、洋蔥、番茄、蒜頭。

做法：

1. 牛骨川燙後，冷水洗淨。
2. 洗淨後的牛骨放入鍋中，開大火煮沸後轉文火，定時去除表層浮渣。
3. 放入其他已經洗淨、切塊的胡蘿蔔、洋蔥、番茄及去皮蒜頭，熬煮約8～10小時後濾去食材，高湯冷卻後，冷藏隔夜，去除浮油後分裝冷凍即可。

5 昆布高湯

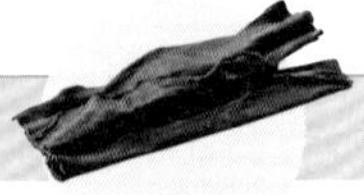

材料：

昆布25公克、柴魚片一碗。

做法：

1. 昆布以濕布擦拭後，剪成適當大小；加入約2.5公升水後，浸泡30分鐘。
2. 加熱沸騰後，將昆布取出。
3. 轉小火，加入柴魚片，30秒後熄火，讓柴魚片靜置沉澱。
4. 放涼後，濾出柴魚片，將湯汁分裝即可。

營養師貼心小提醒

昆布高湯除了可以當成寶寶粥的湯底之外，運用於家中火鍋、鹹粥、湯麵基底都是令人驚艷的好滋味！

6 鮮魚高湯

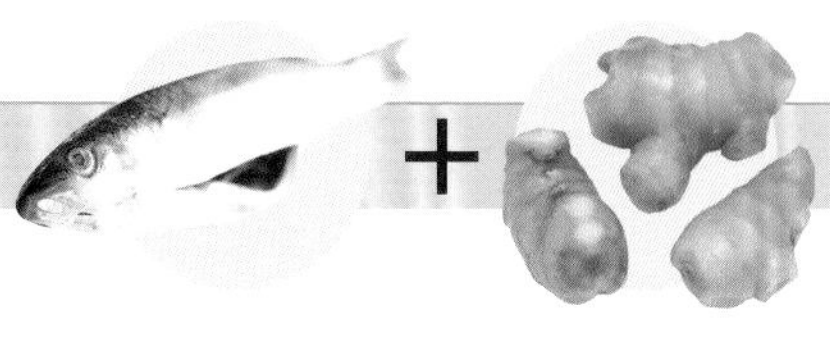

材料：

帶骨鮮魚或魚頭、老薑。

做法：

1. 魚洗淨後，川燙去除血水。
2. 加入適量的水與薑，水沸騰後，轉小火熬煮約30分鐘至1小時。
3. 去除表層浮渣，完成後放涼，去除浮油後即可運用。

營養師貼心小提醒

此道湯品必須選擇新鮮魚類製備，並且建議當天食用完畢，因此取出寶寶所需的食用量之後，剩餘的高湯可以製成家人的餐點，當日食用完畢才能確保新鮮與營養。

PART 1

04 為寶寶選購安全無毒的用具與餐具

為了提高寶寶對食物的興趣，爸媽們通常會幫寶寶準備色彩鮮豔、造型可愛的餐具，然而越是鮮豔、可愛的商品，越可能含有高劑量的重金屬、塑化劑，長期使用不但影響生長發育還有致癌風險。
面對琳琅滿目的各式餐具和烹調用具，該如何用才能讓寶寶不受毒害？挑選的訣竅在這裡一次告訴你！

用具的選擇，首先要先了解製作者的需求，像調理組、燉粥杯、擠壓餵食器等產品對於婆婆、奶奶來說過於累贅，但卻是新手媽咪的最佳利器！

而餐具的選擇有幾點要特別注意的：

1.顏色：以素色或白色為宜。

2.特性：要具備耐熱（餐具上最好註明耐受溫度）、防滑、耐摔、不含環境荷爾蒙、無毒（可選擇高密度聚乙烯HDPE和聚丙烯PP）等特性。

3.尺寸：要能符合寶寶的小嘴入口及小手抓握。

此外，新生兒的腸胃道屬於無菌狀態，因此嬰幼兒最好有專屬的用具與餐具，避免與成人混用，使用前後都要以熱開水消毒，使用清潔劑時，最好選擇標示適用於嬰幼兒餐具洗滌，具有食品級成份，易沖洗，不殘留化學成份等重點。

安全餐具該如何選擇？

1. 安全的湯匙：

小孩在12個月之前尚未決定比較習慣於左手或右手，因此特殊的握把設計讓他握左手或右手都可以。寶寶自行練習的湯匙要能適合他一口吞含的大小，湯匙的前端最好是圓頭安全設計、材質柔軟，把柄的寬度要可以一手掌握。

也有特殊溫度或感溫設計的湯匙。食物加熱後，常常一不小心就溫度過高，為了保護寶寶幼嫩的口腔，可以選擇感溫湯匙，一旦溫度過熱就會自動變色，讓爸爸媽媽能安心餵食。

營養師貼心小提醒

家長餵食的湯匙可以選擇擠壓式湯匙，依照寶寶攝取狀況擠出適量，不會造成用餐後桌面一團混亂的慘況。

2. 安全的叉子：

除了把柄寬度與長度之外，還要注意尖端圓弧設計，以免戳傷寶寶口腔或臉部。

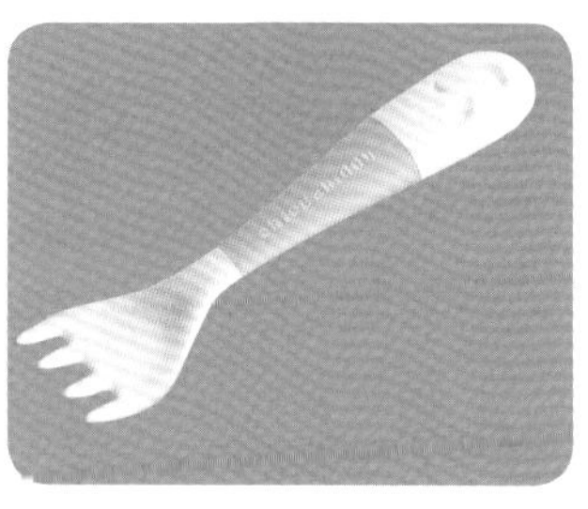

3. 餐盤、餐碗：

選擇寶寶容易捉取，有碗耳的餐碗為宜。有的餐盤或餐碗的底部會有吸盤或止滑材質的設計，可以避免好奇又好動的寶寶將盤子當成飛盤來玩耍；還有感溫變色產品，可以藉由顏色辨別餐點是否過燙；媽咪可以依照個別需求來選擇需要的產品。

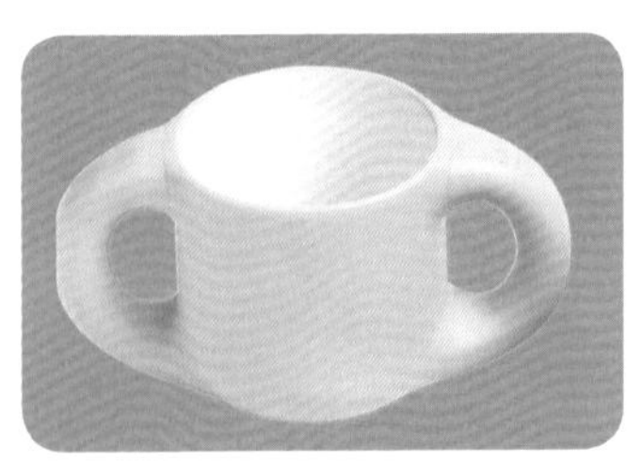

4. 杯子：

要選擇讓寶寶拿取沒有負擔，因此形狀、容量及杯身重量都是考慮的重點，不同階段的寶寶也需要考量雙手把、單手把或無把手的杯子。

營養師貼心小提醒

挑選杯子時，注意杯口的上緣、水杯吸嘴，以及吸管最好選擇安全無毒、柔軟及不漏水的特性，四個月大時選擇奶嘴型、十字孔吸嘴，五、六個月轉換為扁嘴設計以利下顎發育及奠定牙床基礎，八、九個月則慢慢轉換為吸管型，讓寶寶由奶嘴杯、鴨嘴、吸管逐步轉換為喝水杯。

必備用具功能與使用方式

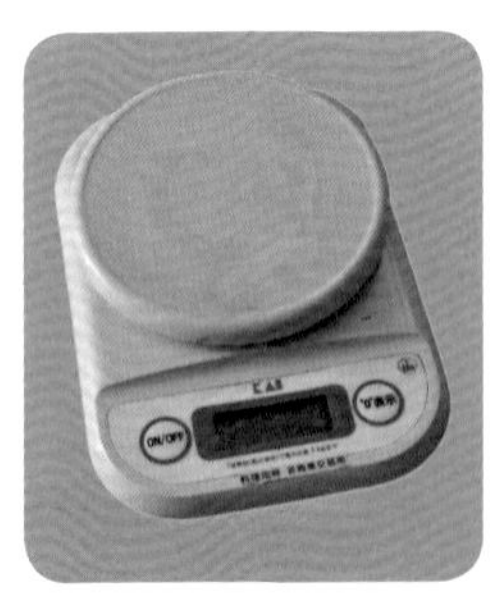

1. 磅秤：

使用於秤量寶寶食物攝取量的好用輔助工具。磅秤以電子秤或500公克彈簧秤為宜，以免誤差值過大。市售的磅秤有彈簧秤與電子秤兩種，通常使用電子秤可以將材料量的較準，也不用花時間去數刻度。如果沒有電子秤，又是偶爾才做點心的話，五金行或烘焙材料行都有賣台幣一個百元有找的小彈簧秤，非常適合做小量點心使用。

2. 量匙＆量杯：

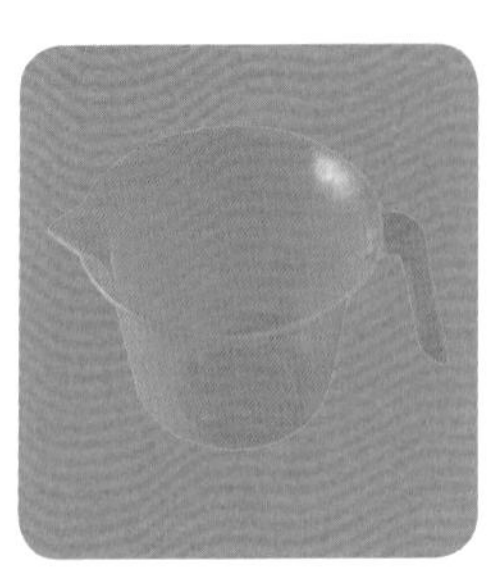

量匙是容積的單位，有時候分量很少，用磅秤量不出來，就會使用一匙一匙的來計算，對於初學者來說，更應該擁有一把。

量匙依大小可以分為最常見的四種(小匙=茶匙)：1大匙(15cc)、1小匙(5cc)、1/2小匙(2.5cc)、1/4小匙(1.25cc)。

量杯的材質分為玻璃、鋁、不銹鋼等，一杯的容量通常是236c.c.，通常用來裝牛奶、水等等液體，方便操作。

3. 網篩＆濾網：

購買時要注意是否需要耐酸、耐熱，最好同時準備粗孔與細孔，以符合寶寶的不同需求，市面上也有可以直接放入食材的篩網產品，讓寶寶直接含咬，也是媽咪另類的運用工具。

4. 打蛋器＆攪拌盆：

如果要幫孩子製作點心或蛋糕之類的，攪拌盆或是打蛋器，都是不可或缺的工具之一。打蛋器網狀的結構，能夠讓材料均勻混合。一般來說，打蛋器準備一支就夠了，記得買網狀較細的，而且鐵條和手柄之間應另有一束環固定，才會比較耐用打出漂亮的麵糊。攪拌盆是必備的攪拌容器，有不銹鋼跟玻璃兩種材質，可以依照個人喜好選購。

5. 平底鍋：

以不沾鍋、附蓋為優，便於燜燒食材。平底鍋不僅可以用來做菜，還可用來製作點心。舉凡鬆餅、可麗餅、銅鑼燒，都是平底鍋一族的，用烤箱還做不太出來。

唯一要注意的是火的大小，通常中小火是比較保險的，不然鬆餅就變黑餅囉！

6. 果汁機：

果汁機可攪打食材成泥狀，製成寶寶需求的型態。果汁機的攪拌功力非常強，所以遇到需要均勻攪拌又不用特定工具的食材，就可以用它來試試看了。對於媽媽們來說，是一個方便又實用的製作器具。

如果沒有果汁機，也可以電動攪拌棒來取代，其功能與果汁機雷同，是將食材攪拌成泥狀及末狀的好幫手，以容易清洗、刀片耐熱及使用安全性為選擇的考量。

7. 多功能食物調理研磨器：

多功能食物調理器，是依寶寶離乳階段的需要而設計。採用無毒塑膠材質製造，且印刷顏料安全無毒，讓媽媽餵食寶寶更加安心。搗碎研磨器、網狀研磨器、塊狀研磨器、榨汁器，對於新手媽咪來說操作簡單又容易清洗，可以省下不少時間。

8. 雙用保溫餐具：

將注水孔打開，可倒入60度溫水，保持食物的溫度約30～60分鐘。碗底運用吸盤吸附於桌面上，方便不易翻倒，協助寶寶獨立進食，亦可當作碗蓋使用，方便衛生100分，不管對媽媽或寶寶來說，都是實用且貼心的用品。

9. 分蛋器：

利用分蛋器可以讓蛋白與蛋黃完全分離，方便新手媽媽在操作上，能達到萬無一失的效果，更能節省時間，可說是廚房必備的用具之一。

10. 保鮮盒、保鮮袋、製冰盒：

方便分裝高湯、粥品以利分次取用，除了選擇需要的容量之外，封蓋、防漏及是否為可冷凍、可微波材質也要列入考量。

PART 1

05

新手媽咪必學的正確保鮮術

自己製作副食品或食用市售副食品各有利弊，當然，在營養師的觀點還是希望媽媽可以DIY，一來可以變化多元的營養元素，二來也可以避免誤食不良的加工品或因不當儲存而造成寶寶身體的負擔。提醒新手媽媽，料理孩子的副食品時，有許多要注意的地方及保鮮的技巧，在烹調時要特別小心喔！

媽媽自行製作副食品時，需要注意下列4點

1. 食物安全：

寶寶免疫力較弱，因此製作前都要確保器具、雙手及食材的新鮮、乾淨及衛生程度。

▲正確的儲存技巧，讓飲食更放心。

2. 溫度適當：

加熱後食物必須回溫後再供應給寶寶，特別是以微波爐復熱時，要小心加熱不均勻，造成寶寶細嫩的口腔及腸胃道黏膜受傷。

3. 濃稠度適當：

避免過乾或太黏稠的食物，會讓吞嚥功能還不完全的寶寶嗆到或是噎著。

4.素材不要添加調味料：

最重要的是要直接使用天然、新鮮的食材，不要以成人的口感來添加糖、鹽、醬油、炒菜湯汁、味精等調味，以免造成寶寶日後偏食或出現代謝等問題。

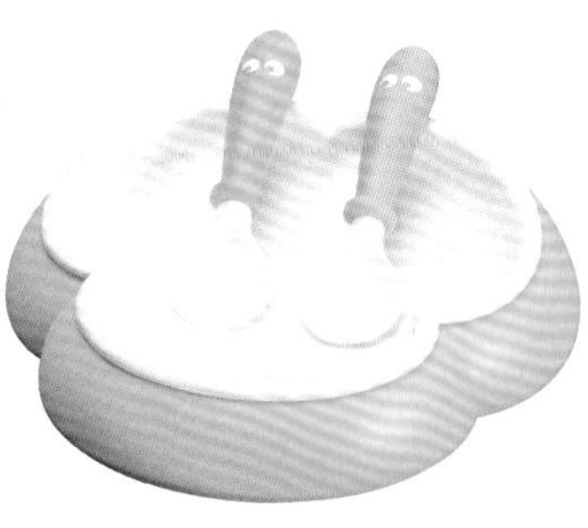

媽咪一定要知道的4大必修技巧，讓妳的寶寶吃得健康又營養

因為每次準備的食材不會只有做5C.C.、15C.C.讓寶寶現做現吃，所以要兼顧營養健康又衛生安全，就要談到儲存技巧了！果汁、蔬菜汁要隨時製備，以免營養流失；豆腐、雞蛋、麵條等因為烹調快速，也不必預先儲存；其他如高湯、稀飯、豆類等耗時較久的食材可以預備一週的份量，搭配部分新鮮食物來作為餐點的變化，依儲存條件的不同必須注意的細節如下：

技巧 1 室溫保鮮法則：

基本上室溫儲存食物如未完全成熟的香蕉、木瓜、奇異果、地瓜、芋頭、胡蘿蔔、洋蔥等蔬果及根莖類都必須放置於陰涼處保存。
★使用前再清洗切割，而切割後未使用的部份要移入冷藏。

放入冰箱前的必要動作：

沒有清洗的蔬菜，最好用報紙包裝以吸附水分、肉類以密封袋包裝、熟食必須放涼後置入保鮮餐具或密封盒再放入冰箱，以減少水分流失、交互汙染及冰箱異味的產生。
★可以的話，請盡量貼標籤標示製作日期與品名，才能有效管理食物先進先出。

食物分裝盒

製作副食品時，很難能每次5C.C.、10C.C.的讓寶寶現做現吃，這時就可以運用食物分裝盒，分別冷藏或冷凍，不僅在家烹調時使用方便，外出時也能輕鬆攜帶，更能維持冰箱整潔，副食品也不易被冰箱內的細菌汙染。

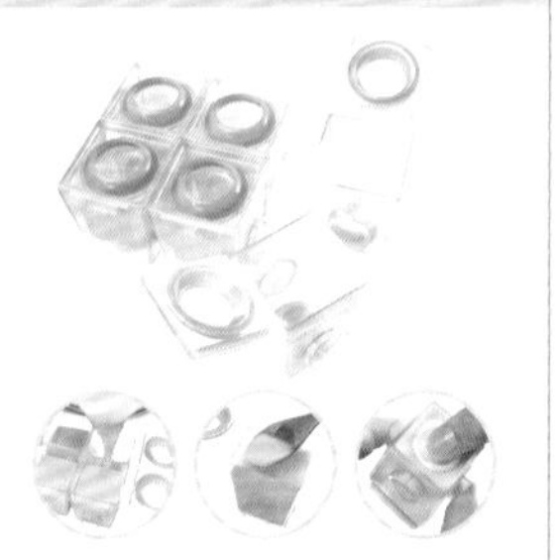

技巧 2 冷藏室保鮮法則：

基於衛生安全原則，冰箱內容物以八成滿為限，確保冷度的維持；生食擺在熟食下方，以免肉魚汁液、蔬果灰塵汙染到熟食。

★存放期限部分，魚類海鮮、熟食以四十八小時為限，家禽、豆腐、豆芽菜等約三天，家畜、葉菜類約四天，水果、番茄、高麗菜、切開後的洋蔥、胡蘿蔔、南瓜等約一週為宜，醬菜、調味料則以存放兩個月為限。

★存放位置也需要注意，上層溫度較低的位置放不能久放的食材，下層則放置容易凍傷的蔬果，抗菌性較強的醬料則可以存放於冰箱冷藏室的門架旁。

技巧 3 冷凍庫保鮮法則：

需要冷凍的食材如米糊、高湯類等，依寶寶每次食用量運用200C.C.、50公克、30C.C.等儲存量的製冰盒、密封袋，做成一次一塊的冰磚後，移入保鮮盒保存。

魚、絞肉類可以依照每次烹調份量分袋包裝，以免取用後剩餘的食材有反覆解凍的困擾。

技巧 4 營養不流失的正確解凍法：

食物經過冷凍儲存後，較不容易保存新鮮與原味，因此除了不反覆解凍之外，還要選擇適當的解凍方法，常見解凍方法有室溫、低溫、流水與微波爐、電鍋等方式。

(1)室溫解凍：

因為要長時間放置於常溫，在氧氣及高溫的環境下較容易讓細菌孳生，回溫後較無法存放。

(2)流水解凍：

必須將食材密封，以免流水直接接觸造成營養素的流失。

豬肉部位大不同，怎麼選、怎麼烹調學問大

媽媽們到市場，面對肉攤上一堆又一堆的肉，往往不知道該怎麼選，有時甚至連該買哪個部位都不知道。這個篇章將教會大家，選對部位，才能做出口感一級棒的副食品喔！

A 豬頰肉

因為肉的紋路看起來很像菊花，所以又稱為菊花肉。由於位於豬的臉頰，每天都要用來咀嚼，所以吃起來的口感也特別好。

適合的烹調方式：用滾水燙過之後，即可切片沾醬食用，或可做成餡料。

B 肩頸肉

位於豬前腿上面，靠近頸部的扇面骨一塊長扁圓形的嫩肉。或許，大家對這部位的肉很陌生，但只要說到號稱豬肉中的松阪肉，指的就是這裡。因為他入口有松阪牛肉的細膩感覺，因而得名。極佳的口感，也常被譽為有「霜降」的風味，這種肉一隻豬只有一點點，所以通常要特別跟肉攤訂購，才可能買得到。

適合的烹調方式：用燒、滷、炒、溜都非常適宜。

C 肩胛肉

通常一般稱為梅花肉或是胛心肉，位於豬前腿靠近背的部位，筋絡較多，肉質吃起來的口感不會像後腿肉太瘦，所以口感屬於適中型，因吸水力較強，所以適合用來製作餡料或是丸子之類。

適合的烹調方式：常常用來做成像是珍珠肉丸子，或是燒肉。喜歡包餃子之類的人，可以拿來當作餡料或是作成可樂餅之類的餡料。而喜歡燉滷的人，可以選擇這個部位來烹煮。

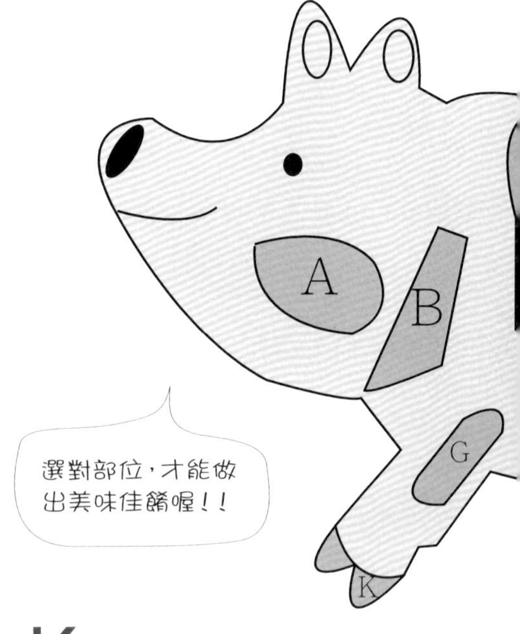

K 蹄花

位於豬腳之下，這個部位膠質含量豐富，通常與花生一起料理。

D 背脊肉

這個部分的肉，包括大里肌、肋排、排骨等等。
里肌排可分為：大里肌與小里肌。
大里肌肉是大塊瘦肉，多做為豬排、燒烤、熱炒、燴煮或做成炸肉，例如我們常吃到的紅糟燒肉、糖醋里肌，就是用這個部位做成。在這個部位除了里肌排外，從不同部位取得的排骨可説是五花八門，包括了大排、前頭排、五花排、子排、串骨排等等。

●五花排

五花排是從豬的背部，一直延伸到腹部的排骨。
適合的烹調方式：蜜汁排骨、叉燒排骨或是燒烤。

E 小里肌

又稱做腰內肉。小里肌的肉質非常軟嫩，由於烹調的時間較短許，多人會用來煮湯、快炒或是裹粉油炸。

F 腹脅肉

是大家所熟悉的五花肉、三層肉。
適合的烹調方式：是做東坡肉、肉燥、梅干扣肉的首選食材。因為有夠量的油脂，所以肉的風味會很足。

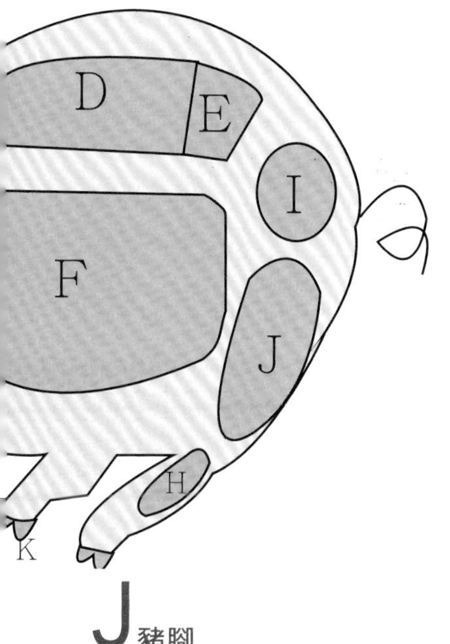

G 前蹄膀

這個部位的肉質口感Q彈，皮厚多筋，有名的德國豬腳都是選用這個部位來製作。
適合的烹調方式：蒜泥白肉或京醬肉絲都非常適合。

H 後蹄膀

又稱為腿庫，沒有筋絡，肉質緊實細膩有勁，非常耐長期煮滷，所以經常運用在中式滷蹄中。
適合的烹調方式：通常會與筍乾一起燉煮，就能製作出絕妙的風味。

I 後腿肉

後腿肉的纖維較粗，脂肪較少，比較不容易入口。不過如果紅燒久一點，肉質吃起來反而會有齒頰留香的感覺。
適合的烹調方式：紅燒肉。

J 豬腳

位於蹄膀之下的部位，適合用來滷煮或是紅燒。

Part 2

分齡營養照護篇

針對不同時期寶寶所需營養跟著專業營養師這樣做，就能養出健康聰明的寶寶！

伴隨著響亮的哭聲，爸媽們期盼已久的寶貝終於來到這個世界，隨著時間一天一天的過去，寶寶在不同階段時，其生長發育的程度也有所不同，需要的營養與照護當然也相對不同，快利用這個章節，看看自家寶貝這個時期的哺育重點，以及特別需要注意的事項吧！

0～3個月的營養與照護

對於每個新生兒來說，這個時期最佳的營養來源莫過於母乳了，尤其不能錯過初乳所賦予的各種營養成分。但到底該怎麼正確把握好餵養時間？該給寶寶多少的量？往往也是讓媽咪們最頭痛的問題。現在開始，媽咪們只要跟著營養師一起做，一定可以讓寶寶們吃對營養、頭好壯壯。

什麼是初乳？初乳對寶寶為什麼這麼重要？

媽媽在產後七日內所分泌的母乳稱之為初乳，因為初乳含有豐富的蛋白質、β胡蘿蔔素及許多營養成分，顏色呈現黃色黏稠狀，初乳的蛋白質以乳鐵蛋白為主，對新生兒而言，易於消化，也是新生兒快速生長的必備營養。

此外，初乳含有大量的免疫球蛋白，可以附著在寶寶的腸黏膜，用以中和病毒與細菌毒素，是保護腸黏膜的抗體，更可以提升寶寶的免疫力；初乳的脂肪與糖的含量低，有益於寶寶的快速吸收。

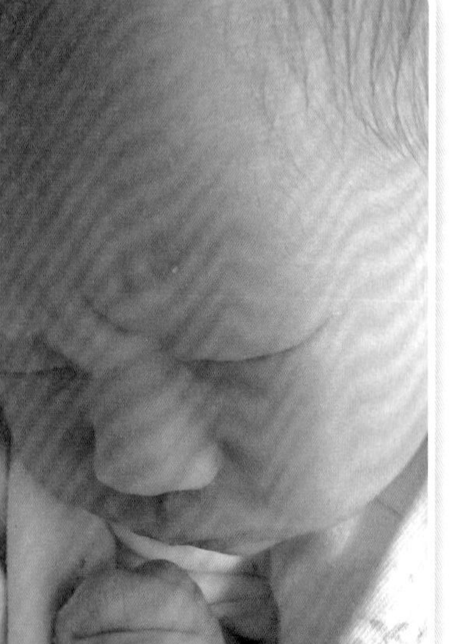

適當的哺乳時間，該怎麼界定呢？

通常對於這個時期的寶寶而言，通常採取餓了就餵，按時哺乳。

一般而言，大致上寶寶全天需要的奶量約是500～800毫升。每次哺乳的時間大約20分鐘左右，通常約2～3小時餵一次，一天大約要餵8次左右，隨著寶寶月齡的增加，漸漸將間隔時間稍稍拉長，只要寶寶睡得安穩，不必特意喚醒他，清醒時再哺餵即可，但即使如此，每晚夜間仍需要2～3次的哺餵母乳，因此媽媽們可以稍微延遲睡前一次的餵奶時間，讓寶寶餓一點再喝得多一點，以延長寶寶的飽足感，也讓媽媽得以有充分的睡眠及休息時間，這樣也能讓母乳更充足。

◆ **母乳供適量不足，可輔以配方奶**

在哺餵寶寶的過程中，如果母乳提供充足的話，則可以純母乳供應寶寶營養即可，不需要補充其他食品。

如果母乳供應量不足的話，則可輔以配方奶輔助寶寶的營養，這段時期的寶寶，建議每次配方奶的攝取量約80～125毫升，全天的總奶量約800毫升左右即可，中間可以加餵白開水給寶寶，如果寶寶有厭奶或奶量稍減的情況，不宜強行餵食，應進行觀察，並且調整餵食時間即可。

隨著寶寶的成長，4～6個月的寶寶對奶量的攝取也會漸漸增加，因此一天晝夜哺餵5次即可。

一旦媽媽的母乳不足時，該怎麼做才能讓寶寶吃得飽又吃得好？

當媽媽的母乳不足時，必須以配方奶輔助補充寶寶的營養，但是只要媽媽仍有母乳，即使少量仍需以母乳為主，先哺餵母乳，當寶寶喝不足母乳而哭鬧時，再補充配方奶。

配方奶量則因寶寶的月齡與母乳缺少的程度而調整，所哺餵的量以達到寶寶喝飽不願再吃為止，因為母乳對寶寶而言是極為珍貴的營養，因為盡量親餵寶寶母乳，一則刺激乳腺分泌乳汁，二則讓寶寶多少可以攝取一些母乳的營養。

當媽媽的母乳充沛時，乳房會時常有漲滿感，甚至有溢乳現象，因此當親餵寶寶攝取足夠的量之後，媽媽可以將母乳擠出後儲存。

母乳儲存的方式有哪些？

❶以擠乳器將母乳擠出存放

洗淨雙手，以擠乳器將母乳擠出存放於乾淨母乳袋裡。通常擠乳的時間不宜超過30分鐘，以免造成回奶。

❷乳汁可以在室溫保存6～8小時

擠出的乳汁可以在室溫保存6～8小時（但天氣炎熱則不宜放在室溫保存）若於3日內使用的話，可以放置於冰箱的冷藏，否則建議放置在冰箱冷凍庫為宜，冷凍的時間最長不宜超過3個月，盡量以攝取新鮮的母乳為佳。

❸必須隔水加熱使用

使用冷藏或冷凍的母乳時，必須隔水加熱，千萬不可以直接加熱母乳喔，這樣會破壞母乳的營養成分，此外，解凍後的母乳若沒有喝完的話就倒掉，不宜反覆冷凍再加熱餵食囉！

怎麼知道寶寶到底吃飽沒？該如何調整半夜餵奶時間？

對於這段時期的寶寶而言，在不添加水分及其他食物的情況，寶寶每天小便的次數達6次以上。

寶寶吃飽後會流露出滿足的表情，而且餐與餐之間，安靜入睡不哭鬧；寶寶滿月時體重已經增加至600公克以上，而且平均每週體重增加150～200公克，這些都足以表示母親所提供的母乳足夠寶寶攝取。

BOX

營養師貼心小提醒

餵奶的時間應該要多久？

每次哺餵的時間，大約以10～20分鐘為宜，隨著不同的月齡或不同的哺乳習慣，會出現5～20分鐘的差異。如果時間過長，媽咪要確認是否奶瓶的洞太小或被堵塞所致，且餵奶時小心別讓寶寶吃得太快或太慢，免得引起吐奶。

在親餵母乳時，可以看到寶寶吸吮的動作緩慢而有力，並且聽到寶寶的吞嚥聲；餵奶前媽媽的乳房豐滿、有漲奶感，皮膚表面可以清楚看見靜脈，餵奶完後，乳房則變得柔軟。

傷透腦筋的半夜餵奶，讓媽咪們好疲累，到底該怎麼幫寶寶調整時間呢？

其實，新生兒至3個月的寶寶，一天至少要喝6～8次奶，不分晝夜每隔3小時餵一次，對於媽媽而言，的確是很辛苦的事，為了讓母親可以在夜晚有較長的睡眠時間，可以讓晚間睡前那一餐延後哺餵，讓寶寶喝得飽飽再入睡。

如果夜晚寶寶熟睡，就算超過餵食時間也不用驚動他，等到睡醒時，再好好餵食，漸漸延長餵奶的間隔時間，通常月齡1～4個月的寶寶，可以訓練半夜餵奶兩次即可，寶寶漸漸長大，甚至可以訓練睡前喝飽之後，一覺到天亮，半夜不用餵奶呢！

BOX

營養師貼心小提醒

寶寶吐奶時怎麼辦？

哺乳過程或餵完奶之後，有時候會出現寶寶吐奶或溢奶的狀況，這通常是因為寶寶在吸吮乳汁時也吸入了空氣，胃部的空氣隨著食道上湧引起吐奶，這個時候媽媽先將寶寶抱直，輕拍背部，直到寶寶打嗝為止。

4～6個月的營養與照護

4～6個月的寶寶一天的授乳次數多少為宜？
什麼時候需要給寶寶補充水分？
如何判別寶寶可以開始吃副食品的時機？開始添加寶寶副食品必須注意的重點是什麼？
這些餵養寶寶的疑難雜症詳解，都在這個篇章裡喔！

這個階段的寶寶一天的授乳次數該怎麼拿捏？

4個月以上的寶寶已經進入另一個階段了，基本上仍以母乳哺餵為主，次數可以調整到5次了，大約每4～5個小時餵食一次，除了母乳之外，也可以試著餵食泥狀類的副食品，例如米粉、麥糊或水果泥、菜泥等，以補充寶寶生長發育所需的營養，以寶寶的接受狀況調整，以漸進的方式餵食。

每次餵食一種食物，等3～5天之後，寶寶沒有排斥或任何狀況之後，再嘗試餵食下一種食物，此外，若有過敏體質的寶寶，宜延緩餵食副食品的時間至6個月以後再進行。

營養師貼心小提醒

什麼時候需要幫寶寶補充水分？

如果是純粹喝母乳的寶寶，從新生兒至4個月內，基本上是不需要特別再補充水分的，頂多餐與餐之間餵食少量的溫開水即可。

但是對於餵食配方奶的寶寶而言，則必須經常補充水分，因為配方奶中的蛋白質與礦物質含量較多，而過多的營養成分，寶寶並不能吸收，必須藉由腎臟排出體外，因此配方奶寶寶需要充足的水分以幫助腎臟代謝多餘的營養成分。此外，當天氣炎熱，或寶寶體溫上升時，甚至寶寶生病時，都需要適時補充水分喔！

如何判別寶寶可以開始吃副食品了呢？

4個月以後的寶寶漸漸長大，當寶寶消化系統分泌的消化酶增加，消化能力也越來越好，4～6個月的寶寶已經可以消化泥狀的澱粉類食物，母乳所含的營養已經漸漸不能滿足寶寶成長發育所需，尤其是鐵質與鈣質，因此需要補充副食品，以補足寶寶的營養。

判定寶寶開始吃副食品的時機可以從兩個關鍵確認：

關鍵 1 當寶寶的體重比出生時高出一倍時

媽媽可以先觀察寶寶的體重，當寶寶的體重比出生時高出一倍，例如寶寶出生時體重為3000公克，而當寶寶體重到達6000公克時，即可嘗試餵食副食品。

關鍵 2 看到別人吃東西表現出很有興趣時

當寶寶趴著的時候已經可以撐起頭部，或是寶寶自己可以稍微保持一段時間的坐姿、開始喜歡吃手，並且看到他人吃東西表現出高度興趣的時候，大概就是可以餵食寶寶副食品的時候了。

這段時期的寶寶適合吃哪些副食品？

這段時期的寶寶剛開始接觸副食品，建議一天1～2次，於午餐或晚餐時刻之前嘗試副食品的餵食，盡量以單純而健康的食物為主，讓寶寶攝取更多營養，也訓練寶寶咀嚼的能力。以下幾種食物，比較適合讓寶寶在4～6個月的階段食用：

1.添加澱粉類的米糊或麥糊，調成泥糊狀，即可餵食寶寶。

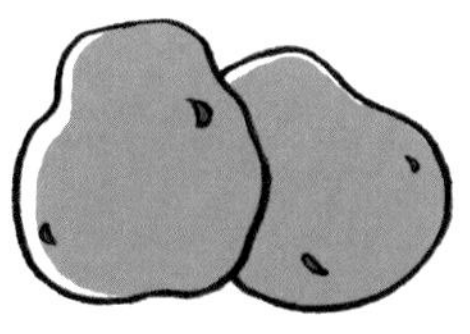

2.維生素、礦物質豐富的水果泥（蘋果泥、梨子泥、水蜜桃泥等）及蔬菜泥（南瓜泥、地瓜泥、馬

開始添加寶寶副食品10個注意重點

1. 副食品的烹調及製作不可添加鹽、糖等調味，以免增加寶寶肝臟與腎臟的負擔，盡量讓寶寶嘗試食物的原始滋味。

2. 副食品的餵食都是漸進式的，濃度要從稀到稠，硬度也由軟爛開始，讓寶寶漸漸適應副食品的口感。

3. 副食品以少量開始試吃（一小湯匙），若寶寶出現腹瀉、消化不良或拒食的狀況，則要減少副食品的量或是暫時停止餵食，直到寶寶恢復正常之後，再慢慢少量餵食為宜。

4. 每嘗試一種新食物都要注意寶寶的糞便及皮膚狀況，若3～5天沒有腹瀉、嘔吐，或皮膚潮紅、發疹等不良反應，才可以再換另一種新的食物喔！

5. 副食品的種類要先從單樣食物開始，千萬不可以一開始就讓寶寶嘗試多種食物的混合！等到寶寶適應了一種食物之後，過一段時間再嘗試另一種食物。例如開始給寶寶吃米粉時，就是除了母奶或配方奶之外，只給寶寶餵食米粉，嘗試幾天之後，確定寶寶不會過敏，才可以再換另一種副食品食用。

6. 米粉、麥糊的餵食，直接加水調成泥糊狀，以小湯匙餵食即可，不宜添加奶水喔！因為米粉、麥糊若混合奶水餵食寶寶，會使得奶水太濃稠，容易增加寶寶便秘的機率，也會造成寶寶腸胃及腎臟的負擔。

7. 如果確定寶寶有過敏體質，則給予寶寶副食品的時間應該延後，最好至寶寶6～7個月以後再開始嘗試副食品為佳。

8 副食品先給寶寶吃米粉比較妥當，因為麥糊裡的麩質容易讓寶寶產生過敏反應，因此先以白米精製而成的米粉餵食寶寶為宜，待寶寶食用一段時間且沒有不良反應後，再逐漸添加另外的五穀根莖類副食品。

9 蛋白質也是容易造成寶寶過敏的食物之一，建議在寶寶8個月以後再餵食蛋黃，而全蛋則建議10個月以後再嘗試比較妥當。

10 副食品的製作過程要確保衛生，食物最好選用新鮮食材，盛裝的器具盡量避免用塑膠類製品為宜。
餵食時應該將食物盛裝於碗內或杯子裡以湯匙餵食，讓寶寶習慣以湯匙就口的飲食習慣。

鈴薯泥、高麗菜泥等）。

3.魚肉的優質蛋白豐富，營養價值高，最適合寶寶食用，因此可以選用細緻魚肉並且小心剔除魚刺，餵食寶寶魚肉泥。

另外，這個階段的寶寶適合吃什麼水果呢？

由於水果的屬性各不相同，盡量選擇溫性及平性的水果餵食寶寶，一天餵食一次為宜。剛開始不宜餵食寶寶太多種類的水果，另外瓜類的水果及容易引發過敏反應的奇異果、芒果、草莓之類的水果，則不宜餵食。

1.蘋果：蘋果的營養價值高，果膠豐富，適合餵食寶寶。

2.香蕉：香蕉可以促進腸道消化，含豐富維生素，口感軟嫩，適合寶寶食用。

3.梨子：含有大量維生素、礦物質及水分，寶寶若咳嗽或罹患呼吸道感染時，可以選用梨子泥餵食寶寶。

PART 2

03

7～9個月的營養與照護

這個階段的寶寶哺育的重點是什麼？副食品餵食有什麼需要注意之處？如何幫寶寶正確補充鐵質與鈣質？
這個階段媽咪們最想知道的寶寶照護與所需營養，都有最詳盡的解說。

這個階段的寶寶哺育重點是什麼？

這個階段的寶寶開始長乳牙了，是學習咀嚼的敏感期，可以提供更多口味的食物讓寶寶嘗試，一天大約餵食寶寶兩、三次副食品，宜在午餐及晚餐前先餵食副食品。

除了所需的鈣質與鐵質增加，也需要補充更多的蛋白質，因此魚類、豆類、蛋等食物可以開始添加，可以讓寶寶嘗試食用魚肉及豆腐，此外蛋黃是這個階段的新嘗試，第一次讓寶寶試吃蛋黃泥時，不要給予太多的量，大約以半湯匙至一湯匙的量為宜，如果沒有不良反應才可以逐漸增加食用量，但是蛋白則不宜讓這個階段的寶寶食用喔，因為蛋白容易造成過敏，宜延後食用為宜。

BOX

營養師貼心小提醒

六個月以後的寶寶，為何特別容易生病？

一般而言，寶寶在6個月內比較少生病，主要原因是因為在胎兒時期，母體透過胎盤輸送給寶寶具有免疫力的免疫球蛋白，而且母乳含有許多免疫物質，足以保護6個月內的寶寶度過這段時期，但6個月之後，從母體內得到的免疫物質消耗得差不多了，但是寶寶自身的免疫系統卻尚未發育成熟，因此這個階段的寶寶容易有感冒、發燒或腹瀉等症狀，所以特別要注意營養均衡及健康的照護。

這個階段的寶寶副食品餵食，有什麼需要注意的地方？

這個階段的寶寶開始長乳牙，有咀嚼能力了，而且舌頭也會攪拌食物，對飲食越來越有個人的喜好。這個階段的寶寶生長快速，母乳或奶類所含的營養成分，已經不能滿足寶寶的生長需求，尤其鐵質、鈣質及維生素等，都需要加以補充，而此階段寶寶的消化道內的消化酶已可充分消化蛋白質了，可以多提供給寶寶富含蛋白質的魚肉、豆類等食物。

餵食寶寶魚肉時，應選擇細緻魚肉類，並小心剔除魚刺，以免寶寶被魚刺所傷。蔬菜的種類可以再增加，對於容易便秘的寶寶可以選用高麗菜、洋蔥、菠菜、白菜及蘿蔔等纖維質豐富的蔬菜，先煮爛之後打成菜泥或切碎給寶寶食用，以增加寶寶維生素及纖維質的攝取；此外，這個階段的寶寶已經可以自己拿著水果片啃食了，所以記得要將寶寶的手洗乾淨，並將水果洗淨、去核切成薄片，再給寶寶食用喔!

要如何幫寶寶正確補充鐵質與鈣質呢？

7個月以後的寶寶，單從母乳或配方奶攝取營養已經不足，尤其是鐵質與鈣質更需要多加補充。在一般穀類與根莖類為主食的飲食中，鐵質的吸收率本來就不高，大約才5%而已；然而食物中許多蔬菜所含的植酸、磷酸鹽都會干擾鐵質的吸收。

一般來說，口感澀澀的蔬菜，都含有高量的植酸、草酸，這些會和鐵質結合，而降低鐵的吸收率。因此若寶寶在攝取副食品時又有挑食的狀況，通常我們會擔心造成寶寶缺鐵性貧血的情況，尤其六個月至兩歲的寶寶貧血的發生率較高，因此要特別留意。

◆ 動物性食物含鐵率高

補充鐵質的正確觀念，應該是著重在食物中所含的鐵質能夠充分被人體所吸收，故建議媽媽們在補充寶寶營養時，特別注意從食物中攝取充足的鐵質，其中動物性食物中含鐵的吸收率，是植物性食物的三倍，可以從動物的肝臟、紅肉、牡蠣、蛤類等獲得。通常顏色越紅，含鐵量越高，而且鐵質在小腸中被吸收時，不易受其他食物影響。

◆ 盡可能搭配維生素C食物

植物性食物中的鐵，則稱為非血紅素鐵，深綠色蔬菜像是菠菜、地瓜葉、青花菜、紅莧菜、紅鳳菜及海藻類植物，還有蔬果類如酪梨、棗子、紅豆、黑芝麻等都富含鐵質，特別提醒，許多人常誤認蘋果、葡萄乾富含鐵質，其實，蘋果或葡萄乾每100公克所含的鐵都在0.5毫克以下，所含鐵質甚少。媽媽們除了選擇鐵質吸收率高的食物給寶寶食用之外，在進餐同時，也盡可能搭配含豐富維生素C的食物為宜，因為維生素C是促進非血紅素鐵質吸收的強力因素，而且還能改善植酸抑制鐵質吸收的效果。

補充鈣質的正確觀念則是除了攝取豐富的奶類（動物奶與植物奶的鈣質含量都高）之外，豆製品、蛋黃、小魚乾、魩仔魚等海鮮、黑芝麻、海帶芽、苜蓿芽、黑豆、芥蘭、莧菜、紫菜、豆皮等鈣含量也很多。此外，蛋白質可以促進鈣質的吸收，因此也要增加富含蛋白質的食物攝取量。

◆ 優良鐵質排行榜食物

排名	食物名稱	含鐵量/毫克
1	紫菜	90.4
2	黑芝麻	24.5
3	柴魚片	15.3
4	文蛤	12.9
5	穀類早餐品	12.4
6	蓮子	12.3
7	紅莧菜	12.0
8	豬肝	11.0
9	紅豆	9.8
10	黃豆	7.4

◎資料來源：衛生署出版《台灣地區食品營養成份資料庫》，

◆ 食物中含鈣量表（每一百公克所含鈣量）

鈣含量大於兩百毫克	鈣含量一百至兩百毫克	鈣含量低於一百毫克
小魚乾2213	紅莧菜191	蒟蒻91
黑芝麻1456	臭豆腐184	鐵蛋84

鈣含量大於兩百毫克	鈣含量一百至兩百毫克	鈣含量低於一百毫克
低脂奶粉1261	九層塔177	杏仁粉83
蝦米1075	皇宮菜168	白芝麻81
全脂即溶奶粉959	蓮子166	青江菜80 
乳酪574 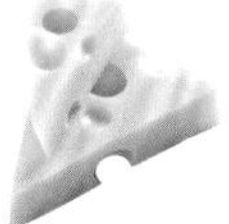	莧菜156 	空心菜78
麥片468	綠豆芽147	菠菜77
五香豆乾273	紅鳳菜142	高麗菜芽69
凍豆腐240	綠豆141 	芹菜66
芥蘭238	傳統豆腐140	水煮蛋62
山芹菜222	文蛤131	韭菜56
油豆腐216	蛋黃126	葡萄乾55
	紅豆115 	木耳33 

鈣含量大於兩百毫克	鈣含量一百至兩百毫克	鈣含量低於一百毫克
	花生粉115	高麗菜52
	川七115	薏仁47
	腰果112	牛蒡46
	鹹鴨蛋黃112	包心白菜41
	全脂鮮乳111	燕麥片40

	低脂鮮乳107	茼蒿40
	小白菜106	百頁豆腐33
	蝦仁104	

◎資料來源：行政院衛生署出版《台灣地區食品營養成份資料庫》

◆ 各年齡層鈣質每日參考攝取量

年齡	鈣質攝取量
0月	200毫克
6個月	300毫克
9個月	400毫克
1歲	400毫克
4歲	500毫克
7歲	500毫克

◎資料來源：行政院衛生署

10～12個月的營養與照護

這個階段的寶寶哺育的重點是什麼？寶寶什麼時候可以開始斷奶？什麼時候可以開始訓練寶寶自己吃東西？
什麼情況算是營養不良呢？這個階段的寶寶最需要的營養與照護，營養師一一為您詳答。

寶寶什麼時候可以開始斷奶？

這個階段的寶寶副食品必須再增加了，要讓副食品逐漸成為主食，取代母乳或配方奶。因此，一日之內可以餵食寶寶3～4次副食品，副食品當中以稀飯、煮得軟爛的麵條為主食，主食之外加入切碎的魚肉、雞肉末及切得細小的蔬菜，根莖類蔬菜則切成小丁並且烹煮軟爛以供寶寶食用。副食品的食用可以視寶寶的月齡及食量而逐步調整，而且可以讓寶寶與大人一起吃飯，讓寶寶適應良好的進食習慣。

通常一歲大的寶寶可以將副食品調整為三餐主食了，早晚則以母乳或奶類輔助餵食，有些寶寶可能因為某些原因，無法適應而不能脫離以奶類為主食也不用勉強，只要保持副食品的攝取，逐步進行調整即可，但是奶類為主食的時期不宜超過一歲半，媽媽們餵食副食品時

BOX

營養師貼心小提醒

漸進式斷奶方式，才能符合需求

太早斷奶的話，寶寶的消化系統功能尚不完全，還無法從一般食物獲取全面的營養，而太晚斷奶的話，又會因為奶類營養不足以提供寶寶生長所需，而造成營養不良，因此寶寶斷奶的訓練以這個階段為宜。

其實，斷奶並不是表示完全不給寶寶吃任何奶類，只是要調整寶寶的飲食習慣，從母乳或奶類等主要食物，轉而改由副食品為主要食物的攝取。

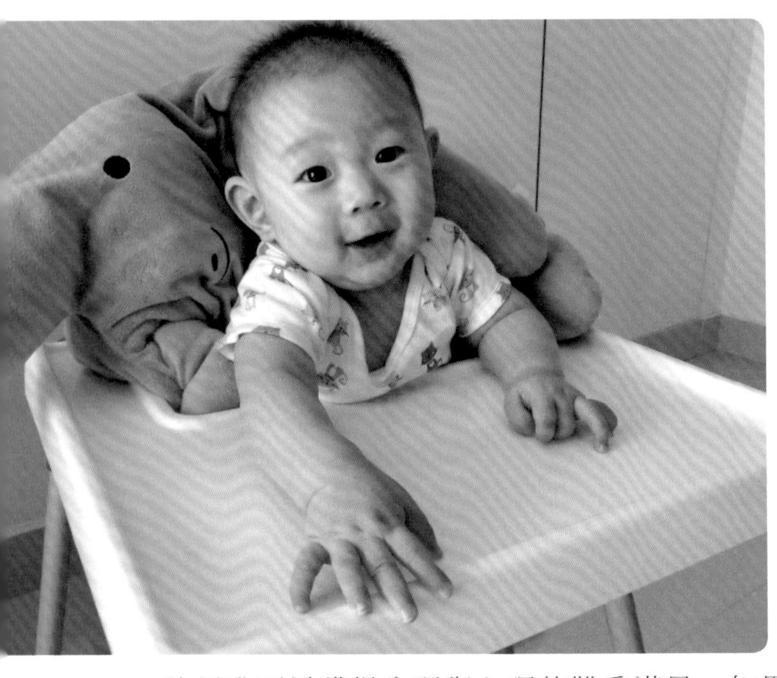

要保持耐心與細心，增加孩子接觸副食品的興趣與喜好。為了孩子的健康，提供均衡的營養，悉心烹調適合寶寶食用的副食品都是爸媽們應盡的責任喔！

該如何順利幫寶寶斷奶？

對於寶寶而言，畢竟母乳及奶類是寶寶最初攝取食物的方式，在母親懷抱裡吸吮母乳可以獲得生理與心理的雙重滿足，如果斷奶的方式處理不妥的話，反而會造成寶寶心理上的影響，若寶寶無法適應的話，會造成哭鬧、拒食、情緒不穩定等反應，甚至會導致日後餵食困難，造成營養不良等狀況。

因此，先從給寶寶餵食副食品開始，就訓練寶寶習慣奶類以外的食物，寶寶長乳牙之後，可以試著給予固體食物讓寶寶學習咀嚼，然後漸進式的減少母乳或奶類的餵食次數，一般先是減少夜間哺乳的次數，漸漸改為早晚、然後是早上哺餵一次，直到完全斷奶為止。

什麼時候可以開始訓練寶寶自己吃東西？

10～12個月的寶寶，背部及頸部的肌肉發育已經漸趨成熟，可以坐在嬰兒用的餐椅上了，手與口的協調性也增強，已經具備自己進食的能力，爸媽們可以選用寶寶專用的餐具讓寶寶練習進食，不過寶寶手部的抓握能力尚未完全，因此宜選用不易摔破的餐具，注意餐具的品質及耐熱度，尤其不宜選用品質不佳的塑膠餐具，以免遇熱釋放有毒物質傷害寶寶健康。

當然這個階段寶寶自己進食的練習，需要爸媽的細心與耐心，寶寶進食造成髒亂在所難免，不要予以責備，而在寶寶完成用餐過程時，能給予鼓勵以增強寶寶自己進食的自信心與成就感，進而增進寶寶飲食的興趣，還能促進寶寶的社交能力呢！

寶寶什麼情況算是營養不良呢？

通常營養不良的判定指標可以從體重、身高來判斷，體重低於同年齡參考值的15%～25%為輕度營養不良；25%～40%為中度營養不良；體重低於40%以上則為重度營養不良了。

會引起營養不良的3大因素

❶未足月出生

未足月出生的早產兒或出生時體重過輕，抑或是雙胞胎或多胞胎引起的營養不良。

❷寶寶偏食或挑食

因為哺餵不當造成寶寶偏食或挑食，例如母乳不足、配方奶攝取不足或濃度太低、沒有及時添加副食品輔助營養，或因長期以米粉或麥糊為主食缺乏蛋白質及熱量，另外還有因為父母太過嚴格要求寶寶食用副食品，而造成寶寶的進食的負面記憶所致的偏食習慣。

❸有腸胃道疾病

腸胃道疾病造成的腹瀉、消化吸收不良或是長期發燒、寄生蟲疾病、結核病等。

如何改善寶寶營養不良的狀況？

首先，要根據寶寶營養不良的原因予以正確的照護，若是疾病造成的，則需要給予藥物的治療進而補充所需營養，所以早期發現並治療疾病甚為重要。

若是因為哺餵不當造成的營養不良症，只需要調整哺餵方式與飲食結構，循序漸進地提供各種營養的攝取；若因為缺乏熱量造成的營養不良，則可以適時提供高熱量食物的攝取，並且補充足夠的礦物質與維生素，養成良好的飲食習慣，並改正偏食問題，才能促進寶寶飲食的興趣。

◆ 月齡階段的寶寶給予副食品的建議

月齡階段	4～6個月	7～9個月	10～12個月
主要營養攝取	母乳或配方奶	母乳或配方奶	副食品為主、母乳或配方奶為輔
每日提供副食品的次數	二次	二到三次	三到四次
副食品提供的狀態	流質或半流質（糊狀）	半流質（糊狀或泥狀）	固狀食物（切丁、小塊或細碎狀）

1～2歲的營養與照護

滿1歲的寶寶，咀嚼能力與消化能力已經提升不少了，如何打造1歲以上寶寶的適當飲食？

1～2歲寶寶的飲食及料理的原則？該怎麼讓寶寶乖乖吃正餐呢？

這些讓媽咪頭痛的問題，在這裡都可以得到解答喔！

1～2歲寶寶的飲食及料理的原則是什麼？

滿1歲的寶寶，咀嚼能力與消化能力已經提升不少了，主要飲食也從奶類轉為一般食物，但是這個階段的寶寶消化系統還沒有完全成熟，並不能食用與大人相同的食物，還是要根據寶寶的生理特性與營養需求料理出適合孩子食用的美味餐點，在製作過程中，盡量要做到軟、爛、細碎、易入口的原則。

蛋白質的正確給法

除了每日保持三餐主食攝取之外，奶類的攝取仍要維持2～3次，約400～500毫升的奶量，以提供孩子充足的鈣質及優質蛋白。

這個階段的寶寶每一餐的胃容量大約是200～300毫升，因此每餐攝取量建議是主食（米食、麵食）約100毫升、蛋白質攝取約100毫升、蔬菜水果也占100毫升，以保持餐餐均衡的營養攝取。

若以米食類、麵食類作為寶寶主食的熱量來源，烹調時記得軟爛、易消化的原則。

蛋白質攝取的來源

除了補充500毫升的奶類之外，肉類、魚類、蛋的攝取也很重要。

肉類在烹調之前，最好以絞肉或將肉類搗成泥糊狀，魚類要小心剔除魚刺，切成小丁或是細碎狀，以幫助消化吸收。

蛋的營養豐富，一顆蛋除了含有寶寶成長所需八種胺基酸的優質蛋白之外、也含有一定量的鐵質、鈣質、磷等礦物質，維生素A、維生素D、維生素E及維生素B群等，1歲以上的寶寶消化系統已經逐漸成熟，可以完整攝取一整顆雞蛋的營養了。

蔬菜水果類的食材選用

盡量挑選當季、新鮮的蔬果，不要在水中浸泡太久，要清洗乾淨。蔬菜清洗後，先不要急著切，等到要烹煮時再切，以免維生素流失。

避免刺激性的食物

像是辣椒、胡椒、油炸類，盡量避免讓寶寶食用。各種香料及調味料也盡量減少，以免造成寶寶腎臟的負擔，最好讓他品嚐食物本身的原味。

飲食盡量多樣化

為了增加寶寶飲食的欲望，飲食盡量以多樣化呈現，重視餐點的色香味，以量少而精緻為原則，甚至可以透過可愛與卡通化的擺盤或餐具的選用，以增進每次用餐的興趣。

顆粒狀的食物要避免食用

像是葡萄、櫻桃或花生、杏仁、核桃等堅果類，不可直接給寶寶食用，以免寶寶噎到而造成窒息危險，另外，餵食寶寶之前，媽媽們一定要先試一下溫度，以免食物過燙。

怎麼讓寶寶乖乖吃正餐呢？

養成寶寶正確及良好的飲食習慣非常重要，媽媽們要在一開始就訓練好寶寶的飲食習慣，這樣才能讓1歲以後的孩子獲得正常而充足的營養攝取。

訓練寶寶自己吃飯的4大方法？

寶寶1歲之後，手眼協調的能力不斷進步中，對於周遭事物的興趣也有更多的好奇心，任何事物都會想要模仿與動手嘗試，爸媽們可以讓孩子試著自己動手做，而不要一味禁止或限制，畢竟學習是需要時間與不斷練習的，父母要給予機會及空間，才能讓孩子早日學習獨立，不再事事依賴他人。

方法 1 創造用餐的儀式

所謂的創造用餐儀式，就是在寶寶用餐之前，爸媽先為孩子穿上圍兜，讓孩子知道，接下來是用餐的時間，讓他自然習慣。

方法 2 幫寶寶準備專屬餐具

爸媽們可以準備適當而安全性高的幼兒餐具給孩子，讓寶寶知道這是他的專屬餐具（寶寶的餐盤、小叉子、小湯匙）。

方法 3 讓孩子試著自己餵食

將孩子的食物放在他的餐盤或碗裡，讓孩子試著自己拿取叉子或湯匙自己餵食，當然剛開始爸媽們要在一旁加以輔助，並且鼓勵他。

方法 4 以鼓勵代替責罵

爸媽們以鼓勵代替責罵，畢竟這是自我學習的階段，直到三歲以後，這樣的情況就會逐漸改善了。

首先，要固定每次正餐的時間，讓寶寶的生理時鐘漸漸習慣每日的用餐時間。

第二，正餐前的一小時內，不可以給寶寶吃任何食物，尤其是糖果、餅乾、冷飲等各種零食。

第三，創造愉快的用餐氣氛，不要一直催促孩子飲食，寶寶吃得少也不要強迫孩子進食或責罵他，寶寶吃得多就獎勵他，爸爸媽媽以平常心營造出於輕鬆愉快的用餐氣氛，才能讓他有好的食欲，也能讓孩子對於用餐感到正向而開心的情緒。

這個時期，爸媽一定要做的2件事

◆ 一定要幫寶寶戒掉用奶瓶喝水的習慣

要1歲的寶寶完全戒斷奶瓶或許有點勉強，不過1歲半以後就盡量不要讓他與奶瓶為伍了，原因如下：

❶ 如果長期使用奶瓶會影響孩子頜骨的發育，也會影響他的咀嚼能力。

❷ 1歲以上的寶寶已經有用手拿杯子的能力了。用杯子喝水，可以訓練他的手眼協調能力及認知力，強化他動作機能發育。

但到底該怎麼讓寶寶戒掉奶瓶，習慣用杯子喝水呢？媽咪們可以參考以下的作法。

作法1 當寶寶想要喝水時，直接用杯子盛水給他喝，剛開始可以使用吸管，然後漸漸練習直接讓杯子就口。

作法2 先從白天開始，遠離奶瓶，再發展至早上及晚上不要使用，最後再訓練到晚上睡前也不用。

當然寶寶在半夜睡眠困難、翻來覆去時，會想要以奶瓶喝奶或飲水藉以安慰，不過當孩子漸漸長大時，半夜不再需要餵食，也就漸進式減少這樣的習慣，經過一段時日，寶寶就可以完全不用奶瓶飲食了。

◆ 幫寶寶的口腔做好清潔及護理

刷牙對於寶寶而言，是一項手眼協調性很高的活動，學習不易，剛開始很難勝任，因此爸媽們對於寶寶的口腔清潔與護理就格外重要。

1歲以前的口腔清潔不需要太複雜，只要爸媽們每日以開水（或開水加少許鹽）沾濕紗布為他擦拭牙齦及舌頭即可。

1歲～2歲間，寶寶漸漸長更多的乳齒，清潔口腔的頻率可以增加；兩歲以後，差不多已經長出16～20顆乳齒了，爸媽們除了每半年應該帶孩子至牙醫診所接受塗氟以預防蛀牙，也要開始引導、訓練他自己刷牙了。

7個步驟，訓練寶寶自己會刷牙？

先前提到，刷牙是一項手眼協調性很高的活動，學習不易，剛開始很難勝任，因此可以先讓孩子看爸爸媽媽刷牙，讓他產生學習模仿的興趣，進而予以指導訓練。

步驟1

首先為孩子選用幼兒專用的牙刷，迷你刷頭、刷毛短小且柔軟細緻的牙刷，才能保護他稚嫩的牙床及乳齒，並挑選材質安全、不易摔破的漱口杯。

步驟2

一支牙刷的使用期限以3個月為限，請按時更換。如果寶寶罹患感冒或口腔疾病時，則要更換牙刷，或是進行牙刷的消毒，以免造成病菌擴散或感染。

步驟3

漱口杯裝入溫開水，將牙刷沾濕之後拿給寶寶，剛開始先是媽媽握著他的手刷牙，直到寶寶已經熟練到可以自行練習時，再放手讓他自己刷牙。

步驟4

為了讓寶寶快速學習，刷牙時請讓他看著鏡子練習。

步驟5

先讓寶寶發出「一」的聲音，牙刷刷毛與牙面呈45度角，上下刷外側牙齒，從左到右刷；然後張開口，發出「啊」的聲音，刷牙齒咬合面及內側牙面，同樣從左到右；接著漱口杯就口，喝水漱口。這樣的動作反覆數次即可。

步驟6

父母對於訓練刷牙一事不可心急，必須反覆且耐心的指導，為了培養寶寶刷牙的習慣，剛開始不要過於嚴厲或責罵，要以輕鬆而愉快的方式創造孩子願意學習的興趣。

大部份3歲以下的寶寶還不能獨立自行完成刷牙的整個流程，需要父母隨時陪伴及協助，通常3～6歲後才能漸漸在父母從旁指導下完成刷牙流程，因此爸媽要有耐心陪伴孩子喔！

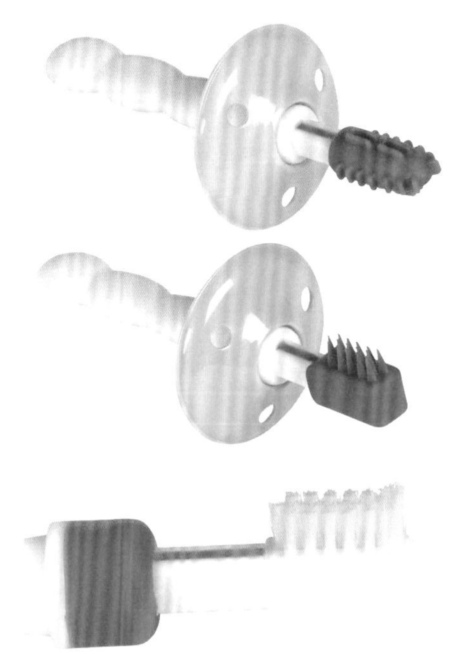

步驟7

一般而言，三歲以下的幼兒在刷牙時不宜使用牙膏，除了牙膏含有氟化物之外，孩子吞嚥功能尚不完全，當牙膏泡沫吐不乾淨時，容易吞入，雖然現在許多兒童牙膏標榜可吞食，但是仍建議孩子4～6歲再使用牙膏刷牙。

刷牙時父母要從旁指導，以免他不小心吞食過多牙膏。

PART 2

06

2～3歲的營養與照護

家有2～3歲寶寶，他們的攝取營養的特點是什麼？為什麼寶寶會挑食，或是產生厭食？這些又會對他們產生什麼樣的影響？
這些問題在這個篇章裡，媽咪們都可以得到最詳細的回答喔！

盡量每一餐的食物搭配要多元而豐富

這個階段的孩子活動量大，除了三餐主食之外，餐與餐之間也可以增加一至兩次的點心時間，睡前一小時補充配方奶。

此時孩子的語言與社交能力提高了，喜歡與父母一起用餐，用餐的技巧也越來越好了，通常已經學會用湯匙或叉子自己吃飯、單手拿杯子喝水。

雖然偶而也會將食物灑出碗盤外，但頻率已經漸漸減少，吞嚥及咀嚼能力也進步許多，可以吃一些小塊狀及稍微有硬度的食物，食物料理時不用切得太細碎，肉類以切薄片或肉絲、小丁狀即可食用，但是父母還是要多加注意，以免孩子發生整塊食物吞嚥而噎到的問題。

兩歲以上的寶寶對於食物已經有明顯的喜好分別了，為了避免有挑食、厭食的情況產生，盡量每一餐的食物搭配要多元而豐富。主食每餐不同，例如早餐是牛奶配麥片、午餐就吃稀飯或麵條，晚餐再吃乾飯或水餃等。配菜盡量以多種蔬菜混合或是與肉類、豆類、蛋混合料理，使孩子每一餐吃到更多的營養。

造成挑食及厭食的4大原因

完整均衡的營養，對成長中的寶寶非常重要，更是奠定他一生健康的根基，因此當寶寶有挑食及厭食問題產生時，往往最讓媽媽們傷透腦筋。

首先，要先瞭解挑食及厭食的原因。通常是因為他還不熟悉新的食物，因為大部分孩子都喜歡自己所熟悉的事物，吃的東西也是，所以在讓孩子接觸新食物時，可以讓他常看到新的食物，多接觸幾次，漸漸熟悉這樣食物進而願意嘗試。

此外，挑食也代表孩子開始有爭取自我表達意識的能力，藉此表達自我的掌控權，這時候如果家長經常以威脅或責罵的方法逼迫寶寶吃東西，不僅無法糾正偏食行為，還會使他產生叛逆心理，更想抗拒權威，反倒加深孩子對食物產生負面情緒，也使得親子關係變得緊張，如此反而得不償失。

通常寶寶挑食或厭食的原因如下：

❶錯過添加副食品的最佳時機

寶寶的味覺及嗅覺在6個月～1歲最靈敏，這段時間是添加副食品的最佳時機。如果錯過這些時機會影響他味覺與嗅覺的形成和發育，造成斷奶困難，也使得孩子喪失從流質食物→半流質食物→固體食物的適應過程，導致典型的厭食情況。

❷硬把食物往寶寶嘴巴裡塞

當寶寶不愛吃某種食物，媽媽們卻因為擔心缺乏營養而軟硬兼施，硬往孩子嘴巴裡塞，這種餵食方式，反而會讓寶寶對這種食物更加深壞印象，最後一看見這種食物就噁心逃離。

❸爸媽作法無法貫徹

有的寶寶對於食物的喜好的有嚴重偏廢，遇到喜歡吃的食物就沒完沒了的吃個不停。碰到這種情況，有些家長很容易喪失原則，就任由他貪食及偏食。其實這個階段的孩子消化器官尚未完全成熟，若是一直貪食某種食物，會很容易傷了脾胃，結果導致寶寶傷食，出現厭食現象。

❹爸媽太早讓孩子接觸零食

家人對待食物的態度也會使得寶寶偏食或挑食，例如為他製作的食物不美味可口，當然讓孩子倒了胃口，以後再也不吃某些食物了。另外，爸媽太早讓孩子接觸零食，太多的零食或甜食會導致味覺刺激過重，變得只愛吃零食，不吃正餐。

孩子挑食及厭食會造成哪些影響呢？

孩子若長時間偏食仍舊會影響其健康發育，畢竟身體的活動、發育、成長都必須依靠均衡攝取脂肪、蛋白質、碳水化合物、維生素和礦物質等各種營養，一旦偏廢，一定會直接影響孩子的正常發育，甚至會造成某些疾病的產生，也會妨礙大腦及智能的發育。

而缺少維生素也會導致各種疾病，例如：維生素A的缺乏會得夜盲症，維生素C的缺少易得壞血病，維生素D的缺少就會得軟骨病，因此家長要特別注意。

以下我們列出幾項孩子挑食或偏食會造成的影響，以及改善方式供媽媽們參考：

◆ 孩子體重無法到達標準

偏食孩子營養攝入不足，生長發育容易出問題。最常見的就是體重未達標準，像

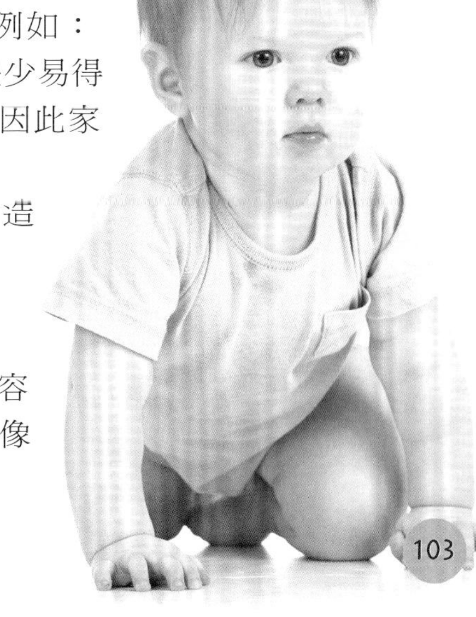

是碳水化合物、蛋白質和脂肪等營養攝入不足，體重就會偏輕，長高的速度也會變慢。有些研究甚至發現，偏食孩子的低體重發生率已經是飲食正常孩子的兩倍了，因此媽媽們可以從標準體重量表來衡量孩子的成長，並且諮詢醫生改善的方式。

◆ 容易造成營養失衡

孩子需要營養豐富，均衡多樣化的食物，才能讓營養保持平衡，確保孩子健康生長。魚、肉、蛋、奶、蔬菜、水果、穀類的營養各有側重，必須每天都涉獵這些食物才能保障他獲得充足的營養。

通常偏食的寶寶很少完全攝取這些食物，甚至會完全不接觸其中幾種食物，也可能媽媽們在烹調時也會有所偏廢，特別喜歡料理某幾種食物，當然有些媽媽會說，無法在一天之內完全供應所有的營養，那麼可以將均衡飲食的菜單劃分為2～3天，以2～3天為一個單位，讓寶寶均衡接觸含有各類營養素的食物。

有些寶寶常常喜歡邊吃邊玩，吃一頓飯幾乎超過一小時，這樣不但會影響營養的攝入，甚至容易造成胃腸道功能紊亂，因此媽媽們可以限定孩子的吃飯時間為30分鐘，超過時間就將食物收起來，即使沒有吃完或吃飽也不再等待，幾次之後，孩子自然會爭取時間好好吃飯了。

◆ 導致抵抗力差容易生病

飲食不均衡的寶寶無法從所有食物中獲取營養來提高免疫力，因而容易生病，經常會感冒發燒，而且也容易貧血。

另外，研究發現，正常寶寶的智力發育指數要比偏食的孩子高出12～14分，而偏食的孩子也常會出現專注力不足的現象。

Part 3

完全應用篇

營養學權威這樣做，適合六個月至兩歲寶寶的60道健康飲食！

出生6個月後的寶寶，從媽媽肚子裡接收到的營養素都快被用完了，所以一定要開始透過副食品攝取所需營養素。

一開始寶寶能吃什麼？要怎麼煮？有什麼要小心的？材料上的搭配有什麼需要注意？別擔心！這些內容跟做法，都會在這個章節中完全告訴你！

守護六個月至兩歲的寶寶健康，爸媽應該知道的副食品飲食宜忌Q&A

1 未滿六個月的寶寶，要吃低過敏食材，哪些是低過敏食材呢？

對於新生兒而言，消化系統尚未完全發展成熟，因此離乳時間不建議提早，若是孩子的發展一切良好，則可以在四個月大時開始餵食一些流質的離乳食品，不過，有過敏家族史的寶寶，建議還是以母乳為主，至少哺餵母乳四至六個月，倘若新手媽媽無法以母乳哺餵的話，則建議使用水解蛋白嬰兒奶粉哺餵。

孩子開始添加副食品初期，應先以很稀軟的稀飯或磨細米粉所煮成的米糊開始餵食，因為白米較沒有容易導致他過敏的物質，不過，剛開始餵食時，還是先以一小匙為主，2～3天之後再增加一匙，直到五匙為止，接著可以再添加蔬菜泥。

其實每個孩子對食物的反應皆不相同，同一種食材也可能產生不同的反應，因此如果要預防嬰幼兒過敏的反應，最好的方法就是每次只能添加一種食材，而且從少量開始嘗試，濃度由稀至濃。直到確認他對此種食材沒有任何過敏的狀況之後，才能再添加下一種食材。

BOX

營養師貼心小提醒

常常聽到有人會對蛋過敏，大部分人是對蛋白過敏，蛋黃較不易引起過敏，然而在烹調蛋黃時仍需注意，蛋黃一定要煮熟，如果寶寶有過敏或濕疹現象發生時，可以豆腐代替，而蛋黃則延後一段時間再餵食。

基本上，離乳前期的添加食物建議如下：

全穀根莖類

稀飯、米粉、麥粉糊、地瓜、馬鈴薯、燕麥片糊。

魚肉蛋豆類

蛋黃泥、豆腐泥、含油少的新鮮魚肉。

蔬菜類

纖維少、新鮮、刺激性較弱的蔬菜泥。

2 什麼時候開始餵食寶寶水果比較妥當？吃什麼水果比較好？

1.四至六個月大的寶寶，適合喝一些稀釋的新鮮果汁，由於嬰兒的消化道尚未成熟，因此不要選擇酸度太高的水果。

2.七至九個月大的寶寶，不宜選擇口感、口味太強烈的水果，比較適合的水果應該是蘋果、水梨、香瓜、西瓜等。

3.十個月至周歲大的寶寶，可以餵食水果泥了，不必侷限一定要果汁。

3 餵食周歲以前的寶寶副食品時，需要特別注意什麼？

周歲以前，關於餵食副食品給孩子，在食材的挑選、烹調方式，有幾點要特別注意：

❶食材的挑選：

1. 菠菜與胡蘿蔔建議在他六個月以後再餵食。
2. 市售果汁因為含糖量過高，不宜餵食寶寶。
3. 起司的味道通常比較鹹，請避免過量餵食。
4. 豆類製品有可能會導致過敏，因此盡量減少餵食。
5. 雞蛋也是導致過敏的食物之一，需小心食用。

❷烹調方式：

1. 周歲以前的孩子，烹調的副食品盡量避免加入調味料。
2. 給寶寶的副食品，請以蒸、煮、燙為主要的烹調方式。

❸其他：

1. 請隨時記錄寶寶的飲食狀況。
2. 請在每天固定的時間進行副食品

的餵食。

3. 當寶寶不斷推開湯匙或完全不吃副食品時，請以循序漸進的方式少量餵食，讓他慢慢習慣並接觸。

4 三歲以前的寶寶，每天至少要吃多少食物才算足夠？

可以參考行政院衛生署建議嬰幼兒每日應攝取的熱量，從寶寶的體重來區隔，例如六個月大，體重8公斤，那麼他一天所需的熱量大概就是100 × 8 = 800大卡。

營養素	身高		體重		熱量		蛋白質
單位	公分(cm)		公斤(kg)		大卡(kcal)		公克(g)
年齡	男	女	男	女			
0 - 6月	61	60	6	6	100/公斤		2.3/公斤
7 - 12月	72	70	9	8	90/公斤		2.1/公斤
					男	女	
1 - 3歲	92	91	13	13	1150	1150	20
(稍低)							
(適度)					1350	1350	

不過這都只是建議量，媽媽不必太過緊張於孩子是否有吃到這樣的量，因為大部分的寶寶都會表現自己是否吃飽了，媽媽只要觀察他的表現即可得知。

◎寶寶成長分3階段的營養須知

❶離乳初期

這個階段寶寶的營養素，大多還是來自於母乳或嬰兒奶粉，副食品只是在訓練他的吞嚥咀嚼能力，因此這個階段可以不必太在乎副食品是否有做到營養均衡，也不用太在乎攝取量的多寡。

不過要注意的是，製作副食品時不可添加任何調味料，要以漸進的方式讓孩子慢慢增加副食品的量及頻率。

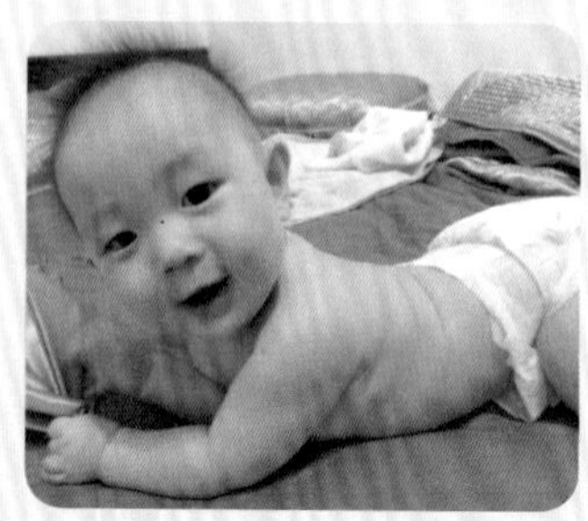

BOX

營養師貼心小提醒

在孩子六個月時，可添加副食品至兩餐的量，一次進食的量大約果汁一茶匙，青菜汁一茶匙，麥糊或米糊約半碗即可。

❷離乳中期

大概七個月至九個月時，算是離乳中期了，這時寶寶已經較能適應副食品，媽媽在這個階段可以開始減少餵奶的次數，並且開始供應半固體食物，像是蔬菜泥、水果泥，或是固型食物，食物軟硬程度以豆腐、布丁為標準。

此時副食品的熱量約佔總熱量的25%，主要食物來源仍要以乳汁為主。在此時期，寶寶的食譜可開始多樣變化，飲食盡量均衡，要注意搭配到全穀根莖類、蛋豆魚肉類、蔬菜類及水果類。

BOX

營養師貼心小提醒

這個階段可依據寶寶的狀況慢慢調整餵食副食品的時間，當九個月大的時候應可調整至每日三次。這時期寶寶的主要營養來源還是母乳或嬰兒奶粉，所以餵完副食品後，還是要給他奶水喔！

❸離乳後期

當孩子十個月至周歲大時，算是離乳後期了，這時要逐漸減少母乳或是配方奶的量，慢慢增加副食品的量及種類。這時就必須注意到食物的均衡了，每天都要有全穀根莖類、蛋豆魚肉類、蔬菜類及水果類這些食物。

食物的硬度大約是寶寶用牙齦可壓碎的硬度，像是魚肉、稀飯、菜泥等。

BOX

營養師貼心小提醒

若孩子還是無法習慣由舌頭壓碎食物的話，建議每一湯匙的餵食量少一點，避免他嗆到。離乳後期的寶寶可以進展到一天吃三餐副食品的份量，媽媽的奶水或配方奶可再給予2～3次。

5 用牛骨或豬大骨熬高湯來製作副食品，這樣做適合嗎？

運用牛骨或豬大骨燉煮高湯給寶寶食用是可以的。因為大骨高湯除了有鈣質之外，還有豐富的膠原蛋白及游離胺基酸，對於骨骼及黏膜的重建是有幫助的。

不過需要注意的是，在處理時，要先將牛骨或豬大骨，川燙去血水，在熬煮的過程中，要將熱湯表面的浮渣去除，等湯汁放涼之後，再刮去表面的浮油，才可給寶寶食用。

6 擔心寶寶的鐵質與鈣質攝取不足，有哪些食物可以補充呢？

鐵質含量豐富的食物包括：豬肝、牛肉、羊肉等紅肉類，以及深色蔬菜像是紅莧菜、紅鳳菜、芥蘭菜、甜菜根、海帶等，另外皇帝豆、各種豆類、黑芝麻及黑棗也都富含鐵質。

鈣質含量豐富的食物則包括：牛奶、海苔海藻類、豆製品、深色蔬菜及黑芝麻等。其實，只要飲食均衡、不偏食，大部分的營養均能從食物中攝取，盡量不要以營養品作為補充營養來源的方式喔！

7 好擔心孩子營養不夠，到底該怎樣確認寶寶的成長發育正不正常呢？

媽媽們可以從寶寶的生長曲線圖得知，他的體重到底排名在哪裡，但是要注意的是，孩子吃得好不好，是否吃得足夠，體重並非是唯一指標，每個嬰兒的成長速度不同，有的孩子天生長得快，有的天生長得慢，基本上寶寶的成長是呈現一個常態分布的曲線。

此外，嬰幼兒的營養評估不是只有體重增加就好了，尚需包括身高、頭圍、皮膚皺摺厚度、肌肉生長狀況等，因此寶寶攝取是否足夠並不能以體重來作為指標，尚需要觀察其活動力，如果沒有吃飽，他可能會無精打采。因此若媽媽看到寶寶的體重偏低，不需要過度緊張，只要孩子有照著自己的成長曲線在生長，並且注意體重有確實逐漸增加即可。

8 周歲以上的寶寶，飲食宜忌有哪些？

一歲後的孩子腸胃道功能漸趨健全，漸漸可以跟爸爸媽媽吃一樣的食物了，但是在這個時期，寶寶的食物還是要清淡些，調味不可以像成人的飲食一樣重，因此，還是要另外烹調。

注意在正餐前，不要讓寶寶吃甜食，因為甜食容易有飽足感，會造成其他食物吃不下，再則這時期的幼兒胃容量很小，如果吃了甜食之後，就無法再進食其他食物，這樣反而會影響正常營養素的吸收，造成孩子的生長速度減緩。因此，若真要供應甜食，可以在餐與餐的中間，少量給予。

對於周歲以上的寶寶而言，副食品已經算是正餐了，生長發育所需的營養素都要從副食品而來，因此，建議孩子的副食品應該是一天三餐為主，另外可再添加一至兩次點心。

此時，喝母乳的寶寶可以嘗試開始喝牛奶，牛奶富含蛋白質及鈣質，可幫助孩子骨骼肌肉發展。若他此時尚未完全斷母乳，媽媽也不需要太擔心，而急著要他斷奶。因為，母乳裡的免疫物質在寶寶過

寶寶周歲後最需要的4大營養素

為了讓孩子成長茁壯
必須有足夠的蛋白質跟鈣質
不能完全依照他的喜好

想要讓寶寶長得高又壯，肌肉長得好，最主要就要靠蛋白質及鈣質，六大類食物都含有蛋白質，但是要注意的是幼兒需要的蛋白質有一半以上最好是從高生理價值的蛋白質而來，也就是以豆魚蛋肉類為主要來源，所以媽媽要注意一天之中是否有給予寶寶豐富蛋白質的食物？不要完全依照他的喜好來供應。

2

鈣質是骨骼與牙齒發育不可或缺的因子
還能幫助神經傳導、穩定情緒
是幼兒生長發育的必備營養素

鈣質最主要可從牛乳（400毫升）、小魚或魚粉等製品來補充，這時候是骨骼、牙齒生長發育的關鍵時期，缺乏鈣質的攝取，寶寶會長不高呢！

3

寶寶四至六個月後
原本儲存的鐵質將慢慢不敷使用
別忘了補充含鐵質的食物或營養劑

鐵質的攝取在此時期建議每日攝取10毫克，鐵質是構成紅血球的重要物質，寶寶需要有足夠的鐵質，才不會造成缺鐵性貧血。

4

適時補充維生素A
能強健幼兒的皮膚及黏膜組織
加強體內免疫力

若寶寶不喜歡胡蘿蔔、南瓜等橘紅色食物，飲食中有可能較易缺乏維生素A，不過，媽媽不用過分擔心，還有其他食材的維生素A含量也很豐富，像是乳酪、肝臟、蛋黃、深色蔬菜等，若因為胡蘿蔔的味道，孩子不喜歡吃，媽媽要花點心思，將胡蘿蔔搗成泥狀，加入其他食材內，掩蓋胡蘿蔔的味道，讓他開心吃下肚就可以了。

了六個月之後，仍具有保護力，更何況，餵食母乳的好處還不只這一項，研究顯示餵食母乳的孩子，長大後比較不會肥胖。

我國最新的國民飲食指南建議媽媽哺餵母乳，最少要六個月以上；美國小兒科醫學會建議至少要哺餵十二個月，世界衛生組織亦建議純母乳哺餵至少六個月為宜，之後再以母乳搭配副食品至兩歲。因此，周歲以上寶寶的媽媽們可以將副食品當正餐囉！

9 周歲以上的寶寶活動力更旺盛了，該怎麼吃比較適當？

周歲以上的孩子已經正式進入幼兒期了。幼兒期不同於嬰兒期，生長速率趨緩，但在幼兒期是骨骼、牙齒、肌肉及血液生長發育的旺盛期，因此，體重增加會趨緩，但是身高的生長會非常明顯，因此，此時期最主要注意的營養素為蛋白質、鈣質、鐵質、維生素A等。

10 我的寶寶已經周歲，但是他只願意吃單一食物，該怎麼辦？

周歲以上的孩子吃的食物已不必侷限單一食材，大部分食物已經都可以吃了。這時要注意的是，寶寶的營養充不充足。因為，媽媽烹調的每一餐都是他最主要的營養來源，若是搭配不均衡或單純偏重某一種食材的話，容易造成寶寶營養不良，或造成生長緩慢。

因此，媽媽要先了解各種營養素在食物的分布狀況：

❶醣類：

一般而言，全穀根莖類包含馬鈴薯、南瓜、地瓜、米飯、麵食類、燕麥片、玉米片等，其中富含豐富的醣類（就是澱粉），醣類是寶寶精力的來源，分解成葡萄糖後可供幼兒大腦的需要使用。

❷蛋白質：

豆魚蛋肉類及奶類，包含豆腐、豆乾等豆製品、淡水魚、鹹水魚、蝦子、螃蟹、雞蛋、雞肉、鴨肉、豬肉、羊肉、牛肉、肝臟等，皆含有豐富的蛋白質及部分的油脂類，蛋白質提供幼兒建造與修補身體各項組織，脂質提供必需脂肪酸，供給寶寶生長發育。另外，奶類亦含有醣類，例如：牛奶、乳酪、優格等食物。

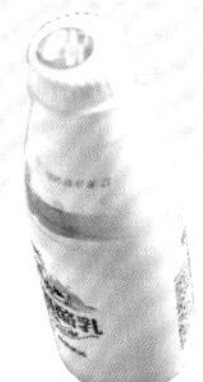

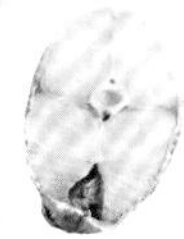

❸維生素、礦物質：

蔬菜及水果類含有豐富的維生素及礦物質。維生素及礦物質最主要功能是組成身體的成分及參與身體的各種代謝功能，因此維生素及礦物質可調節免疫能力以及調整身體狀況。其所包含的食物有，各種蔬菜類，像是高麗菜、莧菜、菠菜、胡蘿蔔、青花菜、彩甜椒等；水果類則是：蘋果、橘子、葡萄、鳳梨等。

❹脂肪：

油脂類是提供寶寶必需脂肪酸及熱量的來源，其主要的來源為食用油與堅果類食物。寶寶不需要刻意吃油脂類，因為媽媽在烹調時，就會使用油來調理食品了。

媽媽們了解各種食物所含的營養素後，就要好好調配，在一天當中的三個正餐，要包含所有的營養素，因此每餐都要有全穀根莖類、豆魚蛋肉類及奶類、蔬果類。

每一餐的食材豐富一些，不要單純煮同一種食材，盡量可加入不同種類的食物，如此一來，各種營養素才會攝取到。例如：馬鈴薯燉肉，所採用的食材就不只是單純的馬鈴薯和肉而已，可以再加入胡蘿蔔、洋蔥，再加點牛奶一起燉煮也不錯，如此方能多元化攝取到各種營養。

11 到底該怎麼吃，才能打造寶寶聰明黃金腦？

嬰兒時期是腦部發育最關鍵的階段，所以必須提供孩子正確且足夠的飲食營養，才能打造寶寶頭好壯壯的健康體質，在他四個月之前，以母乳攝取為主即可獲得足夠的營養，四至六個月後即可以開始添加副食品。

(1)因為寶寶在出生後，從媽媽身上獲得的鐵質等營養成分，約能維持三到六個月，之後體內儲存的鐵質亦會逐漸用盡，這個時候就需要副食品的添加來提供給他更多的熱量、鐵質、維生素，以及微量元素如鋅、銅等。

(2)隨著孩子的成長，他的消化器官也漸漸發展，添加副食品可以讓寶寶學習咀嚼運動，且訓練他消化道中的腸道蛋白酵素作用力增強，給予離乳食品可以增進消化道功能的發展。

幼兒的食物最好做到營養均衡，不要偏重某一種食物，盡量能夠於一天之內搭配到各類食物，聰明的媽媽不妨做一個自我檢查表，看看自己做給寶寶的副食品是否有達到均衡營養。

營養師貼心小提醒

周歲以上的寶寶，牙齒大約長了上、下門牙，但臼齒尚未長出，因此不像成人可以用臼齒磨碎食物，因此不能吃與成人相同的食物，但是仍要開始訓練他的咀嚼能力，所以可以供應軟質的固體食物。

有些媽媽擔心寶寶吃飯的能力不是很好，吃得很少，於是每天煮稀飯，或是以湯汁泡飯，讓小朋友容易吞嚥，但是這樣做反而容易造成他不經咀嚼就直接吞嚥的結果，無法訓練到孩子的咀嚼能力，因此媽媽們要有耐心，這個階段給予寶寶軟質固體的食物，讓他慢慢吃，千萬不要心急，如此才能兼顧營養與咀嚼能力的訓練。

日期	全穀根莖類 （富含醣類，提供熱量來源）	魚肉蛋豆類 （富含蛋白質來源，提供寶寶建造修補組織）	蔬菜類 （富含維生素及礦物質，調節身體機能）	水果類 （富含維生素及礦物質，調節身體機能）

白米

Data

別名：蓬萊米、梗米

盛產季節：臺灣地區每年可種植稻作兩期。

挑選原則：選擇米粒外觀良好者，若外觀變色、粉碎、粉質含量較多，或米粒形狀不均、無光澤、有異味等，均為米質較差或不新鮮之現象。

清洗方法：白米清洗時，請勿過度搓揉，只要將米中的雜物去除就可以了。米粒中含有部份的維生素和礦物質，過度搓揉將導致營養素流失。

食用功效：

白米具有健脾胃、補中氣、養陰生津、固腸止瀉等功效，尤其煮米粥時，浮在最上面的米湯，具有補虛的良好食療功效。白米性平，是人類主要的糧食來源之一，諸無所忌。

營養成分：

人類身體所需的醣類。

保鮮方式：

請放置於陰涼乾燥處，最好放在冰箱冷藏。

營養師小叮嚀

寶寶吃的粥，媽媽最常聽到的，大概就是10倍、7倍、5倍粥等等。其實所謂的幾倍，說的是水跟米之間的比例多寡不同。

由於孩子要開始適應副食品，所以一開始，都會從濃度較淡的10倍粥開始，等他年齡漸長，也慢慢習慣吃副食品之後，再慢慢調整粥的濃度，也就是把水量遞減，把米的份量增加，就可以做出適合的濃稠度。

十倍粥

材料及份量

白米20公克、水500C.C.

作法

1. 米洗乾淨之後，放入鍋中，加入水500C.C.。
2. 以大火煮滾，再轉小火煮至米粒全開，最後將稀飯取出磨碎過濾再食用。

營養師小叮嚀

此粥最主要是應用在斷奶最初之試驗食品，要把稀飯煮得很軟爛。與一般煮稀飯相較，十倍粥的水放得比較多，因此熬煮時要注意不要溢出了。

地瓜麥片粥

材料及份量

地瓜20公克、即溶燕麥2大匙、白米1/6杯

作法

1. 地瓜外皮洗淨，削去外皮後，切小塊備用。
2. 白米洗淨後，放入約400C.C.的水，並將處理好的地瓜一起放入鍋中煮開，再轉小火，繼續熬煮成粥。
3. 即溶燕麥放入米粥中繼續煮10分鐘，成稠狀即可。

燕麥

Data

別名：鈴鐺麥、香麥、烏麥、皮燕麥、野麥、雀麥、裸燕麥

盛產季節：每年十二月至翌年三月。

挑選原則：請挑選顆粒較完整、顏色呈淡褐色的燕麥，這樣的外觀表示其生長過程吸收了充足的養分，口感也較佳。

清洗方法：清洗燕麥時，請勿過度搓揉清洗，只要將燕麥中的雜物去除即可。麥類含有不少維生素和礦物質等，過度清洗反而會造成營養素流失。

食用功效：

燕麥味甘性溫，潤腸通便，且因含豐富的β-聚葡萄醣，可以降低體內低密度脂蛋白（LDL），保護心血管，所含維生素B1、B2、維生素E及葉酸等，可以改善血液循環，幫助消除疲勞。

營養成分：

含有豐富的維生素B群、維生素E、葉酸、鈣、磷、鋅、鐵及亞麻油酸及水溶性纖維（β-聚葡萄醣）。

保鮮方式：

應裝在乾燥的容器中，放置陰涼，乾燥處儲存即可。

○ 這樣吃100分：

燕麥+水果：燕麥含有水溶性纖維，具有降膽固醇攻能，搭配水果正是絕配，因為水果大多富含維生素C，而維生素C也可以促進膽固醇代謝。

燕麥+豆漿：燕麥最主要營養成分是醣類，如果搭配富含蛋白質的豆漿，更能提昇蛋白質營養價值。

✕ 這樣吃不OK：

對於麩質會過敏的寶寶而言，燕麥的麩質蛋白量雖然不像小麥或大麥等麥類那麼多，但仍建議減少攝取量。

燕麥糊

材料及份量

即溶燕麥20公克、馬鈴薯30公克、配方奶粉或奶水約50C.C.

作法

1. 將馬鈴薯加水煮熟後，去皮壓碎成泥狀。
2. 鍋中放入即溶燕麥、馬鈴薯泥及奶水混合攪拌約煮2分鐘，成糊狀即可。

水果燕麥粥

材料及份量

即溶燕麥20公克、配方奶粉或奶水約50C.C.、木瓜或蘋果30公克

作法

1. 木瓜或蘋果切成小丁狀備用。
2. 燕麥放入奶水中煮至軟爛，再將蘋果或木瓜丁放入燕麥牛奶中約煮1分鐘即可。

營養師小叮嚀

甜度及濃稠度皆可以依喜好調整，但要記得水量不要太少，才不會把燕麥粥煮糊了。

南瓜

Data

別名：麥瓜、番瓜、倭瓜、金冬瓜

盛產季節：全年皆有生產，盛產期以三至十月為主。

挑選原則：應挑選顆粒較完整、顏色呈淡褐色，表示其生長過程中，吸收的養分充足，口感也較佳。

清洗方法：南瓜的表皮有瓜粉，通常乾燥且堅實，相對農藥用量也少，可用菜瓜布刷洗外皮，由於南瓜外皮的營養價值高於果肉部份，因此建議保留外皮一起烹調比較好。

食用功效：

南瓜味甘性溫，本草綱目有記載，具補中益氣的功效，對於脾胃和肺都有助益；能預防感冒、改善皮膚粗糙，也可幫助預防夜盲症；豐富的膳食纖維則能夠幫助腸胃蠕動，預防便祕。

營養成分：

含有豐富的類胡蘿蔔素、維生素B群、維生素E、葉酸、鈣、磷、鋅、鐵及亞麻油酸及水溶性纖維（β-聚葡萄醣）。

保鮮方式：

放置陰涼、乾燥處儲存即可。

○ 這樣吃100分：

南瓜+雞肉：南瓜含有豐富的類胡蘿蔔素，與雞肉中的脂肪可相互利用吸收，加上雞肉的蛋白質與類胡蘿蔔素轉換成維生素A，亦有強健皮膚及黏膜組織效果。

南瓜＋牛肉：牛肉除了有豐富的蛋白質之外，含鐵量也高，而南瓜富含葉酸，葉酸與鐵質兩者相輔相成，是吃出好氣色、好體力的食用組合。

南瓜＋糙米：糙米同樣含有豐富的鐵質，與南瓜一起烹煮後食用，有助於改善貧血。

✕ 這樣吃不OK：

南瓜＋含豐富維生素C的食物：南瓜含有維生素C的分解酶，因此不宜與富含維生素C的食物一起烹調或搭配食用。

南瓜＋羊肉：《本草綱目》記載，南瓜能補中益氣，而羊肉會大熱補虛，兩者搭配食用，易導致腸胃氣壅、消化不良。

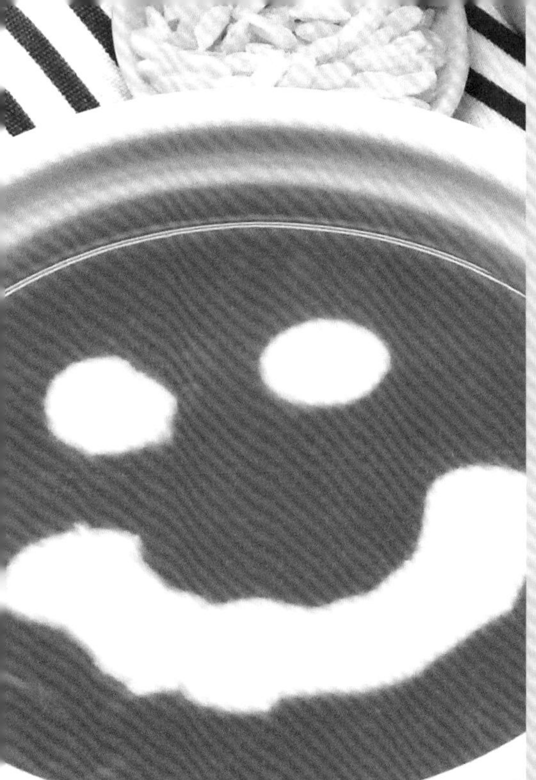

南瓜牛奶糊

材料及份量

南瓜30公克、配方奶粉或奶水約50C.C.

作法

1. 將南瓜去皮去籽，洗淨後，將南瓜加水煮軟。
2. 以研磨器將南瓜磨成糊狀，加入奶水均勻攪拌即可。

南瓜糙米漿

材料及份量

南瓜30公克、糙米20公克

作法

1. 將南瓜去皮去籽，洗淨後，將南瓜及糙米加水煮成粥。
2. 以果汁機將南瓜糙米打成漿即可食用。

營養師小叮嚀

1.南瓜牛奶糊與南瓜糙米漿均非常適合一歲前的寶寶食用，對於嬰幼兒快速成長期，可提供很好的營養。

2.九個月以後的寶寶，可在南瓜泥中加入蟹肉豆腐，再加少許的鹽調味，就能做成好吃又營養的南瓜豆腐蟹肉。

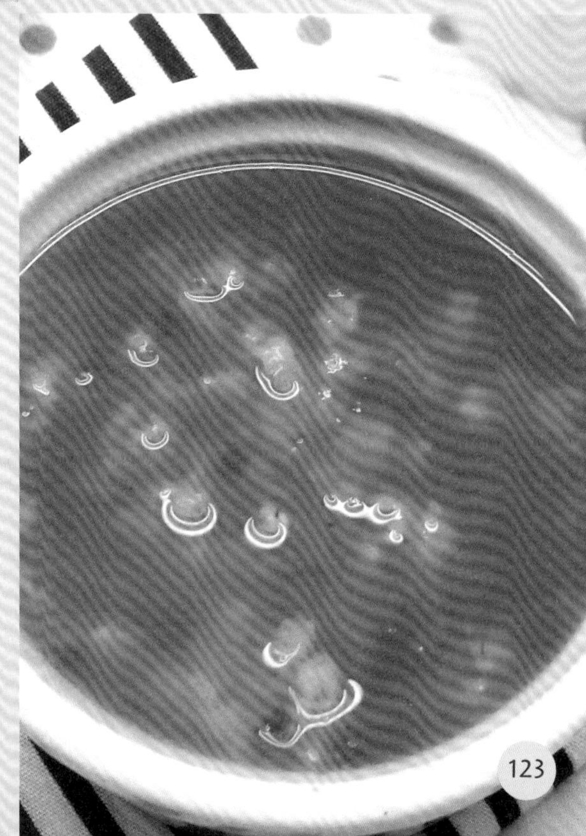

馬鈴薯

Data

別名：洋地瓜、洋芋、冬芋、番鬼芋

盛產季節：以冬季為盛產期。

挑選原則：挑選時應選擇表皮細緻無受損、有淺褐色光澤、無新芽、具硬實感。

清洗方法：簡單用菜瓜布將外皮輕輕刷洗乾淨即可。

保鮮方式：

選購後可以貯存很長的時間，一般可用紙包，在避光、陰冷、乾燥的條件下貯存，冬季要防凍，春季要避免發芽。儲存時若暴露在光線下，會變綠，同時有毒物質會增加；發芽後的芽眼部分變紫也會使有毒物質積累，容易發生中毒事件。

食用功效：

馬鈴薯性平味甘，因富含維生素C可增強黏膜的抵抗力，亦含澱粉質可補充體力，且因富含鉀可調節血壓。

營養成分：

主要營養成分是醣類及維生素C與鉀，因此也有「大地蘋果」之稱。

○ 這樣吃100分：

馬鈴薯+肉類：因馬鈴薯富含維生素C，可提升肉類中的鐵質吸收，預防貧血，如馬鈴薯燉牛肉等。

✕ 這樣吃不OK：

馬鈴薯＋柿子：兩者搭配食用，較容易造成消化不良。

馬鈴薯＋豬肝：由於馬鈴薯含有維生素C，與有含銅量的豬肝搭配食用的話，會造成維生素C的氧化，反而降低了兩者的營養。

雙色薯泥

材料及份量

馬鈴薯30公克、胡蘿蔔20公克

作法

1. 將馬鈴薯煮熟後去皮，趁熱磨成泥狀。
2. 胡蘿蔔去皮，切成小丁煮至軟爛，亦磨成泥狀，將馬鈴薯泥及胡蘿蔔泥混合攪拌即可。

馬鈴薯燉牛肉

材料及份量

馬鈴薯40公克、胡蘿蔔10公克、牛肉20公克

作法

1. 將馬鈴薯及胡蘿蔔去皮與牛肉一同煮熟。
2. 將馬鈴薯及胡蘿蔔壓成泥狀，塑成丸子型備用，牛肉研磨成泥狀，加入開水拌勻，淋在馬鈴薯及胡蘿蔔上即可。

營養師小叮嚀

雙色薯泥、馬鈴薯燉牛肉都是一歲前寶寶就適合食用的健康食譜喔！

番茄

Data

別名：西紅柿、番柿、洋柿子、洋茄、小金耳、臭柿、柑仔蜜

盛產季節：每年十一月至翌年六月。

挑選原則：選購最好的時機是秋冬季節，以果實飽滿，色澤均勻無裂痕或病斑，熟度適中硬度高為佳。

清洗方法：番茄去蒂頭泡水沖洗即可。

保鮮方式：

色較青的番茄可放置室溫下，若已轉紅可放置冷藏存放，存放番茄時，需要將其蒂頭朝下分開放置，盡量不要將番茄重疊擺放，否則重疊的地方容易腐爛。

營養成分：

番茄含有豐富維生素A、維生素B1、維生素B2、維生素C及豐富的茄紅素及鉀礦物質。

食用功效：

番茄性微寒，因含豐富的茄紅素有抗癌作用，且加熱過的番茄，釋放出來的茄紅素會更多。因礦物質鉀含量多，具有降血壓功能，且其維生素C可改善牙齦出血，預防壞血病。

○ 這樣吃100分：

番茄+雞肉：番茄中的維生素C與雞肉中的蛋白質及膠質，增進皮膚的彈性及強健其黏膜組織，且雞肉中本身油脂可幫助番茄中的茄紅素吸收利用。

番茄＋乳酪：乳酪富含蛋白質，番茄含有很多的維生素C，兩者同食，可以預防黑斑、雀斑的生成，對於養顏美容很有幫助，另外這樣的組合，也有消除疲勞的效果。

✕ 這樣吃不OK：

番茄＋醋：番茄富含類胡蘿蔔素，與醋調味食用的話，反而使得類胡蘿蔔素遭到破壞，而降低營養價值。

番茄汁

材料及份量

番茄30公克、馬鈴薯30公克

作法

1. 番茄煮熟後，去除外皮及籽，且切成小丁，用果汁機打成番茄汁。
2. 將馬鈴薯煮熟去皮，趁熱磨成泥狀，將兩者混合均勻加入少許熱開水拌勻即可。

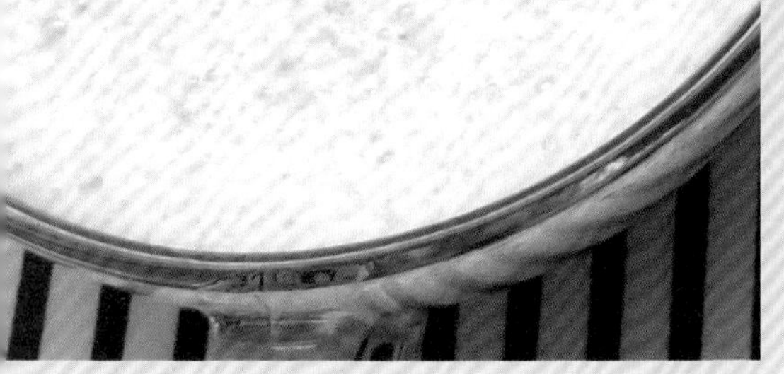

雙茄汁

材料及份量

番茄40公克、聖女番茄30公克

作法

1. 番茄煮熟後，去除外皮及籽，且切成小丁。
2. 將兩種番茄放入果汁機加少許冷開水打成汁，用細網過篩即可。

胡蘿蔔

Data

別名：紅菜頭、番蘿蔔、丁香蘿蔔、胡蘆菔金、赤珊瑚、黃根

盛產季節：每年十二月至翌年四月。

挑選原則：選擇顏色橙紅鮮豔、表皮光滑、形狀勻稱結實及根形圓直不分叉。

清洗方法：可用流動的清水及蔬菜刷刷洗外皮，再削皮食用或烹調處理。

食用功效：

胡蘿蔔性平味甘，因含有豐富的β-胡蘿蔔素而具抗癌作用，在體內會轉化成維生素A，強健黏膜與皮膚，提升身體的抵抗力，其中豐富的膳食纖維，可幫助腸道蠕動及降低膽固醇，預防心血管疾病。

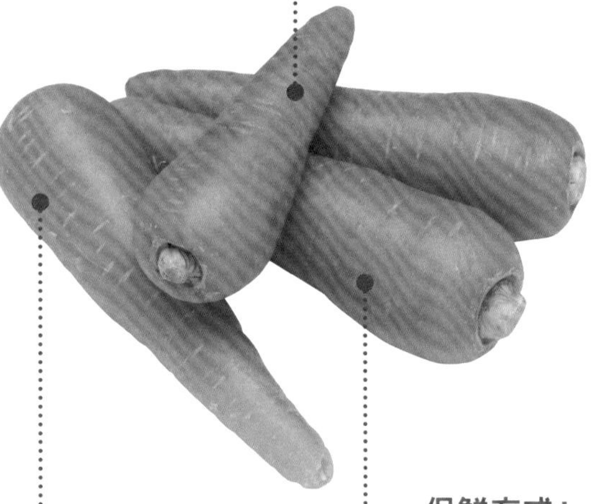

營養成分：

含有豐富的β-胡蘿蔔素、維生素C、鉀及膳食纖維。

保鮮方式：

若買到的胡蘿蔔已清洗過，可用乾報紙包起放入塑膠袋中，再放入冰箱直立冷藏。

○ 這樣吃100分：

胡蘿蔔+堅果類：胡蘿蔔中的β-胡蘿蔔素與含油脂的堅果類如芝麻或含脂肪的食物一起烹調食用，可提升吸收效果。

胡蘿蔔＋豬肉：胡蘿蔔富含類胡蘿蔔素，與豬肉搭配食用時，豬肉的脂肪可以促進類胡蘿蔔素的吸收，因此對於眼睛的保養，及護膚都有幫助。

✕ 這樣吃不OK：

胡蘿蔔＋竹筍：竹筍含有生物活性物質，胡蘿蔔則含有很多的維生素A，兩者搭配食用時，反而會破壞了維生素A的營養素，因此不宜一起食用。

蘋果胡蘿蔔泥

材料及份量

蘋果50公克、胡蘿蔔50公克、玉米粉水少許

作法

1. 將蘋果及胡蘿蔔去皮切成小塊加水煮至軟爛。
2. 再以細網篩成泥狀，再加少許用開水調成的玉米粉水勾芡即可。

胡蘿蔔粥

材料及份量

胡蘿蔔30公克、白米粥80公克

作法

1. 將胡蘿蔔去皮切成小塊加水煮至軟爛。
2. 再以細網篩成泥狀，加入白米粥拌勻煮開即可。

營養師小叮嚀

無論是蘋果胡蘿蔔泥或是胡蘿蔔粥都是一歲前寶寶最佳的副食品喔！

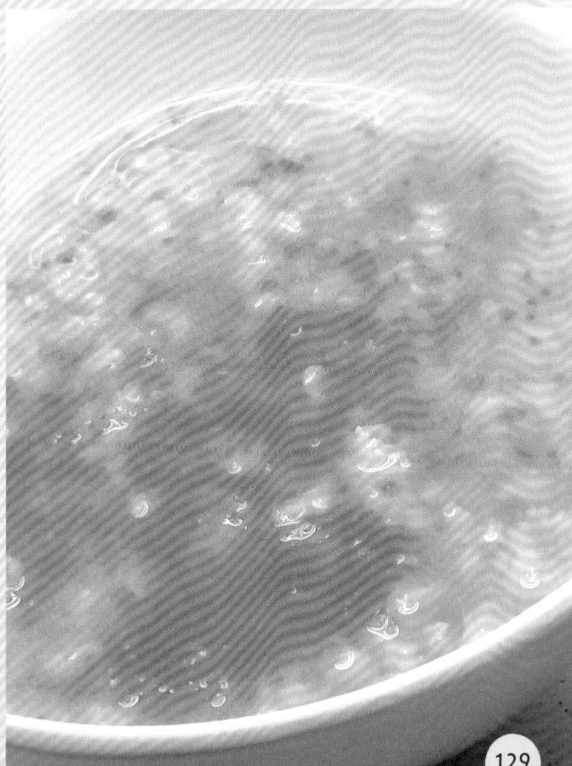

青豆仁

Data

別名：美國豆、豌豆仁、荷蘭豆仁

盛產季節：每年十二月至翌年三月。

挑選原則：選擇豆仁完整、大小一致，且無泡水或染色者；亦可買甜豌豆取裡面的豆仁來使用，選購豆莢時顏色須青綠鮮澤，莢皮不皺縮萎軟，無斑點者即佳，豆仁越飽滿越甜。

清洗方法：若是清洗豆莢，摘除根部後，以水浸泡10～20分鐘，且沖洗2～3遍，再取豆仁部份。

食用功效：

青豆仁味甘性平，因含有維生素A、維生素C，可改善皮膚的彈性或修復黏膜，增加抵抗力，亦因含蛋白質及醣類，所以是體力補充好的食物來源。

營養成分：

含有豐富的碳水化合物、蛋白質及維生素A、維生素C、鈣質及菸鹼酸。

保鮮方式：

鮮青豆仁洗淨後，以塑膠袋封緊，放入冰箱冷凍，使用時直接加熱即可。

○ 這樣吃100分：

豌豆+牛奶：本草綱目記載，豌豆有通暢乳汁的作用，所以哺乳婦女在乳汁不通時可食豌豆增加乳汁分泌，且豌豆與牛奶可加強鈣質吸收，對於骨骼的生長是有幫助的。

✕ 這樣吃不OK：

易脹氣者：豌豆仁對於易脹氣的人，在攝取量上就要特別注意，勿過量攝取。

豌豆薯泥湯

材料及份量

青豆仁20公克、馬鈴薯30公克

調味料

少許鹽

作法

1. 將馬鈴薯去皮切成小丁，煮至軟爛，再放入洗淨的青豆仁，將其煮軟。
2. 將馬鈴薯與青豆仁用攪拌機一起攪打，再煮約5分鐘放少許鹽調味即可。

豌豆糊

材料及份量

青豆仁30公克、皇帝豆20公克、胡蘿蔔10公克、沖泡好的牛奶60C.C.

作法

1. 將青豆仁、皇帝豆及以去皮好的胡蘿蔔蒸熟壓碎成泥狀。
2. 過篩去除青豆仁及皇帝豆的外皮之後，與沖泡好的牛奶混合煮約2分鐘即可。

營養師小叮嚀

市場會有現場剝好，新鮮幼嫩的豌豆仁，煮至熟軟，亦適合餵食週歲前的幼兒。

地瓜

Data

別名：蕃薯、紅薯、番芋

盛產季節：全年期。

挑選原則：挑選形體完整、外型豐碩者、表皮平滑有沉甸感，無黑色斑點或被蟲蛀食的痕跡，表皮皺皺的則表示不新鮮，發芽的蕃薯亦勿選。

清洗方法：地瓜能不削皮食用可留住更多營養素，所以可用軟毛刷輕輕的刷洗，不要過於用力，接著再用流水沖洗即可。

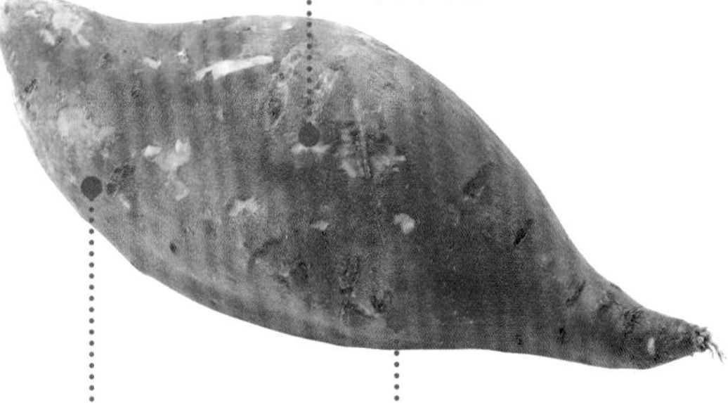

食用功效：

地瓜性平味甘，因富含膳食纖維，有利腸胃蠕動，幫助排便，能降低腸道疾病的發生率，並含有β胡蘿蔔素(Carotinoid)及綠原酸(Chlorogenic Acid)具有抗氧化作用，具有預防癌症的功效。

營養成分：

富含碳水化合物、膽鹼、維生素A、維生素B、維生素C及鈣、鐵、鉀等礦物質及膳食纖維。

保鮮方式：

可放在陰暗、涼爽處，於20℃以下通風良好地方保存，普通室溫下能保存一個星期。生蕃薯不要放入冰箱，否則會變得乾硬和走味。

○ 這樣吃100分：

地瓜+黃豆+堅果：地瓜搭配上黃豆中的蛋白質，可互補之間彼此缺乏的必需胺基酸，提升蛋白質利用率，而堅果中含有油質可幫助吸收胡蘿蔔素。

地瓜＋雞蛋：地瓜中的類胡蘿蔔素與含牛磺酸的雞蛋搭配食用，能減少膽固醇的吸收，而且有助於強化心臟及肝臟的功能。

✕ 這樣吃不OK：

地瓜＋香蕉：地瓜的澱粉含量高，而香蕉則含有收斂作用的鞣酸，搭配食用，容易造成消化不良、脹氣。

地瓜糙米粥

材料及份量

地瓜20公克、糙米40公克

作法

1. 將地瓜去皮後，切成小方丁。
2. 與糙米一起放入內鍋，加水250C.C.，外鍋放入1杯水，煮至電鍋跳起即可。

營養師小叮嚀

地瓜糙米粥、地瓜丸兩道食譜都很適合一歲前的寶寶食用。

地瓜丸

材料及份量

黃色地瓜200公克

作法

1. 將地瓜去皮後切成小塊。
2. 蒸熟後壓成泥狀，再塑成丸子形狀即可。

拌壓、搓圓就可以做出可愛的地瓜丸喔！！

蓮藕

Data

別名：水芙蓉、蓮根

盛產季節：每年入秋之後至年底，都是蓮藕的盛產期。

挑選原則：以節粗且長，身形飽滿，莖中孔洞大者為佳，表皮光滑呈現微紅色，建議不要選擇外皮顏色太過白淨的，因為可能經過漂白。

清洗方法：先將蓮藕自藕節處切斷，用軟牙刷或其他用具輕刷。

食用功效：

蓮藕屬性偏涼，其富含維生素C，與蛋白質結合作用可促進骨膠原生成，強健黏膜，且含有黏液蛋白能促進蛋白質與脂質的消化，減輕腸胃負擔。

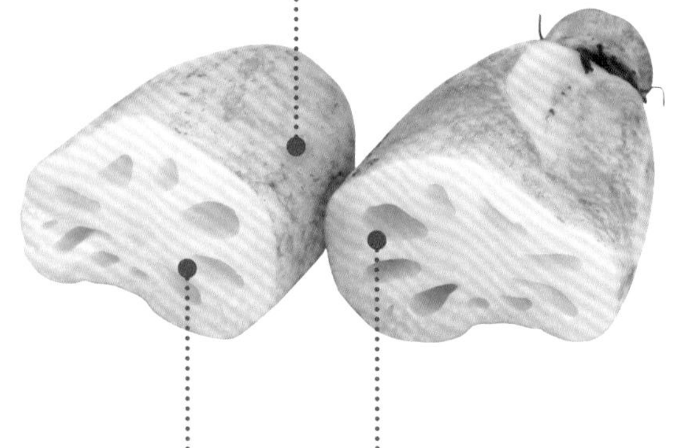

營養成分：

含有豐富的醣類、胺基酸及維生素C、維生素B1、維生素B2、葉酸和鐵等。

保鮮方式：

購買時如蓮藕未洗帶土，可包好放冰箱冷藏保存一週，已洗者以現食為佳。

○ 這樣吃100分：

蓮藕+魚肉：蓮藕富含維生素C，且魚肉含有牛磺酸（taurine），可幫助改善血中膽固醇，兩者皆是蛋白質好吸收的食物，不易造成腸胃負擔。

✕ 這樣吃不OK：

蓮藕＋菊花：兩者同食，容易有腸胃不適的狀況。

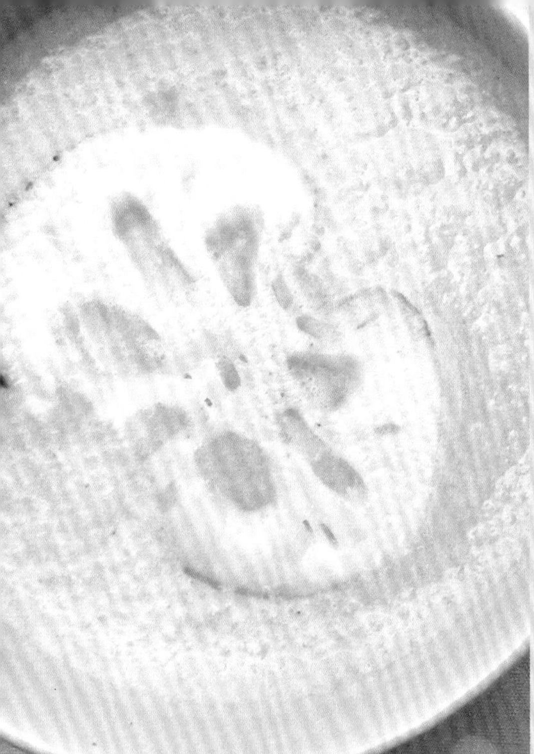

蓮藕糊

材料及份量

蓮藕30公克、蔬菜湯

作法

1. 將蓮藕去皮後煮軟，再將蓮藕磨碎過濾成泥狀。
2. 加入蔬菜湯（將青菜加100C.C.水煮開之後過濾）攪拌加熱即可食用。

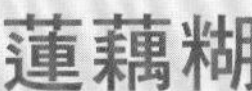

營養師小叮嚀

若是月齡較大的寶寶，可將蔬菜泥與湯攪成糊一同拌入，即可增加蔬菜的攝取。

蓮藕肉泥

材料及份量

蓮藕30公克、豬絞肉10公克、少許薑末、玉米粉水

作法

1. 將蓮藕去皮後煮軟，再將蓮藕磨碎過濾成泥狀。
2. 豬絞肉剁成細末後，將蓮藕泥與肉泥、少許薑末及少許玉米粉水攪拌煮開即可。

栗子

Data

別名：板栗、大栗、栗果、毛栗、棋子、栗楔

盛產季節：每年九月至翌年二月。

挑選原則：挑選有光澤、圓胖、具重量感者，若不是新鮮栗子，外殼會出現皺紋，也會失去光澤。

清洗方法：先將栗子用清水把表殼清洗過，稍微泡在水中檢查，若有浮起的栗子要挑撿起來，因為可能是不好的栗子。

保鮮方式：

生栗子買回家如果不立刻食用，連殼入袋放在冰箱冷藏，可放置半個月，若冷凍可放一年。若是剝殼後的栗肉，就要放入冷凍櫃中，可保存半個月。

營養成分：

栗子含有豐富的醣類及些許蛋白質及維生素C、維生素B1、膳食纖維等。

食用功效：

栗子味甘性溫，因富含醣類及維生素B1，是補充體力及精神的來源。

○ 這樣吃100分：

栗子+雞肉：雞肉含有鐵質可增強造血功能，栗子健脾亦含維生素C，有利於提升雞肉中鐵質等營養成分的吸收。

✕ 這樣吃不OK：

栗子＋杏仁：兩者搭配食用，容易引起胃痛。

栗子米糊

材料及份量

栗子30公克、白米10公克

作法

1. 所有材料洗淨。
2. 將栗子與白米一起煮成粥，煮至軟爛以攪拌器打成糊狀即可。

營養師小叮嚀

米糊味淡，加入栗子可調味並增添營養，寶寶更愛吃喔！

栗子牛奶糊

材料及份量

栗子100公克、糙米20公克、沖泡好的牛奶60C.C.

作法

1. 將帶殼的栗子洗淨。
2. 糙米也洗淨，二者一起蒸熟後，取其果肉碾碎壓成泥。
3. 將所有食材放入果汁機中一起攪打均勻即可。

青花菜

Data

別名：綠花菜、綠菜花、青花椰菜、球花甘藍、西蘭花

盛產季節：每年十一月至四月。

挑選原則：挑選時以色澤鮮綠最好，泛黃的青花菜較不新鮮。

清洗方法：切成食用或烹煮時之大小再行浸泡及流水方式沖洗。

食用功效：

青花菜性平味甘，有助於排除腸道廢物，改善便秘，且能預防大腸癌、心血管疾病的發生率。

營養成分：

青花菜有豐富的維生素C、維生素B1、維生素B2、維生素E和鈣質、鐵、鋅等礦物質。

保鮮方式：

可將青花菜加少許鹽川燙過，撈起後放涼，瀝乾再放入保鮮袋，送進冰箱冷凍。要使用時，再取出解凍即可。

○ 這樣吃100分：

青花菜+牛奶+鮭魚：藉助青花菜中含量豐富的維生素C，幫助體內吸收牛奶與鮭魚中的鈣質，對於骨質疏鬆及抵抗壓力有良好的效果。

青花菜＋干貝：青花菜富含維生素C，與干貝所含的維生素E兩者搭配食用，可以加強維生素E的效果，有助於抗老、抗癌及保護皮膚。

✕ 這樣吃不OK：

青花菜＋生黃瓜：生黃瓜含有維生素C分解酶，若與青花菜一起食用，會破壞維生素C，造成營養成分的流失。

青花菜＋牡蠣：青花菜有豐富的膳食纖維，牡蠣則含有銅的礦物質成分，兩者搭配，會阻礙人體對於這些礦物質的吸收。

雙花菜泥

材料及份量

青花菜30公克、花椰菜30公克、開水60C.C.

作法

1. 將青花菜及花椰菜洗淨，煮軟。
2. 取其泥狀部分之後，放入鍋中加適量開水煮開，再以玉米粉勾薄芡即可。
3. 將所有材料放入果汁機中攪打均勻即可。

青花牛奶泥

材料及份量

青花菜40公克、沖泡好的牛奶60C.C.、玉米粉水少許

作法

1. 將青花菜去皮洗淨切塊，煮軟壓碎後過濾。
2. 取其泥狀部分之後，放入牛奶鍋中煮開，再以玉米粉水勾薄芡即可。

營養師小叮嚀

雙花菜妮、青花牛奶泥的豐富營養及口感，適合一歲前的寶寶食用。

菠菜

Data

別名：飛龍菜、赤根菜、鸚鵡菜

盛產季節：全年產期，十月至翌年五月盛產。

挑選原則：挑選葉片厚又結實，避免挑選葉緣變黃的菠菜，莖的部份要飽滿，不要有彎折的現象，若根部帶有紅色品質更好。

清洗方法：菠菜屬小葉菜類，在接近根處切根，把葉片張開後沖洗，用流動清水沖洗十至二十分鐘。

食用功效：

菠菜屬性偏涼，富含的鐵質可改善貧血現象，還有類胡蘿蔔素可抗氧化預防癌症，也具有強化皮膚黏膜，增強抵抗力。

營養成分：

菠菜中含有胡蘿蔔素、葉酸、葉黃素、鈣質、鐵質、維生素B1、維生素B2、維生素C等營養成分及豐富的膳食纖維。

保鮮方式：

菠菜可以用棉紙或是報紙包覆，收在冰箱最底層的蔬果箱中。

○ 這樣吃100分：

菠菜+芝麻：菠菜中的β-胡蘿蔔素、維生素C與含油脂的堅果類如芝麻或含脂肪的食物一起烹調食用，可提升吸收效果。

菠菜＋糙米：糙米富含維生素E，與富含維生素A的菠菜一起食用的話，有助於維生素A的吸收，而有抗老、防癌的效用。

✕ 這樣吃不OK：

菠菜與含鈣食物如豆腐一起攝取會草酸鈣結石嗎？

菠菜用熱水川燙後，去掉湯汁，部分草酸會流失，而且在腸胃道消化過程中，兩種成份會以結合成草酸鈣的形式隨糞便排出體外。

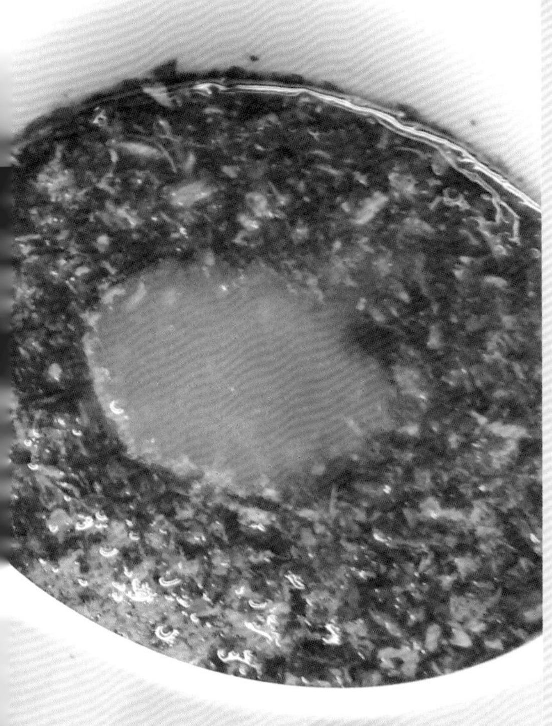

菠菜胡蘿蔔泥

材料及份量

菠菜20公克、胡蘿蔔泥30公克

作法

1. 將胡蘿蔔去皮洗淨，切塊且蒸至軟爛。
2. 壓碎磨成泥，菠菜亦洗淨切段，煮至軟爛研磨成泥，再將兩者混合均勻即可。

菠菜蛋豆腐

材料及份量

菠菜10公克、蛋黃1/2顆、盒裝豆腐30公克

作法

1. 菠菜燙熟撈起，將多餘的水分稍微榨乾後，切碎。
2. 蛋黃1/2顆打成散狀，盒裝豆腐壓碎成泥狀後，與蛋黃、菠菜加入適量的水煮開，再加少許與玉米粉勾芡即可。

營養師小叮嚀

菠菜胡蘿蔔泥與菠菜蛋豆腐的口感及營養，都很適合餵食一歲前的寶寶當作副食品喔！

莧菜

Data

別名：米莧、荇菜、莕菜、杏菜

盛產季節：全年產期，六至十月盛產。

挑選原則：葉片完整，白莧菜翠綠、紅莧菜紫紅，莖肥厚細嫩、新鮮不枯萎。

清洗方法：莧菜屬小葉菜類，在接近根處切根，把葉片張開後沖洗，用流動清水沖洗10～20分鐘。

食用功效：

莧菜性涼，味微甘，紅莧菜中的鐵質含量比白莧菜多，具有促進凝血，增加血紅蛋白含量，且提高含氧量、促進造血功能。

莧菜纖維含量豐富亦可幫助排便、排毒，預防癌症發生。

營養成分：

莧菜含有維生素A、維生素B、維生素K、維生素C及膳食纖維等等，也富含容易被人體吸收的鈣質與鐵質。

保鮮方式：

莧菜易凍傷，可以用棉紙或是報紙包覆，收在冰箱最底層的蔬果箱中。

○ 這樣吃100分：

莧菜+小魩仔魚：莧菜中的維生素C可加強吸收小魩仔魚中所富含的鈣質，對於骨骼強健有相當好的幫助，亦含有維生素A，能與小魩仔魚中的蛋白質結合，有助上皮黏膜的組織生長。

✕ 這樣吃不OK：

莧菜＋菠菜：因為菠菜富含草酸，與含鈣量多的莧菜搭配食用，反而降低鈣質的營養成分。

莧菜麵線

材料及份量

莧菜20公克、白麵線20公克、無油高湯

作法

1. 莧菜洗淨後切碎末，煮一鍋水，將麵線放入鍋裡煮2分鐘，之後撈起剪成段狀備用。
2. 將莧菜末放入無油高湯中煮軟後，再放入已經煮好的麵線，煮1分鐘即可上菜。

莧菜豆腐羹

材料及份量

莧菜10公克、盒裝豆腐30公克、無油高湯、玉米粉水

作法

1. 莧菜洗淨後切碎末，盒裝豆腐切碎丁備用。
2. 將莧菜碎末放入無油高湯，煮軟後放入豆腐煮滾，以少許玉米粉水勾芡即可。

營養師小叮嚀

寶寶一歲前就可以食用莧菜麵線及莧菜豆腐羹兩道食譜囉！但記得莧菜要切得細碎，麵線也要煮得軟爛些，才適合孩子食用喔！

高麗菜

Data

別名：結球甘藍、捲心菜、胃菜

盛產季節：春季、秋季、冬季。

挑選原則：初秋種品質為佳，春陽及夏秋種次之，球體蓬鬆不堅硬，葉片帶輕脆感且完整，沒有黃萎、裂開及無病蟲害。

清洗方法：清洗前要將外葉及莖部去除，清洗高麗菜最好放在水中浸泡10～20分鐘後，再用流動清水沖洗10～20分鐘，千萬勿用鹽水清洗。

保鮮方式：

剛買回家時，最好擺在室溫通風處2～3天，充分與空氣接觸，讓農藥揮發，不要馬上放進冰箱保存。高麗菜很耐儲存，放在通風處可維持5天，放冰箱可延長10天以上，放入冰箱時，並以莖部朝下，呈高麗菜生長的方向放置，可延長保存。

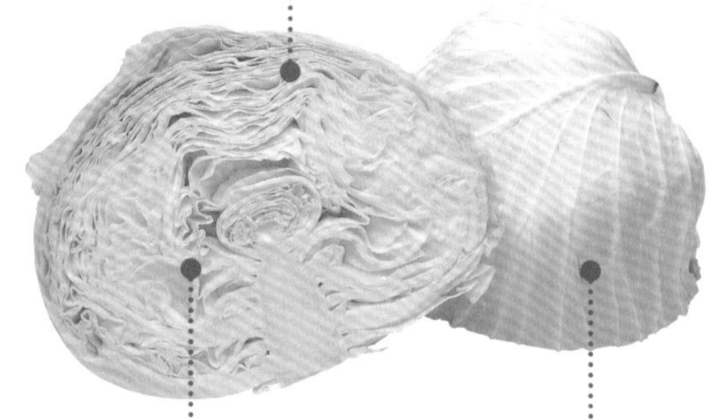

營養成分：

高麗菜含有豐富的維生素C、維生素K及膳食纖維。

食用功效：

高麗菜屬性溫和，並含有抗潰瘍因子，可消炎、保護胃腸黏膜，所含的維生素K有助於血液凝固，增強骨質，且高麗菜亦屬十字花科蔬菜，亦具有抗癌作用。

○ 這樣吃100分：

高麗菜+含蛋白質的食物如豬肉、雞肉：高麗菜中的維生素C與蛋白質結合，有利於促進膠原蛋白合成，保持肌膚的彈性，也可以消除疲勞，提升免疫力。

高麗菜＋魷魚：魷魚含有維生素E，與富含維生素C的高麗菜搭配食用可以加強維生素E的作用，有助於抗老、防癌、護膚，也可以促進血液循環。

✕ 這樣吃不OK：

腸胃較差及甲狀腺失調者：高麗菜有助修復體內受傷組織，改善胃潰瘍、十二指腸潰瘍所引起的不適。但腸胃道功能較差或甲狀腺功能失調者的人，應避免吃太多高麗菜。

高麗菜＋葵瓜子：葵瓜子含有磷，是人體所需的微量元素之一，但是含磷食物與含鈣量高的食物一起食用，反而妨礙了人體吸收鈣質。

高麗菜牛奶糊

材料及份量

高麗菜40公克、沖泡好的牛奶60C.C.、玉米粉水少許

作法

1. 高麗菜洗淨後切細絲煮至軟爛。
2. 加入沖泡好的牛奶中煮開，加少許玉米粉水勾芡即可。

高麗菜蛋花粥

材料及份量

高麗菜20公克、白米20公克、蛋黃1顆、板豆腐10公克、紅蘿蔔5公克

作法

1. 高麗菜與紅蘿蔔洗淨後切細絲，與白米一起煮成粥。
2. 另一鍋開水煮板豆腐，約1分鐘撈起，壓成碎狀放入粥中，繼續熬煮，再加入煮熟的碎蛋黃，攪拌均勻即可。

營養師小叮嚀

如果想要變換菜色，可以將白米改成細麵或是麵線，就可以變化出不一樣的口感，對寶寶來說，也有不一樣的新鮮感。

豬肉

Data

挑選原則：肉品選購時，除了要認明合格標章如屠宰衛生合格標章或CAS標章外，新鮮的肉品顏色應為鮮紅色、表面有光澤，以手指觸摸有彈性，且氣味應很淡，不應有阿摩尼亞或腐臭的異味，若選擇冷凍肉品，包裝應牢固密封。

清洗方法：從傳統市場買回的豬肉，以清水沖洗再川燙過，去除雜質、血泡等物質後，才能進行烹調，若是超市或賣場封包好的豬肉可不用清洗，但仍要川燙過再烹調。

保鮮方式：

生鮮豬肉若未立即食用，可先放在冷藏庫較冷的位置，且要以塑膠袋封存，2～3天內食用完畢最好，或是川燙過後再分裝冷凍保存。

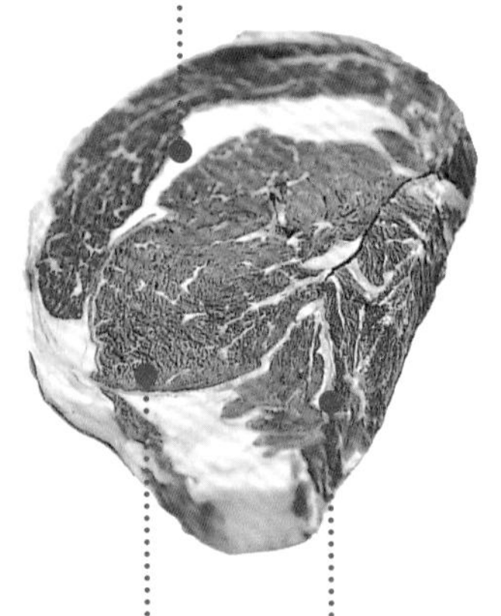

營養成分：

豬肉含有蛋白質、脂肪及維生素B1、鈣、鐵、菸鹼酸等物質。

食用功效：

豬肉屬性甘溫，因含有維生素B1可幫助身體的新陳代謝，減少疲勞感及情緒不穩，因含有蛋白質及鐵質可改善貧血。

○ 這樣吃100分：

豬肉+洋蔥：豬肉中富含維生素B1，藉助洋蔥中的蒜素，更提升維生素B1的吸收，有效的幫助碳水化合物代謝，轉換成能源，進而消除疲勞。

豬肉＋彩甜椒：彩甜椒富含維生素A、C、B群及膳食纖維，搭配蛋白質豐富的瘦豬肉食用，可美白肌膚，預防黑斑、雀斑產生，提升免疫力。

✕ 這樣吃不OK：

豬肉＋梅干菜：梅干菜是經過醃製的食物，醃製過程中含氮物質會轉成亞硝酸鹽，與富含蛋白質的豬肉一同烹調，容易生成亞硝胺等致癌物質。

五彩肉丸

材料及份量

豬絞肉100公克、青豆仁、紅蘿蔔丁、玉米丁各10公克、醬油1大匙、玉米粉少許

作法

1. 將買回來的豬絞肉放入鍋中，與青豆仁、紅蘿蔔丁、玉米丁一起攪拌均勻。
2. 再加入醬油，取出後，塑成圓球狀，放入電鍋中，外鍋加1杯水，煮至開關跳起即可。

營養師小叮嚀

五彩肉丸及豆腐鑲肉末都是一歲～兩歲寶寶就很喜歡的肉類副食品喔！

豆腐鑲肉末

材料及份量

板豆腐30公克、豬絞肉10公克、薑末少許、太白粉水少許、青花菜3朵

調味料

少許鹽

作法

1. 豬絞肉剁成細末後與薑末攪拌均勻。
2. 再放入豆腐及少許太白粉及少許鹽混合攪拌，塑成方形或圓形於碗中，與洗淨的青花菜一起蒸熟倒入太白粉水勾芡即可。

雞肉

Data

挑選原則：肉品選購時，除了要認明合格標章如屠宰衛生合格標章或CAS標章外，新鮮的肉品顏色應為淡紅色，表面有光澤，以手指觸摸有彈性，且氣味應很淡，不應有阿摩尼亞或腐臭的異味，若選擇冷凍肉品，包裝應牢固密封。

清洗方法：從傳統市場買回的生鮮雞肉以清水沖洗即可，若是超市或賣場封包好的雞肉則不用清洗，即可切割烹調。

保鮮方式：

生鮮雞肉最好放置在冷藏庫較冷的位置，且要以塑膠袋封存，盡量在1～2天內食用完畢最好。

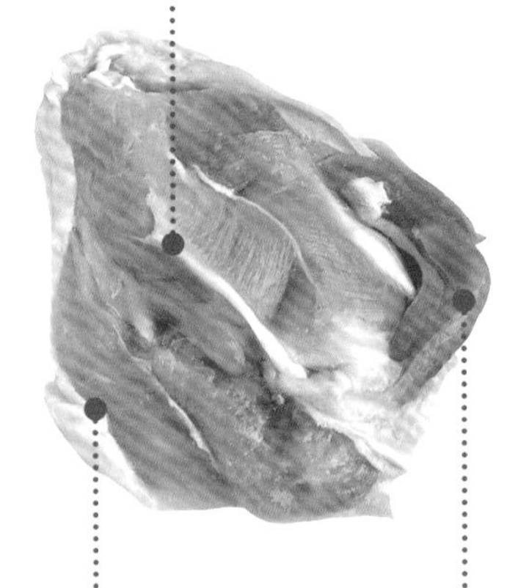

營養成分：

雞肉含有蛋白質、脂肪及維生素B群、菸鹼酸、鐵等礦物質。

食用功效：

雞肉屬性甘溫，因富含維生素B群及鐵，可強化肌膚彈性、及改善貧血。

○ 這樣吃100分：

雞肉+雞蛋+番茄：藉助雞蛋中所含的卵磷脂，番茄中的維生素C幫助雞肉中的鐵質吸收，改善貧血狀況，活化腦細胞。

雞肉＋香菇：富含維生素D的香菇與雞肉搭配食用，可以加強維生素D的吸收，改善骨質疏鬆，強化骨骼生長，以及增強免疫力。

✕ 這樣吃不OK：

雞肉＋黃豆：雞肉富含蛋白質、鈣質及各種營養素，黃豆含膳食纖維中的醛糖酸殘基，與富含鈣質的食物結合，會阻礙鈣質的吸收，因此不適合一起搭配食用。

雞肉南瓜腰果糊

材料及份量

雞胸肉10公克、南瓜80公克、腰果2顆、無油高湯200C.C.

調味料

少許鹽

作法

1. 南瓜洗淨後，加入200C.C.無油高湯，放入電鍋中，南瓜湯蒸熟後放入果汁機，再加入腰果一起打成糊狀。
2. 再將南瓜糊倒入鍋中，開小火熬煮。
3. 雞肉洗淨後，將雞肉燙熟，切成細末，倒入南瓜糊鍋中，放少鹽調味，再熬煮約5分鐘即可。

翡翠雞肉丸

材料及份量

A.雞胸肉100公克、板豆腐1/4塊(田字型)、胡蘿蔔碎末10公克、洋蔥碎末10公克、薑末少許、雞蛋1/2顆
B.菠菜20公克、雞蛋1/2顆、太白粉水

調味料

少許鹽

作法

1. 將雞胸肉洗淨後，剁成細末狀備用，板豆腐以紙巾吸附水分後，拌入雞肉中，再拌入洋蔥、薑末及雞蛋，以少許鹽抓醃後，以小湯匙幫忙取用好的肉餡，塑成小球形，擺置盤中，置入蒸鍋中蒸熟。
2. 作翡翠淋汁：菠菜燙熟後，放入果汁機打成泥，倒入鍋中，再加少許水、少許鹽，煮滾後淋上蛋液成蛋花狀，以太白粉水勾成薄芡，淋上雞肉丸即可。

營養師小叮嚀

1.南瓜在處理時，外皮與果肉一起熬煮，可增加膳食纖維的攝取。

2.媽媽可以試著給一歲前的寶寶食用雞肉的食材，補充豐富的蛋白質、脂肪及維生素B群、菸鹼酸等礦物質。

牛肉

Data

挑選原則：外觀完整、乾淨，且帶光澤的鮮紅色為高品質的肉品，較常運動的部位則為深紅色，且不能有血水滲出，如有血水滲出，表示組織已經鬆散，口感不好。進口的冷凍牛肉因真空包裝的缺氧狀態下，而呈現自然的深紅或暗紫色。

清洗方法：生鮮的牛肉最好是清水洗淨擦乾後，再烹調，若是冷凍牛肉，則放置冷藏庫解凍後，不用清水洗淨可直接烹調使用。

食用功效：

牛肉性溫味甘，因其富含蛋白質及鐵質，可改善貧血，增強體力，強化上皮細胞，如果搭配富含維生素C的蔬果，可更加強鐵質的吸收。

營養成分：

牛肉富含蛋白質、脂肪及維生素B群、鐵等礦物質。

保鮮方式：

冷凍牛肉應存放於冷凍庫內，若是生鮮牛肉可清水洗淨擦乾後，切適當大小分裝冷凍保存。

○ 這樣吃100分：

牛肉+富含蒜素的食物如蔥、洋蔥：牛肉中富含維生素B群，蒜素可提升維生素B群的吸收，再加上含維生素C的蔬果，可增加好氣色。

牛肉＋蘆筍：蘆筍含豐富的葉酸，牛肉富含鐵質，兩者搭配食用，可以促進造血，改善貧血，恢復身體活力。

✕ 這樣吃不OK：

牛肉＋茶：茶葉含有單寧酸，與富含鐵質的牛肉一起食用，單寧酸與鐵質結合，會阻礙鐵質的吸收。

牛肉山藥粥

材料及份量

瘦牛肉10公克、山藥20公克、白米1/6杯、蔥1支、薑1片、無油高湯300C.C.、少許鹽

作法

1. 白米洗淨後，加入蔥、薑、無油高湯250C.C.後煮開，轉小火繼續熬煮成粥。
2. 牛肉洗淨切丁，放入果汁機，加少許高湯與牛肉一起打匀後，與白米粥一起熬煮。
3. 山藥削皮後切成細丁，放入作法2.中一起煮10分鐘，以少許鹽調味，將蔥、薑撈起即可熄火。

營養師小叮嚀

媽媽如果擔心寶寶攝取的鐵質不足，上述兩道食譜就非常適合調理給寶寶食用喔！

牛肉海苔粥

材料及份量

牛肉末20公克、白米20公克、海苔5公克、金針菇末10公克

作法

1. 將白米煮成粥，再放入牛肉末、海苔片及金針菇末，與白粥一起熬煮。
2. 煮到肉熟即可。

營養師小叮嚀

牛肉中的鐵和鋅，對發育中的幼兒的腦部神經和智力的發展是很重要的營養。另外，由於牛肉煮熟後肉質會很硬，寶寶不易咀嚼消化，所以牛肉要先用果汁機打成泥再與米粥一起煮。

鱈魚

Data

挑選原則：鱈魚切片通常是以冷凍型式販賣，所以挑選時以顏色雪白，不要有解凍過的為宜。

清洗方法：烹煮前，先放置冷藏庫解凍至軟，再用清水洗淨。

保鮮方式：

冷凍的鱈魚應存放於冷凍庫內保存。

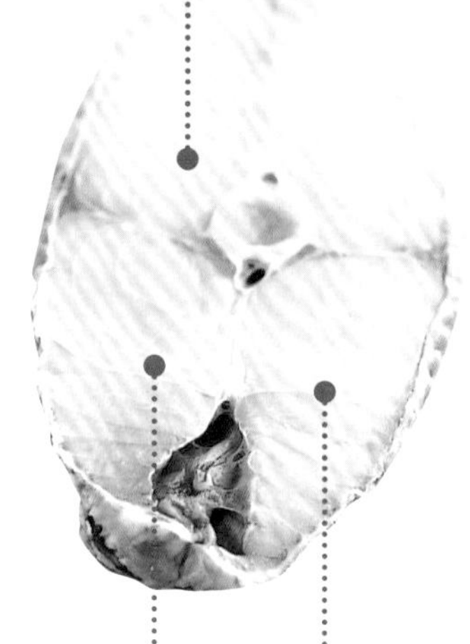

營養成分：

鱈魚富含蛋白質、牛磺酸、鈣、鎂、硒、鉀等多種微量元素與脂肪、維生素D等成分。

食用功效：

鱈魚性平味甘，因其肉質的纖維蛋白在加熱後容易碎開，所以是離乳嬰兒不錯的肉類副食品，且其富含維生素D，可強健其骨骼及牙齒，預防骨質疏鬆。

○ 這樣吃100分：

鱈魚+黃綠色蔬菜：鱈魚的風味較淡，可利用紅、黃甜椒增加鱈魚風味，並可彌補維生素A或維生素C的不足。

鱈魚＋乳酪：鱈魚與乳酪都是富含鈣質及維生素D的食物，兩者搭配食用，效果更好，能強化人體對鈣質的吸收，是強健骨骼生長很不錯的食材搭檔。

✕ 這樣吃不OK：

鱈魚含有胺類的成分，因此不宜與含亞硝酸鹽的食物像是火腿、香腸、培根等等一起食用，以免兩者結合成亞硝胺等致癌物，反而有礙健康。

鱈魚泥粥

材料及份量

鱈魚20公克、白米30公克、蔥1枝及薑1片

調味料

少許鹽

作法

1. 將白米洗淨後，放入蔥、薑煮成粥、再撈去蔥及薑。
2. 鱈魚洗淨後剁成泥狀，放入粥中煮熟並調味即可。

鱈魚豆腐黃瓜糊

材料及份量

鱈魚20公克、豆腐20公克、白米10公克、大黃瓜30公克

調味料

少許鹽

作法

1. 鱈魚洗淨蒸熟後，取其肉切成碎末備用，豆腐切成碎末，將白米洗淨後，與大黃瓜煮成粥，放入攪拌機打成泥狀。
2. 再倒入鍋中，放入鱈魚及豆腐約煮2分鐘並調味即可。

營養師小叮嚀

媽媽如果希望你的寶寶頭好壯壯，可以在孩子一歲前，就提供給他魚類的副食品，像是鱈魚、鮪魚、鮭魚都非常適合給寶寶食用喔！

鮪魚

Data

挑選原則：切片的鮪魚肉必須有光澤且呈深紅色，若放久了會呈暗紅色，明顯失去光澤。

清洗方法：以乾淨的純水清洗魚肉表面即可。

保鮮方式：

冷藏保鮮的魚應放在攝氏零度至四度左右的冰箱冷藏儲存，若買回是冷凍的魚，可儲存於攝氏零下二十度的冷凍庫內，烹煮前，再放置冷藏庫解凍至軟。

營養成分：

鮪魚富含有DHA及EPA的ω-3脂肪酸及核酸、鐵質及維生素B12。。

食用功效：

鮪魚性平味甘，富含有DHA及EPA可預防心肌梗塞及血栓，防止動脈硬化；含豐富的核酸可防止老化；含鐵質及維生素B12，可預防及治療貧血。

○ 這樣吃100分：

鮪魚+胡蘿蔔：鮪魚富含EPA及DHA，搭配含類胡蘿蔔素的蔬菜像是胡蘿蔔等，均有防止老化、動脈硬化的效果。

✕ 這樣吃不OK：

鮪魚含有豐富的蛋白質，與穀類、豆類等含有植酸的食物搭配使用，會結合成不容易消化的物質，因而降低了人體對於蛋白質的吸收。

鮪魚胡蘿蔔米糊

材料及份量

鮪魚20公克、白米粥60公克、胡蘿蔔10公克

作法

1. 將鮪魚切成細碎狀備用，胡蘿蔔蒸熟切成小塊。
2. 鮪魚與胡蘿蔔泥、白米粥一起熬煮成粥糊狀即可。

營養師小叮嚀

鮪魚屬中～大型魚，如餵食幼兒，其頻率約1～2週1次，其餘可用鮭魚取代，同時避免食用魚皮，以減少重金屬沉積等對寶寶不利的影響喔！

鮪魚炒軟茄

材料及份量

鮪魚肉末10公克、茄子50公克

作法

1. 將茄子洗淨後，削皮切段。
2. 鮪魚肉末剁成細碎狀備用。
3. 將炒鍋熱鍋後，放少許油，與茄子拌炒，再倒少許水煮至茄子軟熟，最後鮪魚肉末拌炒約1分鐘即可盛盤。

3-2

適合六個月至兩歲寶寶的健康飲食

魩仔魚

Data

別名：吻仔魚、銀魚

挑選原則：天然的魩仔魚是略呈灰黃色，接近象牙白的顏色，如果顏色特別白就要小心是否泡過雙氧水，市售的魩仔魚通常有加工過，要注意其鹽分問題，當然盡量以買生的魩仔魚最好。

清洗方法：魩仔魚放入水中浸泡一會兒，把水倒掉，再用清水洗一次，可去掉雜質及些許鹽份。

保鮮方式：

可以依其烹調用量分小量包裝，直接冷凍即可。

營養成分：

魩仔魚含有豐富的蛋白質及鈣、磷、鐵礦物質。

食用功效：

魩仔魚性平味甘，具有潤肺、益脾、補氣的效用，其所含鈣質豐富，可強化骨骼，及牙齒健康，預防骨質疏鬆。

○ 這樣吃100分：

魩仔魚+蔥、洋蔥、莧菜：魩仔魚中富含鈣質，需要維生素C以增加鈣質的吸收，強健骨骼，亦能穩定情緒。

✕ 這樣吃不OK：

魩仔魚味美，性味平和，諸無所忌。

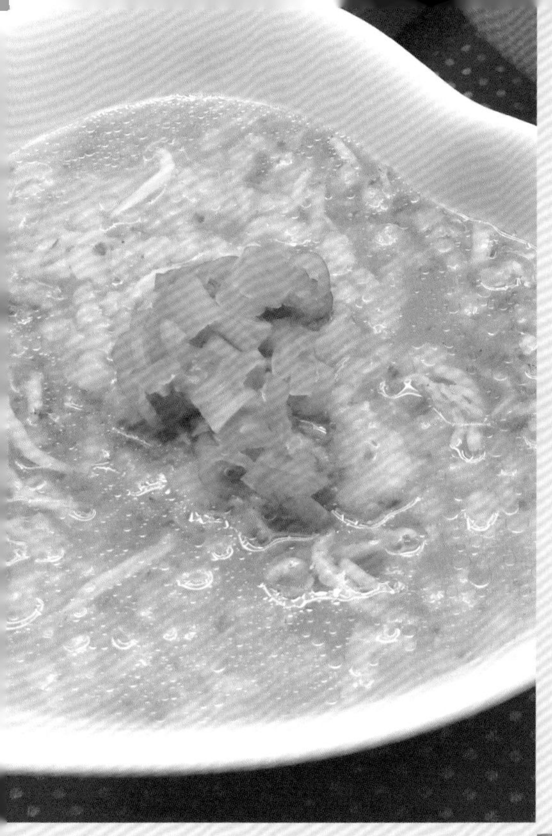

魩仔魚糙米粥

材料及份量

魩仔魚20公克、白米30公克、胡蘿蔔10公克、蔥1枝及薑1片

作法

1. 魩仔魚洗淨及胡蘿蔔洗淨後切小塊，將糙米洗淨後與胡蘿蔔煮成粥狀，放入攪拌機打成糊狀。
2. 再放入鍋中與魩仔魚、蔥及薑一起煮約5分鐘，最後撈去蔥及薑即可。

魩仔魚麵線糊

材料及份量

魩仔魚20公克、白麵線20公克、瓠瓜絲20公克

作法

1. 魩仔魚洗淨及瓠瓜洗淨後切成絲狀，將魩仔魚及瓠瓜加入水煮滾後至瓠瓜軟爛，白麵線以另一鍋將其煮熟。
2. 將麵線放入魩仔魚瓠瓜湯中約煮兩分鐘即可。

營養師小叮嚀

魩仔魚是眾多魚種的幼苗，為保生態永續，媽媽們可將此魚作食材的頻率減少喔！

豆腐

Data

挑選原則：購買豆腐時，因豆腐易敗壞，所以最好是賣場有冷藏設備擺放豆腐販售，要注意新鮮度及水質、容器是否乾淨，豆腐表面如果有黏性產生即表示已不新鮮，盒裝豆腐外包裝已膨起亦表示已不新鮮勿選購。

清洗方法：將傳統板豆腐放入水中浸泡一會兒，再把水倒掉即可。

保鮮方式：

傳統板豆腐很容易腐壞，買回家後，應立刻浸泡於水中，並放入冰箱冷藏,如果水每兩天換一次,豆腐應可保存一週，盒裝豆腐一樣放入冰箱冷藏，但要注意保存期限。

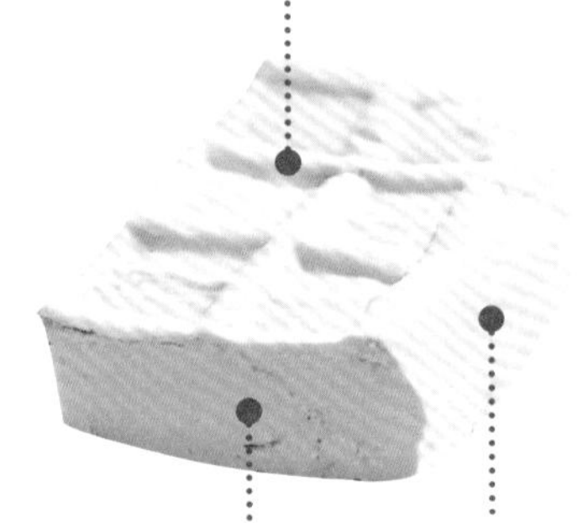

營養成分：

豆腐含有豐富的蛋白質及大豆異黃酮、植物固醇。

食用功效：

豆腐性微寒味甘，豆腐含有大量的離胺基酸,補足了穀類植物的不足，所以豆腐與白米一起烹調可互補之間的營養素，豆腐屬於植物性蛋白質，不含膽固醇，但含有一種叫做植物固醇，會與動物性膽固醇競爭，而能去降低壞的膽固醇，預防心血管疾病，大豆異黃酮亦是雌性激素一種，可緩和更年期症狀。

○ 這樣吃100分：

豆腐+蔬菜：豆腐中含有豐富微量元素鋅，鋅是細胞或組織不可或缺的所需成分，能保持嗅覺及味覺正常作用，再搭配含維生素C的蔬菜，對於指甲有斑點或有脫毛問題的人是有幫助的。

✕ 這樣吃不OK：

豆腐等黃豆類的食品雖有高營養價值，但因為黃豆中含有植酸，因此與含鐵質的肉類及動物性肝臟等食物搭配食用的話，反而阻礙了人體對於鐵質的吸收，因此不適合一起食用。

營養師小叮嚀

豆腐的料理，通常孩子都很喜歡，因為口感綿密軟嫩，一歲前的寶寶就很適合食用囉！

蔬菜豆腐泥

材料及份量

大黃瓜或胡蘿蔔30公克、傳統板豆腐30公克

作法

1. 將大黃瓜或胡蘿蔔去皮切塊煮至熟軟程度，壓碎成泥狀。
2. 豆腐放入滾水中約煮兩分鐘，去水壓碎成泥狀，再將2種食材混合均勻即可。

豆腐山藥泥

材料及份量

板豆腐30公克、台灣山藥30公克

作法

1. 豆腐放入滾水中約煮2分鐘，去水壓碎成泥狀。
2. 將山藥去皮後蒸熟，壓碎並過篩成泥狀，之後再將兩種食材混合均勻即可。

雞蛋

Data

挑選原則：對著燈光檢查看看氣室的大小，選擇氣室較小的為優，蛋殼粗糙較佳，越光滑表示其新鮮度已下降，或在家將蛋浸入水中，新鮮蛋會整顆橫沉於底部，稍微不新鮮者，則鈍端會稍往上浮，這是因為鈍端的氣室變大所致。

清洗方法：選洗雞蛋不需再清洗，如果清洗不當，反而會破壞表層膜，使微生物滲入蛋內，或是殘留在蛋殼上的水使細菌得以繼續生存，更容易變壞。

保鮮方式：

購回後不要清洗，直接存放冰箱冷藏即可，且要以尖端朝下擺放。雞蛋處理前要清洗雞蛋的表層，且打過雞蛋後的手亦要清洗，以免蛋殼上所附的細菌或微生物沾至雙手。

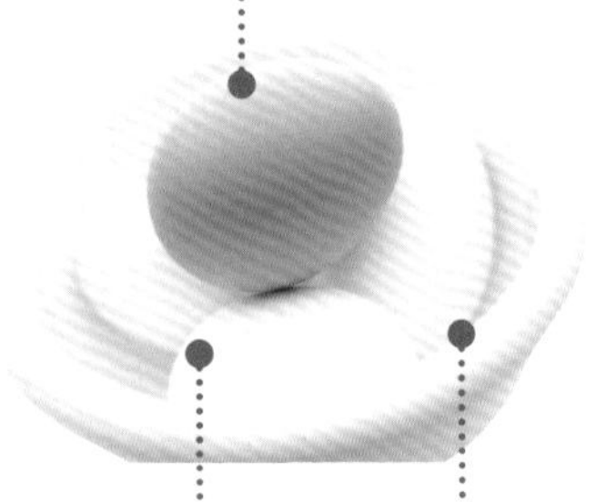

營養成分：

雞蛋的營養成分主要為蛋白質與脂質，蛋黃含有豐富的卵磷質、類胡蘿蔔素、葉黃素、維生素A、維生素D、維生素E、維生素B群及鐵、磷等礦物質，屬於營養滿分的一種食材。

食用功效：

雞蛋為屬性甘平好吸收的一種食物，因其富含卵磷質、膽固醇，對神經系統和身體發育有很大的作用，含維生素A、葉黃素及類胡蘿蔔素能強健上皮黏膜細胞及保護視力，其中豐富的鐵質，對四個月以上嬰兒時期可補充其鐵質的不足。

○ 這樣吃100分：

雞蛋+馬鈴薯：雞蛋是一種相當不錯的蛋白質食物，亦含維生素A、維生素B群，再以馬鈴薯補足維生素C，可強健肌膚，促進臉色紅潤。

雞蛋＋含維生素C的蔬果：雞蛋除了含有蛋白質，也富含維生素E，因此與含維生素C的蔬果一起搭配食用的話，更能強化其抗氧化力，對於皮膚滋潤、美白與抗癌都有幫助。

✕ 這樣吃不OK：

雞蛋＋豆漿：許多人會在早上喝豆漿加顆雞蛋，或是把雞蛋打在豆漿裡煮。雖然豆漿性甘味平，含豐富植物性蛋白、脂肪、維生素等營養成分，單獨飲用有很大的滋補效果，但其中的胰蛋白酶會影響蛋白質的吸收，降低兩者的營養價值。

蔬菜蛋花甘藍粥

材料及份量

蛋黃1顆、高麗菜30公克、胡蘿蔔5公克、白粥1/2碗

作法

1. 將高麗菜及胡蘿蔔切成細絲入滾水中煮軟。
2. 放入白粥約煮1分鐘，之後打入蛋花煮至滾即可。

營養師小叮嚀

蛋黃加上馬鈴薯的口感很好，媽咪們可以準備雞蛋1顆、馬鈴薯50公克，將雞蛋煮熟、取出蛋黃碾碎，將馬鈴薯去皮切成小丁加水煮軟後，以攪拌機打成糊狀，再放入鍋中與碾碎的蛋黃攪拌均勻即可。

海鮮蒸蛋

材料及份量

雞蛋2顆、蝦仁4隻、盒裝豆腐1/6盒、魩仔魚1大匙、無油高湯50C.C.

調味料

少許鹽

作法

1. 將蛤蜊肉洗淨後，切末備用；盒裝豆腐切小塊備用。
2. 雞蛋放入碗中打散後，放入高湯及少許鹽調味混合均勻，再放入蛤蜊肉末魩仔魚及豆腐。
3. 放入蒸鍋裡蒸煮約15分鐘至熟（可以利用筷子檢查蒸蛋是否煮熟，即是將筷子插入蒸蛋裡，抽出後若有蛋液表示未熟）。

蘋果

Data

別名：西洋蘋果、瓜果

盛產季節：產期約為八至十月。

挑選原則：以果粒大、果型圓整為佳，觀察果臍，臍部寬大會比較甜，果皮無黑斑，用手指輕敲若聲音清脆者通常水分較多。

清洗方法：用大量的清水沖洗2～3次，即可去除表面的農藥和污垢，可削皮食用，若要連皮吃，蘋果過水浸濕後，在表皮放一點鹽，然後雙手握著蘋果來回輕輕地搓。

食用功效：

蘋果味甘性溫和，含有果膠可清除腸道有害物質而擊退致癌物質，且降低膽固醇，若有腹瀉要削皮食用，反之便秘則要連皮吃，多酚類的植化素可抑制癌症細胞產生，處理蘋果時蘋果籽一定要去除，因為含有氰化物，攝取過多會有毒性產生。

營養成分：

含有豐富的維生素及水溶性纖維，及具有抗氧化力的多酚類。

保鮮方式：

以塑膠袋盛裝放入冰箱冷藏，以免脫水影響口感。

○ 這樣吃100分：

蘋果+燕麥：蘋果含有維生素C，且與燕麥皆含有豐富的水溶性纖維，更能加效代謝血中膽固醇。

蘋果＋牛肉：蘋果含有豐富的膳食纖維，可以避免人體吸收過多的膽固醇。

✕ 這樣吃不OK：

蘋果＋優酪乳：蘋果富含膳食纖維，而優酪乳則有通便的效用，兩者同時食用的話，容易腹瀉。

蘋果泥

材料及份量

蘋果2個、馬鈴薯、地瓜各30公克

作法

1. 將蘋果去皮、切小塊，加入適量的開水，放入果汁機中攪打。
2. 馬鈴薯、地瓜均去皮切成小丁。放入鍋中加入適量水一起煮，煮至軟爛後壓成泥狀，取出後所有食材拌勻即可。

蘋果柳橙泥

材料及份量

蘋果40公克、柳橙1/2顆

作法

1. 將柳橙榨汁備用，蘋果去皮後以磨泥器模成泥。
2. 加入榨好的柳橙汁，拌勻即可。

營養師小叮嚀

蘋果的香氣是孩子喜歡也最常接觸的水果，製成蔬果泥或水果泥，他的接受度都很高，而且口感綿密軟嫩，一歲前的寶寶很適合食用喔！

香蕉

Data

別名：甘蕉、芭蕉、弓蕉

盛產季節：香蕉一年四季皆為產期。

挑選原則：果把的果型整齊，大小適中，果皮沒有壓傷，鮮麗金黃、果實飽滿充實，若出現斑點即應盡快食用。

清洗方法：用蔬菜刷或未使用過的牙刷，在自來水下刷洗表皮30～60秒，可減少外皮的微生物及細菌，以免剝皮後手會沾汙細菌或微生物。

食用功效：

香蕉味甘偏寒涼，腸胃不好最好少吃，但香蕉含有相當多的鉀和鎂。鉀能防止血壓上升及肌肉痙攣，而鎂則具有消除疲勞的效果，含有寡醣進而具有整腸作用增加有益菌產生。

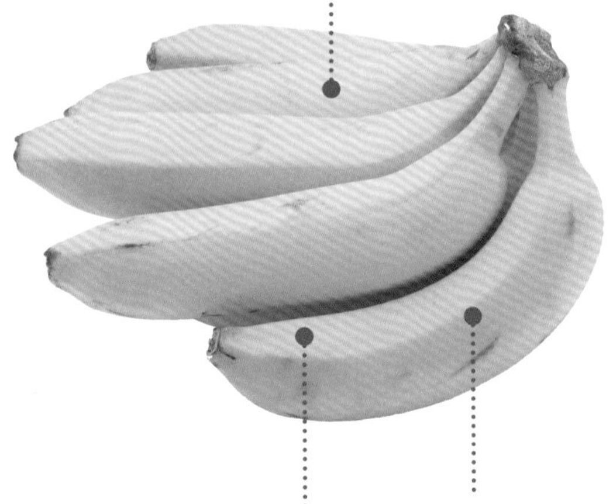

營養成分：

含有相當多的鉀和鎂、鐵、膳食纖維及寡醣。

保鮮方式：

貯放在室內陰涼的地方即可，不宜長時間擺在冰箱冷藏，否則果皮易起斑點或變褐黑色等病變，影響食用品質。

○ 這樣吃100分：

香蕉+黃豆漿：香蕉本身富含鉀及碳水化合物，對於補充體力方面是一項很好的食物來源，配上富含蛋白質及膳食纖維的黃豆漿，營養更豐富。

✕ 這樣吃不OK：

香蕉＋茶：香蕉因為含有豐富的澱粉質。因此食用過後會使人體內分泌大量胃酸，而茶類含有單寧酸，兩者結合會生成不易消化的凝結物，造成腸胃的負擔。

香蕉小米粥

材料及份量

香蕉30公克、小米5公克、白米10公克

作法

1. 將香蕉去皮切成小丁備用。
2. 將小米與白米洗淨、煮熟後放入果汁機與香蕉一起攪打成糊狀即可。

香蕉蘋果牛奶糊

材料及份量

香蕉50公克、蘋果20公克、牛奶60C.C.、土司1片

作法

1. 將香蕉及蘋果去皮切成塊狀。
2. 放入果汁機與牛奶一起攪打成奶糊。
3. 容器中放入撕碎的土司，倒入奶糊即可。

梨子

Data

別名：水梨、粗梨

盛產季節：產期在八、九月。

挑選原則：挑選果型端正、色澤光亮、表皮果點分布，果實有重量感尤佳。

清洗方法：以大量清水沖洗即可，因水溶性農藥用清水即可洗除，再削皮、切片食用。

保鮮方式：

可用兩三層的舊報紙或餐巾紙包裝後放入冰箱冷藏，不要用塑膠袋密封。水梨冷藏過後，風味越佳，但從冷藏庫取出後，其果實極很容易變質，由於削皮後的果實極易氧化褐變，可以鹽水或少許檸檬水浸泡來減少褐變情形。

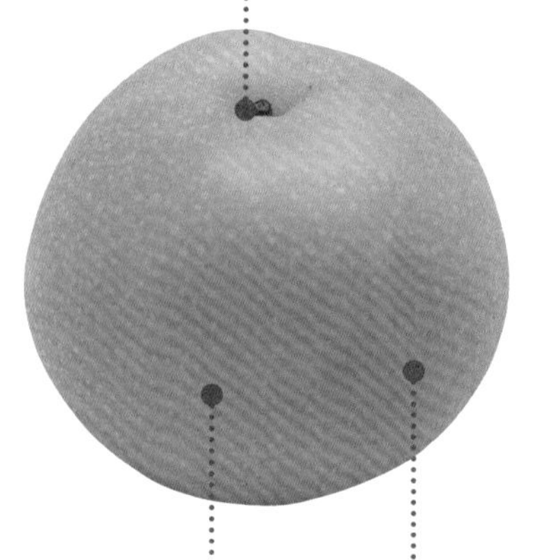

營養成分：

含有豐富的膳食纖維、維生素C及鉀等營養物質。

食用功效：

梨子性甘微寒，脾胃虛寒、體質虛弱者生吃較不建議，水果加熱後可減低其寒性。以《本草綱目》記載梨可消渴潤肺，梨子含有豐富膳食纖維亦可幫助排便、降低膽固醇。

○ 這樣吃100分：

梨子+栗子：梨富含鉀、電解質及膳食纖維，與含有豐富的碳水化合物的栗子，亦是迅速補充體力的食物組合。

✕ 這樣吃不OK：

梨子+螃蟹：梨子性寒、微酸，螃蟹性寒、味鹹，兩者都是較為寒性的食物，一起食用，容易傷腸胃，虛寒體質者不宜食用。

梨子燉蘋果

材料及份量

梨子1顆、蘋果20公克

調味料

冰糖適量

作法

1. 將梨子去蒂頭，挖空中間的果肉及核。
2. 梨子果肉及蘋果切丁打成泥狀，加入少許冰糖混合，倒入梨子裡，放在電鍋裡燉至軟爛即可。

營養師小叮嚀

梨子、蘋果、香蕉及木瓜，都是一歲前的嬰兒就可以攝取的水果，梨子、蘋果建議磨成泥狀給寶寶食用，而香蕉、木瓜味道香甜、口感軟嫩，都是寶寶很喜歡的水果喔！

栗子梨

材料及份量

梨40公克、栗子30公克

調味料

冰糖適量

作法

1. 將梨的果肉加適量的水燉軟，加少許冰糖調味。
2. 取其果肉將其磨成泥狀，將帶殼的栗子洗淨蒸熟取其果肉碾碎。
3. 最後碾碎的栗子與梨子攪打混合即可。

芭樂

Data

別名：番石榴、番桃、吉卜賽果、雞矢果

盛產季節：產期在夏秋二季。

挑選原則：以果型完整、豐滿，未軟化，果面清潔，選擇金黃色外皮為佳，不要過於青澀且外皮略為粗糙其果肉較厚。

清洗方法：以大量清水沖洗即可，因水溶性農藥用清水即可洗除，再切片食用。

食用功效：

芭樂性味甘平，因含有豐富的膳食纖維，可幫助排便，但因其含有鞣質，過量食用可能導致便秘，所以已有便秘者勿過量，因其含有豐富的維生素C，亦是水果具有抗氧化力的水果的一種，預防壞血病及癌症發生。

營養成分：

含有豐富的膳食纖維、維生素C等營養物質。

保鮮方式：

只要貯放的溫度不要超過10℃，芭樂的賞味期限即不容易變質。

○ 這樣吃100分：

芭樂+肉類：芭樂富含維生素C，可增加肉類中鐵質的吸收效果倍增。

芭樂+柳橙：芭樂與柳橙均含有機酸，兩者混合食用，可以促進食欲、幫助消化、增強活力。

✕ 這樣吃不OK：

芭樂+牛奶：芭樂含有鞣酸，與富含蛋白質的牛奶一起食用，會產生凝固沉澱，形成不易消化的物質，容易造成腹脹等腸胃不適的症狀。

吃太多：芭樂所含的鞣酸，具有止血、消炎、甚至止瀉的效用，但是吃得太多容易造成便秘，需要特別注意。

芭樂柳橙汁

材料及份量

芭樂40公克、柳橙2顆

作法

1. 芭樂洗淨、去籽切小塊，柳橙去皮。
2. 將所有材料放入果汁機中，加適量開水攪打均勻即可。

木瓜

Data

別名：番木瓜、番瓜、萬壽果

盛產季節：一年可採收兩次，但以八至十一月為盛產期。

挑選原則：果皮清淨有光澤者、大半已轉黃、果形端正飽滿、散發香氣者，瓜體有重量感者為佳。

清洗方法：以大量清水沖洗即可，因水溶性農藥用清水即可洗除，再削皮食用。

保鮮方式：

只要貯放在室內陰涼的地方即可，否則果皮易起斑點或變褐黑色等病變，影響食用品質。

營養成分：

木瓜果實富含β胡蘿蔔素、維生素C、維生素A、維生素B、鈣、鉀、鐵、抗氧化物及木瓜酵素等，營養價值非常豐富。

食用功效：

木瓜性味甘平，因含有木瓜酵素，可幫助消化蛋白質、健脾胃、助消化，因含有β胡蘿蔔素及維生素A亦有抗氧化作用及強化上皮細胞組織，提升抵抗力。

○ 這樣吃100分：

木瓜+牛奶+堅果：木瓜富含β胡蘿蔔素，可藉由堅果的油脂幫助β胡蘿蔔素吸收，木瓜所含維生素C，可增加牛奶中鈣質吸收。

木瓜+雞肉：木瓜含有木瓜酵素，可以軟化雞肉的肌肉纖維，有益於人體對於雞肉的蛋白質吸收。

✕ 這樣吃不OK：

木瓜+蝦子：木瓜富含維生素C，蝦子則含有銅的礦物質，兩者一同食用，會造成維生素C的破壞。

木瓜+醋：醋的酸性成分會破壞木瓜裡的類胡蘿蔔素，造成木瓜的營養價值降低。

木瓜奶昔

材料及份量

木瓜40公克、牛奶40C.C.、切邊土司1/4片（撕成碎片）

作法

1. 將木瓜去皮、去籽，切成小丁。
2. 與牛奶打成糊狀，放入鍋中煮開後關火，再放土司混合即可。

木瓜優格

材料及份量

木瓜150公克、優格1杯

作法

1. 將木瓜洗淨之後，去皮、去籽。
2. 放入果汁機中，加入少許開水一起攪打，倒出後再加入優格即可。

3-2

適合六個月至兩歲
寶寶的健康飲食

柳橙

Data

別名：柳丁、甜橙

盛產季節：盛產期為秋、冬季兩季，以十一月至翌年一月為主。

挑選原則：果實大、橢圓形，果皮油胞細緻光滑，果肉飽滿富有彈性，果皮光滑者表示薄皮，顏色以深橙黃色為佳，香氣濃郁。

清洗方法：以大量清水沖洗，再剝皮或切片食用即可。

保鮮方式：

若暫不食用先不要清洗，以塑膠袋或紙袋裝好後再放入冰箱，塑膠袋可先打數個小洞時，以免水氣積聚而微生物滋生。

營養成分：

柳橙含有豐富的纖維質及維生素C、鉀。維生素C具有抗氧化力，阻止自由基攻擊細胞以降低癌症的發生機會，防止壞血病。

食用功效：

柳橙性味甘平，所含的植化素為檸檬黃素屬類黃酮的一種，較常出現在柑橘類水果中，可降低血中膽固醇、預防心血管疾病。

○ 這樣吃100分：

柳橙+肉類：柳橙含豐富維生素C，加上肉類的蛋白質，更促使骨膠原生成，並強健皮膚黏膜組織。

柳橙+蘆筍：兩者都富含維生素C，搭配食用，可以預防皮膚乾燥、美化膚質。

✕ 這樣吃不OK：

柳橙+胡蘿蔔：柳橙富含維生素C，但是胡蘿蔔則含有維生素C分解酶，兩者搭配食用，會造成維生素C的破壞，柳橙的營養價值流失。

橙汁魚片

材料及份量

鯛魚片40公克、柳橙1顆、檸檬1/4顆、麵粉少許、太白粉水(太白粉與水的比例是1：3)

調味料

鹽少許、糖少許

作法

1. 將魚片洗淨後，以紙巾將魚片上的水分吸附，再以少許鹽醃一下，外表灑上麵粉，熱鍋煎至金黃。
2. 將柳橙及檸檬分別榨出汁備用，將柳橙汁及檸檬汁倒入鍋中加熱，放少許糖調味，再以太白粉水稍微勾成薄芡，最後淋上煎好的魚片即可。

柳橙汁

材料及份量

柳橙3顆、開水1大匙

調味料

冰糖1小匙

作法

1. 將柳橙洗淨，切成六等份。
2. 用水果刀把白色的部分與果皮切除，將全部的材料放入果汁機中攪打即可。

牛奶

Data

挑選原則：牛奶挑選時，最好拿取最後端的牛奶，以免最外層因冷藏溫度不足而容易敗壞，並且要注意保存期限。

保鮮方式：

牛奶一定要避著光線儲藏，存放在攝氏2～6度的冰箱冷藏室中。

營養成分：

牛奶含有醣類、蛋白質及脂質三大營養素及富含維生素A、維生素B群、鈣、磷等礦物質。

食用功效：

牛奶味甘微寒，其蛋白質及脂肪有利人體吸收，是一營養均衡的食物來源，其富含鈣有幫助骨骼強健及牙齒健康。

○ 這樣吃100分：

牛奶+雞肉+南瓜：牛奶中富含鈣、雞肉的蛋白質加上含維生素A、維生素C的甜椒可相輔相成吸收，可促皮膚、黏膜組織及骨骼生長。

牛奶+核桃：牛奶含維生素B群，核桃含有豐富的維生素E，兩者搭配食用，可以強化維生素E的營養成分，可以預防動脈硬化，消除疲勞。

✕ 這樣吃不OK：

牛奶+橘子：與含有大量有機酸的橘子一起食用，會使牛奶的蛋白質變質沉澱，引發腹瀉等腸胃的不適。

南瓜牛奶雞肉糊

材料及份量

南瓜30公克、雞肉20公克、蘑菇片20公克、牛奶60C.C.

調味料

黑胡椒少許

作法

1. 將南瓜去皮去籽，洗淨後，將南瓜加水煮軟爛，以研磨器將南瓜磨成糊狀，加入牛奶均勻攪拌後備用。
2. 雞肉剁成泥狀，與蘑菇一起蒸熟備用，最後將拌好的牛奶南瓜糊與雞肉泥、蘑菇攪拌均勻撒上黑胡椒即可。

酪梨牛奶

材料及份量

酪梨1/2顆、全脂奶350C.C.

調味料

無

作法

1. 酪梨洗淨，剖半去核、去皮。
2. 挖出果肉，連同全脂奶一同放入果汁機，攪打1～2分鐘至沒有顆粒，即可裝杯飲用。

營養師小叮嚀

如果怕寶寶討厭酪梨的味道，可以添加半個布丁來增加接受度。

Part 4

完全實踐篇

營養學權威教你做，最適合兩歲以上寶寶的五十六道健康飲食！

許多媽媽認為孩子滿2歲以後，就能像大人一樣吃各種食物，但事實並非如此！雖然這個階段在飲食上能夠稍加調味，但口味還是要盡量清淡，避免造成寶寶身體的負擔或是偏食、挑食。同樣不能輕忽懈怠的一個時期，這個章節幫你解決爸媽們超頭痛的小麻煩。

兩歲以上的飲食問題一籮筐，幫爸媽解決最頭痛的問題

到底孩子為什麼會該吃的不愛吃，不該吃的，偏偏又百吃不厭？孩子的身高體重到底多少才算標準？以及兩歲以上的寶寶到底要吃些什麼？怎麼吃才安心？爸媽在這個單元之中，都能得到最完整、最貼心的解答。

1 我的孩子已經二歲了，挑食、偏食的情形還是很嚴重，到底該怎麼做，才能改善？

這個階段的寶寶，最容易出現的飲食問題，大概就屬偏食、挑食最讓爸媽們頭痛。根據統計，幼兒的挑食、偏食，跟家庭及家長本身飲食習慣有很大關係，如果家長不能理解孩子挑食的原因，而改善本身的用餐習慣，想要糾正他的飲食，真得很難。

為了不影響孩子的成長發展，爸媽們務必要理解寶寶挑食或偏食的原因，改掉不好的飲食習慣，以身作則，且放鬆情緒不強迫進食，激發孩子對於食物的興趣及良好的飲食習慣，才能有效改善他的挑食與偏食喔！

2 寶寶已經2歲了，還不肯自己動手拿東西吃，到底該怎麼辦？

事實上，在寶寶一歲左右，父母就應該培養孩子自己動手吃飯的習慣，但是有些父母還是擔心小孩自己吃飯會弄得全身髒亂、杯盤狼藉，甚至要花很多時間。

因此，常常會堅持每一餐都用餵食的方式，導致孩子即使過了2歲，還不肯自己吃。有這種困擾的爸媽們，不妨參考下列方法，讓寶寶自己可以乖乖吃飯。

❶善用練習餐具

市面上有許多幼兒學習用餐的練習餐具，它的獨特設計，非常適合週歲以上的孩子把、握、拿、取，方便進食，造型不同，材質也不同，爸媽可以比較選購。

造成寶寶挑食或偏食的4個原因

原因1 缺乏學習與練習

每個寶貝都是獨特唯一的，因此對於食物的接受度及喜好也都各不相同，透過後天的學習與接觸，就能養成健康的飲食習慣。

四個月之後的寶寶，是飲食習慣養成的黃金時期，日後偏食、挑食與否，多數取決於主要照顧者的觀念、耐性及餵食技巧。因此建議，當寶貝第一次接觸新食物時，可能會因為不習慣新口味、新質地或新吃法而抗拒，因此要多讓寶寶嘗試幾次，只要媽咪不輕易放棄，孩子自然而然就會習慣。

原因2 不好的學習經驗

幼兒會偏食，有時是因為孩子對這種食物有第一次不好的經驗。例如：食物顏色很難看、味道怪怪的，造成他不吃這個食物；或是爸媽經常在餐桌上動不動就說：「不想吃、沒胃口！」，聽在孩子的耳裡，就會模仿爸媽的口吻與態度。

另外，不愉快的進食經驗，像是被碎骨或魚刺哽到、被熱湯燙到，都會造成小朋友拒吃或產生害怕的心理。所以建議媽媽們，不妨隔一段時間，就以不同的形式或烹調方法，讓寶寶再嘗試吃吃看。

原因3 父母本身就有偏食情況

如果父母本身就有偏食情形，在為孩子準備食物時，往往都會挑自己常吃或愛吃的食物為主，這樣會讓孩子錯失了嘗試各種食物的機會。有些父母在飲食上挑三揀四，或盡吃些沒營養的垃圾食物，甚至在孩子面前批評食物的好壞，這都是非常不好的示範，一定要避免！因此，要讓孩子能不偏食，爸媽自己一定要以身作則喔！

原因4 食物單調或不可口

兩歲以上的寶寶好奇心強，如果家庭習慣常做某些飯菜，或者食物缺乏色香味等的刺激，孩子吃膩，自然也會導致偏食囉！

因此建議媽媽要多變化菜色、口味及烹調方式，並且要細心觀察孩子對於每一種新食物的反應，如果可以紀錄下來，當然更好，以供日後料理時的參考。

❷注意食物的大小及軟硬程度

在食物的準備過程中，必須考慮到食物大小，以及軟硬程度，要以適合這個階段的寶寶練習自己用餐為宜，所以媽媽在製作上，要多花一些心思。

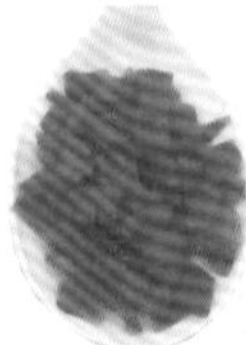

❸先做好防髒準備

爸媽通常會擔心孩子吃一頓飯搞得到處都是飯粒、青菜等杯盤狼藉的，於是乾脆選擇直接餵食。其實可以在寶寶吃飯的桌椅下方，舖上報紙，並且讓孩子穿上圍兜，就可以放心的讓寶寶自己練習用餐。

BOX

營養師貼心小提醒

兩歲以上的寶寶對週遭的事物充滿無限的好奇心，父母應放手，讓寶貝有探索與學習的機會。孩子如有些許的進步，更要即時予以鼓勵，這樣您將會看見他驚人的進步喔！

3 怎樣判斷寶寶的身高、體重正常呢？

媽媽可以依照寶貝的性別、月齡（橫軸），搭配身高或體重（縱軸）的曲線圖，所劃出的小圓點，會落在標有3、15、50、85、97百分位的曲線上或其所分割出的區域中。假如體重是85百分位，表示小孩體重與一百位同齡同性別小孩比較時，他贏過85位，而他是第十五名。【請參考行政院衛生署國民健康局所編印的兒童健康手冊內生長曲線圖。】

一般建議50百分位為理想，15以下可能過輕或瘦弱，而85以上可能過重或肥胖。不過，身高與體重的配合也很重要，如果兩者都在15百分位線上，表示孩子雖瘦小，但身高與體重若配合得當，可較為放心。另外，單點只能表示特定時間測量的結果，小孩的生長應看長期，短時間的生長停滯是正常的，而階梯形的生長曲線已被研究證實是正常的生長模式。

BOX

營養師貼心小提醒

嬰幼兒體重增長的基本規律

正常的寶寶出生時體重大約為2000～4000公克，六個月以前的嬰兒，每週體重增長150～200公克，六個月以後至週歲則每週增長60～120克。按體重增長倍數來算，寶寶在6個月時體重是出生時的2倍，1歲時大約是3倍，2歲時大約是4倍，3歲時大約是4.6倍。

4 我的寶寶三餐時間總是亂七八糟，到底要怎麼幫他規劃用餐時間？

通常我會建議父母規劃孩子的一日作息時間，並且適度讓他多從事一些體能活動，以增加食欲。

當寶寶剛睡醒，精神還沒有恢復時，或是感覺疲累想睡覺時，都不適合餵食囉！

5 寶寶已經2歲了，卻比同年齡的孩子還瘦小，該怎麼幫他補充營養呢？

一般而言，一歲半以前的寶寶雖然會自行走路，但步伐多半不是很穩健，二歲之後，身體各方面的協調性較佳，漸漸能行走、奔跑、登階、跳躍等，體力耗費較大，因此，滿二歲以後，飲食規劃應與體能活動協調搭配。

幫寶寶補充營養的6大方法

❶提高營養密度

以濃湯代替清湯，例如：蔬菜雞茸玉米濃湯，或以多種食材增加什錦粥或麵食的豐富性。

❷引發用餐興趣：

使用豐富色彩的食材、特殊造型，搭配可愛的練習餐具；營造與其學習對象共同用餐的氣氛，例如父母、兄姊；以說故事、唱童謠的方法為兩歲以上的寶寶說明食物或菜餚的好處。

❸增加餵食餐次

少量多餐有助於食量小的寶寶進食；適度體能活動能增進用餐次數。

❹製作出適合的質地

肉類食物應逆紋切絲或拍碎絞細作成肉餅；蔬菜應切細煮至熟軟，或可加入肉泥於食物當中。

❺調味恰當

蔬菜應從味道不強烈的開始嘗試，並且不要使用辛辣或酸味等刺激性食物；適度採用煎、烤等烹調方式提味。

❻避免的食物

在正餐之中，絕對不要輕易提供飲料、糖果、餅乾等，容易讓寶寶食欲降低的零食，更要在餐前避免。

蘆筍

Data

別名：筍尖、文山竹、野天門冬

盛產季節：每年的四至十月。

挑選原則：一般較常見的是綠蘆筍，遮光栽種所培植出來的就是白蘆筍，維生素A以綠蘆筍較多。為保留營養成份，蘆筍應趁新鮮時食用，適合清炒或燙熟做成沙拉、涼拌菜。

清洗方法：去除粗老的莖部、以流動的清水沖洗三到五次。

營養成分：

包含維生素A、葉酸、鉀、鐵、硒，及穀胱甘肽等營養。其中維生素A可維持上皮細胞膜、視網膜健康。葉酸有助嬰幼兒神經功能，參與造血以預防貧血。蘆筍是一種高鉀低鈉的蔬菜，幼兒的心跳較快，因此多吃富含鉀離子的食物是很有幫助的。

而鐵質可以協助人體造血與合成抗氧化酵素進行氧化還原作用。硒有助於增強免疫系統，以及促進自由基的排除。另外，穀胱甘肽則是具有還原能力，保護人體遭受氧化的細胞，去除自由基與過養化脂質，避免正常細胞與組織受到氧化損傷，可透過維生素C與維生素E的協助，增加穀胱甘肽的穩定度。

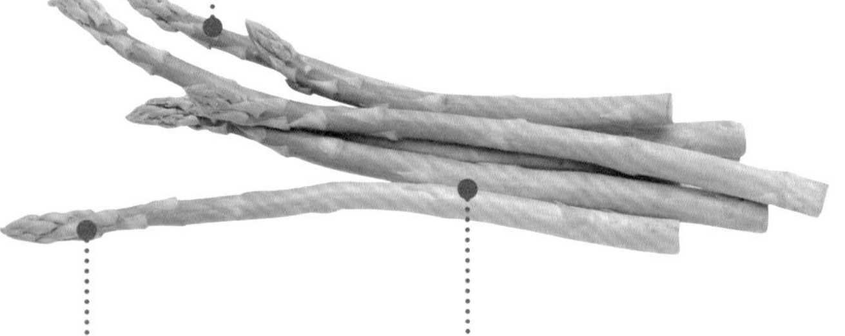

食用功效：

性寒味甘，適合熱性體質的人食用。健脾益氣、滋陰潤燥。

保鮮方式：

放在冰箱冷藏1～2天即食用為佳。

○ 這樣吃100分：

蘆筍+豬肝：這兩種富含鐵質與葉酸的食物，有助於人體造血，能有效預防貧血、改善血液循環、消除疲勞。

✕ 這樣吃不OK：

蘆筍+蓮子：蓮子含有豐富的鞣酸，兩者搭配將降低蘆筍中鐵質的吸收利用。

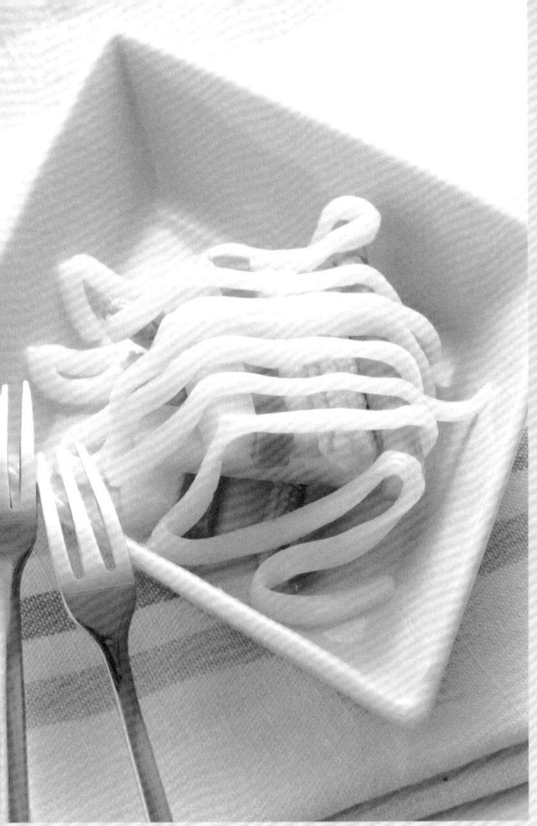

涼拌蘆筍

材料及份量

綠蘆筍、白蘆筍、玉米筍、紅蘿蔔各50公克

調味料

美奶滋2湯匙

作法

綠、白蘆筍削除粗老外皮，切成5公分長段；紅蘿蔔去皮、切條狀；玉米筍洗淨，均放入滾水燙煮2分鐘後撈起， 以冰冷開水沖涼，加美乃滋即可食用。

營養師小叮嚀

美奶滋可以用藍莓醬或桑椹醬、優格、煉乳調和的淋醬取代，搭配鮮採當季的蘆筍，可在酷暑之際作為幼童清爽健康的點心，好吃又營養。

蘆筍捲

材料及份量

綠、白蘆筍各100公克、馬鈴薯塊90公克、蘋果35公克、切碎蛋白1個，海苔片3片。

調味料

鹽少許、美奶滋1湯匙、切塊的蘋果

作法

1. 蘆筍削除粗老外皮，切10公分長段，滾水燙兩分鐘後撈起備用。
2. 將煮軟馬鈴薯塊、鹽、美奶滋調和成泥狀塗抹於海苔片上，再將綠、白蘆筍鋪平，放入蘋果塊後捲起即可。

蕃薯葉

Data

別名：甘薯葉、地瓜葉、過溝菜、豬菜

盛產季節：每年四至十一月為盛產期。

挑選原則：蕃薯葉有分紅和綠兩種，是含有豐富的抗氧化物的蔬菜，紅蕃薯葉的營養價值優於綠蕃薯葉。選擇葉片完整肥厚、鮮嫩者為佳，適合清炒或作成燙青菜，拌以佐料，如蠔油醬。

清洗方法：直接挑取嫩葉，粗老的莖部通常不吃，以流動的清水沖洗三至五次。

保鮮方式：

放在冰箱冷藏不宜超過一週。

食用功效：

蕃薯葉是平性的蔬菜，補中暖胃，價格便宜且營養價值高，鼓勵多食用。

營養成分：

含有維生素A、β胡蘿蔔素、葉酸、鉀、鐵、膳食纖維及類黃酮素等。其中維生素A、β胡蘿蔔素可以維持呼吸道黏膜、上皮細胞膜、視網膜健康。葉酸有助嬰幼兒神經功能，參與造血以預防貧血。鐵質協助人體造血與合成抗氧化酵素進行氧化還原作用，使血液正常運送氧氣。膳食纖維可以幫助疏通宿便、排除腸內毒素，增加糞便體積，維持腸道健康。類黃酮素在科學家眼中更是抗氧化高手，可以清除血中自由基，保護心血管健康。

○ 這樣吃100分：

蕃薯葉+牛肉：蕃薯葉含維生素C，與含鐵質的牛肉同食，有助預防貧血，促進生長。

✕ 這樣吃不OK：

蕃薯葉+蝦：蕃薯葉富含膳食纖維與草酸，蝦的銅含量高，兩者一起吃會降低這些礦物質的吸收。

避免採用粗老或長莖大葉的地瓜葉，兩歲的幼童雖已有牙齒，但咀嚼能力不如成人，容易咬不爛而噎到。

香菇肉燥薯葉

材料及份量

乾香菇2朵、梅花絞肉90公克、紅蔥頭2粒、幼嫩地瓜葉300公克

調味料

醬油膏1湯匙、蠔油1茶匙、開水半碗

作法

1. 乾香菇泡開並切絲、紅蔥頭切片備用，梅花絞肉入鍋以小火翻炒出油。
2. 將香菇絲、紅蔥頭爆香，加入開水、醬油膏、蠔油以小火燉滷肉燥。
3. 幼嫩地瓜葉以滾水燙煮2分鐘後撈起裝盤，將香菇肉燥淋上即可。

黃瓜類

Data

別名：大、小黃瓜是台灣市場常見的瓜類蔬菜，大黃瓜又稱胡瓜、刺瓜；小黃瓜又稱小胡瓜、花胡瓜、小瓜。

盛產季節：小黃瓜產季：每年四至八月；大黃瓜產季：七、八月。

挑選原則：挑選黃瓜時以瓜身豐腴肥滿、粗細均勻者為佳，質地觸感緊實非萎縮柔軟者才新鮮。大黃瓜去皮後煮湯或炒食，小黃瓜適合生食、涼拌，嬰幼兒炒熟食用為宜。

清洗方法：大黃瓜以清水洗去灰塵後去皮食用。小黃瓜皆帶皮一同食用，必須以流動的清水搓洗三次。

營養成分：

富含維生素E、維生素K、鉀和膳食纖維。維生素E多存在於幼嫩的籽裡，有助於血液循環；維生素K有助凝血，避免出血時間過長，參與骨質代謝，維護骨質健康。

小黃瓜含鉀量較大黃瓜多，幼兒的腎臟發育成熟中，富含鉀離子的食物有助人體代謝多餘的鈉、水分、廢物。膳食纖維幫助疏通宿便、排除腸內毒素，避免腸道中有害物質堆積，維持腸道健康。

食用功效：

性涼味甘，清熱解毒、生津解渴，脾胃虛寒、容易腹瀉的人少吃。

保鮮方式：

放在冰箱冷藏。

○ 這樣吃100分：

黃瓜+豆干：黃瓜含維生素K，豆干含有鈣質，兩者搭配同食有助促進血液正常凝固，幫助維持骨骼健康。

✕ 這樣吃不OK：

小黃瓜+小蕃茄：兩者一同生食、涼拌尤不宜，因為小黃瓜含維生素C分解酶會破壞小蕃茄所含維生素C，使維生素C損失殆盡。

黃瓜封

材料及份量

去皮大黃瓜200公克（淺層削皮，橫斷面切成2截，挖中空）、乾香菇2朵、梅花絞肉90公克、太白粉1茶匙

調味料

醬油膏1茶匙、蠔油1茶匙、開水少許

作法

1. 乾香菇泡開並切末。
2. 梅花絞肉與太白粉攪拌混勻後，加入少許開水、醬油膏、蠔油調味。
3. 將肉泥填充於黃瓜盅，以電鍋蒸煮20分鐘即可。

營養師小叮嚀

此道菜餚所使用之豬絞肉亦可更換為魚肉（例如：鱈魚、鮭魚，此時建議以少許薑末和芹菜末代替香菇），口感非常適合兩歲以上的幼童。

鮮翠巧達濃湯

材料及份量

小黃瓜100公克、馬鈴薯泥100公克、大文蛤12顆、培根15公克

調味料

奶油2茶匙、麵粉1湯匙、鹽少許、開水或清高湯2碗

作法

1. 小黃瓜洗淨、切丁，加半碗開水以攪碎料理機打成半液態備用。
2. 以文火將奶油融化，加入培根末炒香，先加一半的開水或清高湯，邊攪動邊緩慢加入麵粉。
3. 倒入另一半之開水或清高湯烹煮，將文蛤加入，待煮開後把殼挑除。最後加入馬鈴薯泥、小黃瓜泥稍煮，調味後關火。

營養師小叮嚀

此道湯品是傳統巧達湯之變化，食材豐富、營養，非常適合正在成長發育且活動力旺盛的兩歲以上幼童。

洋蔥

Data

別名：蔥頭

盛產季節：每年十二月至翌年四月為盛產期。

挑選原則：挑選球體完整、表皮無龜裂、沒有長出芽或鬚根也沒有腐爛者。成人可選擇生食、涼拌，嬰幼兒炒熟食用為宜。

清洗方法：除去外皮1～2層、切除根部，再以清水沖洗即可。

營養成分：

洋蔥含有機硫化物、硒、植化素等營養成分。洋蔥特殊的有機硫化物，能活化T細胞與巨噬細胞，增加自然殺手細胞的數量，抑制發炎，抑制癌細胞生長。

其中稱為烯丙基丙基二硫醚(allyl propyl disulphide)的硫化物能增加體內胰島素的濃度，幫助血糖利用，亦對降低血脂有幫助。硒能活化T細胞並刺激B細胞產生抗體。硒亦有助人體產生穀胱甘肽，清除體內的過氧化物質，降低癌症發生率。至於植化素(槲皮素、木犀草素、山奈酚)這些都是屬於類黃酮素的物質。

食用功效：

性溫味辛，潤肺化痰、開胃消食、療瘡消腫、降血脂等功能。

保鮮方式：

未去皮的洋蔥放在陰涼通風處，保持乾燥可放一個月之久。

○ 這樣吃100分：

洋蔥+糙米：洋蔥含有硒、糙米的維生素B群與E很豐富，兩者搭配食用有助於促進代謝、活化免疫系統、抗氧化等。

✕ 這樣吃不OK：

洋蔥+帶皮蘋果：洋蔥所含的硫化物與蘋果皮所含之植化素一起食用時，容易產生抑制甲狀腺素物質因而影響甲狀腺功能，避免經常同時進食。

洋蔥糙米粥

材料及份量

洋蔥100公克、糙米1/2杯

調味料

橄欖油2茶匙、醬油膏1茶匙、鹽、糖少許。

作法

1. 洋蔥洗淨，切成2公分長度之細絲備用。
2. 糙米清洗後加3碗水烹煮；另起油鍋，小火炒香洋蔥至熟軟，加入1湯匙米湯、醬油膏、鹽、糖等拌炒。
3. 關火後倒入糙米鍋中熬粥，待收湯汁約2碗時即可。

營養師小叮嚀

此道菜餚的洋蔥經過炒香，和富含維生素B群的糙米熬粥很入味，是一道適合兩歲以上幼童的主食。

滑蛋洋蔥

材料及份量

洋蔥150公克、雞蛋2顆。

調味料

橄欖油2茶匙、鹽適量

作法

1. 洋蔥洗淨，切成5公分長度之細絲備用。
2. 雞蛋攪打成均勻的蛋液，以少許鹽調味備用。另起油鍋，炒香洋蔥至熟軟，將蛋液沿炒鍋緩慢加入，小火拌炒至蛋熟即可食用。

營養師小叮嚀

此道食譜雖是普遍的家常料理，不論營養價值，或是香氣、質地、口感都非常適合兩歲幼童，當作主菜或副菜都很下飯。

木耳

Data

別名：雲耳，白木耳，別稱銀耳。

盛產季節：全年皆生產。

挑選原則：新鮮木耳應挑選表面完整、質感Q彈，表皮乾爽無黏液，聞起來無酸腐味道。乾木耳選擇時避免碎片多者，聞起來無嗆鼻的刺激味道。

清洗方法：乾木耳需要先用水泡發，避免使用熱水，因為高溫會破壞細胞，導致木耳變得太軟爛，沒有脆性。

營養成分：

木耳的膳食纖維、多醣體豐富。木耳含較多的可溶性纖維，可增加糞便的體積和柔軟度。所含的植物性膠質也算是膳食纖維，具有很強的吸附能力，幫助疏通宿便、排除腸內毒素、廢物，避免腸道中有害物質堆積，維持腸道健康。

而木耳豐富的多醣體，因為可以清除血管內膽固醇、降低血脂濃度並抑制過氧化脂質的發展，所以改善膽固醇的效果顯著，可預防動脈硬化、心肌梗塞和血腦病變。

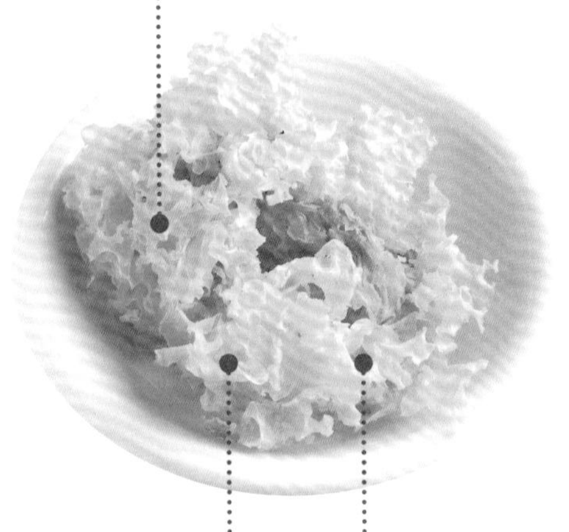

食用功效：

木耳性平味甘。白木耳養陰潤肺、益胃生津；黑木耳除具有上述功效外，可以清熱、涼血、活血、抗凝、潤燥、利腸等。

保鮮方式：

新鮮木耳未經水洗前，可裝袋於冷藏儲存並盡快烹煮食用。通常乾木耳未拆封，室溫保持乾燥即可。

○ 這樣吃100分：

木耳+蛋：兩種食材皆含有鈣、磷等成分，兩者搭配食用，可幫助強健牙齒與骨骼。

✕ 這樣吃不OK：

木耳+黃豆：黃豆的膳食纖維和植酸，不利木耳所含的鈣、鐵等礦物質吸收，易消化不良而造成脹氣。

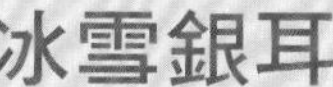

冰雪銀耳

材料及份量

雪梨1/2顆約300公克、白木耳、紅棗各20公克

調味料

冰糖15克

作法

1. 雪梨削皮切成小塊;白木耳、紅棗均洗淨。
2. 所有材料放入內鍋中,電鍋外鍋放1杯水,按下開關即可。

營養師小叮嚀

雪梨為寒性水果,蒸煮之後即轉性,再以銀耳與冰糖調和,營養滋潤,這是一道可口的養生甜湯。

營養師小叮嚀

採用新鮮黑木耳質地較軟,避免使用乾木耳再浸泡,脆硬有嚼感較不適合幼兒。本道食譜當作主食或點心都很適合兩歲幼童。

木須烏龍麵

材料及份量

烏龍麵250公克、新鮮黑木耳30公克、胡蘿蔔5公克、蒜瓣1粒

調味料

橄欖油2茶匙、醬油膏1茶匙、味醂1/2茶匙、鹽、糖少許、半碗開水

作法

1. 木耳、胡蘿蔔切成五公分長度之細絲備用。
2. 另起油鍋,炒香蒜末,加入木耳絲、胡蘿蔔絲翻炒,添加醬油膏1茶匙、味醂1/2茶匙、糖等調味料與開水,煮開後轉小火,然後放入備妥的烏龍麵一起煮滾,待烏龍麵煮熟即可食用。

海藻類

Data

別名：海藻家族種類很多，海帶(昆布)、紫菜(海苔)、髮菜、裙帶菜(海帶芽)、珊瑚草(麒麟菜)、洋菜(石花菜、寒天)

盛產季節：海帶全年有產。紫菜於冬天採集的脆中帶韌、品質好。海帶芽鮮品盛產於春夏之交。台灣的珊瑚草多為進口，春季為其盛產期。

挑選原則：乾製品宜選購乾燥無潮濕，形狀、包裝完整，新鮮產品則選擇質地柔軟鮮嫩者。

清洗方法：乾製品用水泡開，海帶表層含有的白色粉末為甘露醇，烹煮前輕拭去除污垢即可。鮮品之海藻類通常含有雜質、泥沙，浸泡沉澱去除泥沙再用流動的水沖洗。

營養成分：

海苔、海藻類的膳食纖維、海藻多醣體，以及硒的含量都很豐富，而且含有多種胺基酸。海藻類含較多的可溶性纖維，可增加糞便的體積和柔軟度。所含的植物性膠質也算是膳食纖維，具有很強的吸附能力，幫助疏通宿便、排除腸內毒素、廢物，避免腸道中有害物質堆積，維持腸道健康。海藻多醣體可幫助腸內多餘的膽固醇和有害物質排出體外，維持腸道健康。

食用功效：

海帶性寒味甘，止咳化痰、利水泄熱、降壓。紫菜性寒味甘，化痰軟堅、清熱利尿、降血壓等。

保鮮方式：

新鮮海藻直接裝袋於冷藏或冷凍儲存並盡快烹煮食用。通常乾製品建議使用密封罐於室溫陰涼乾燥處儲存。

○ 這樣吃100分：

海藻類+綠色蔬菜：前者富含鈣質，後者維生素K含量豐富，提高人體對鈣的吸收率，強健骨骼。

✕ 這樣吃不OK：

海藻類+十字花科蔬菜：海藻類含碘量高，如長期大量搭配十字花科蔬菜食用，後者所含之硫氫酸鹽會抑制碘的吸收而影響甲狀腺功能。

海苔香鬆

材料及份量

味付海苔1包、白吐司1片、白芝麻1湯匙

調味料

精鹽1茶匙

作法

1. 將白吐司的邊撕下來，橫向剪成0.3公分寬，去邊白吐司亦剪切成相同大小，使用烤箱低溫烤乾吐司碎片。
2. 乾鍋文火炒香白芝麻。海苔也剪成小段細絲。將所有材料混合，盛裝於密封罐，可搭配米飯食用。

營養師小叮嚀

白吐司亦可改成其他的麵包碎片或玉米脆片、不同的海苔香鬆，撒一些在飯上，對兩歲的幼兒既營養又有趣。

紫菜蛋花湯

材料及份量

乾紫菜1片、雞蛋2顆、蔥花1湯匙。

調味料

橄欖油2茶匙、鹽少許

作法

1. 紫菜泡開、剪段與蛋液混合，加鹽調味。
2. 鍋中放入200C.C.的水煮滾，放入紫菜，再將蛋液加入與蔥花，煮滾即可熄火。

營養師小叮嚀

這是一道鈣質、維生素K、卵磷脂含量豐富的主菜，不僅提高人體對鈣的吸收率，強健骨格，卵磷脂對神經與腦細胞的健康也很有幫助！

絲瓜

Data

別名：菜瓜、布瓜

盛產季節：每年四至九月為盛產期。

挑選原則：宜選擇條紋明顯且顏色較綠者為新鮮，因為顏色轉淡綠色時已為老瓜。購買時以手估量，飽實豐盈、沉甸甸者為為佳。幼嫩的絲瓜質地柔軟，對於幼童或老人而言是老少咸宜的蔬菜。

清洗方法：絲瓜以清水洗去灰塵後切頭尾、去皮可用。

營養成分：

絲瓜本身具有清熱利腸的效用，絲瓜的膳食纖維含大量水分及黏質液，對於習慣性便秘，夏季食用絲瓜是相當不錯的選擇，避免腸道中有害物質堆積，維持腸道健康。另外絲瓜的植化素（槲皮素、楊梅素、芹菜素）具有通暢血管的功能；其中芹菜素是抗發炎的好物質，能有效降低體內一些發炎的現象。

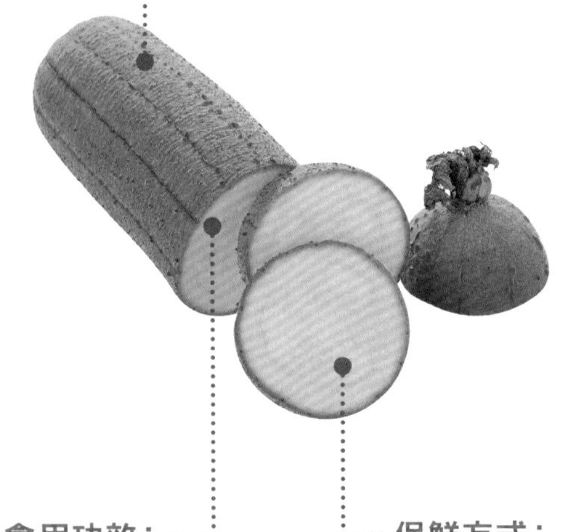

食用功效：

性涼味甘，清熱解毒、消暑除燥，具有保護皮膚、消除斑點的良好攻效，脾胃虛寒、久病體質宜慎食。

保鮮方式：

未洗切過的絲瓜，置於陰涼處約可存放十天。若已切開的絲瓜最好當日即烹煮食用，才能確保營養、新鮮。

○ 這樣吃100分：

絲瓜+豆簽：由黃豆加一點米或麵粉製成的豆簽含豐富優質蛋白質，與絲瓜很搭配，兩者質地細緻，容易咀嚼、好消化。

✕ 這樣吃不OK：

絲瓜+醬油：絲瓜很容易熟，不宜煮太久，容易變黑、變爛，如添加醬色更顯暗沉，引不起食欲。

鮮味雙瓜

材料及份量

去皮絲瓜150公克、大紅西瓜中層白色果肉50公克、鱘肉20公克、大文蛤6顆、干貝2粒、蒜頭1粒

調味料

橄欖油1茶匙、蠔油1茶匙、鹽少許

作法

1. 干貝泡軟壓碎成細絲備用。去皮絲瓜、大紅西瓜中層白色果肉（可取用包含小部份紅色部位），兩者切3、4公分長條。
2. 起油鍋，炒香蒜頭，將雙瓜炒至熟軟，加入三種海鮮食材並調味，煮開後起鍋，挑除文蛤外殼即可。

營養師小叮嚀

此道菜餚要利用浸泡干貝的湯汁一併加入，以保留部份海鮮風味。一般人吃西瓜時會將白色的部位連皮丟棄，建議將此邊材多加利用，涼拌、煮湯、熗炒皆宜。

絲瓜豆簽羹

材料及份量

去皮絲瓜300公克、豬里肌肉絲35公克、豆簽30公克、嫩薑絲少許

調味料

橄欖油1茶匙、蠔油1茶匙、鹽及糖少許、太白粉1茶匙

作法

以豆簽跟切成條狀的絲瓜，然後用鹽跟糖加水烹煮，再加入嫩薑絲、豬里肌肉絲煮至熟，再以太白粉勾芡，一道簡單好吃的豆簽羹就完成了。

營養師小叮嚀

此道羹湯清爽可口，老少咸宜，可將豬里肌肉換成蝦仁、蚵、花枝等即為傳統口味。

糙米

Data

別名：褐色之米

盛產季節：全年。

挑選原則：建議選擇有機栽培的糙米，經過精緻加工烘焙保留大量天然酵素、複合維生素和礦物質者為佳。糙米是保留米糠的全穀類，選擇有機栽種較無農藥殘存的疑慮，對幼童而言比較安全。

清洗方法：將較大雜質挑出，以清水簡單清洗即可。

營養成分：

糙米富含膳食纖維、維生素B群及各種礦物質。糙米富含纖維質，攝取時會同時吃進米糠，增加糞便的體積，纖維質可預防便秘，避免腸道中有害物質堆積，維持腸道健康。

維生素B群對於醣類、脂肪、蛋白質代謝過程中扮演重要輔酶角色，幫助轉換成熱量。鋅能參與細胞的熱量代謝，鉻能夠促進葡萄糖、脂肪代謝，並幫助胰島素發揮作用。

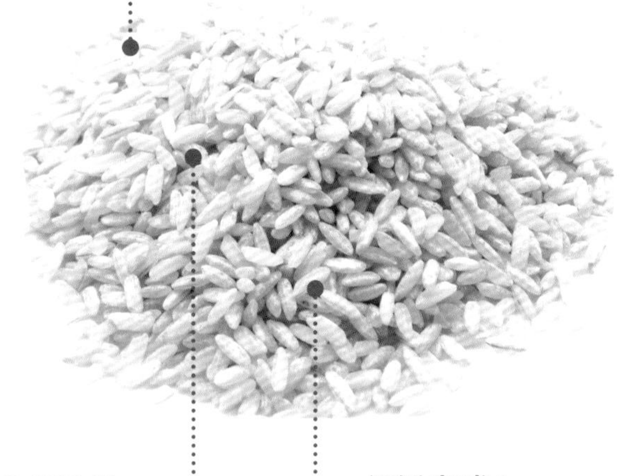

食用功效：

性平味甘，有補中益氣、耳聰目明、和五臟、通血脈等的作用。

保鮮方式：

以密閉容器盛裝，置於陰涼乾燥處存放。

○ 這樣吃100分：

糙米+燕麥：兩者都富含維生素B、維生素E，對於維持皮膚健康、預防動脈硬化皆有幫助。

✕ 這樣吃不OK：

糙米+富含鐵質的食物：糙米的米糠富含植酸，對於紅鳳菜、紅辣椒等富含鐵質的食物，植酸會降低鐵質的吸收。特別是茹素者，原本就不易獲得足夠的鐵質來源，應避免長期搭配進食。

排骨糙米粥

材料及份量

豬小排120公克、糙米80公克

調味料

鹽少許

作法

糙米洗淨，泡水約2小時後瀝乾水分備用。豬小排洗淨川燙去血水備用。將糙米以中火煮開加入豬小排，轉小火繼續熬煮成粥，讓小排軟化，起鍋前調味即可。

營養師小叮嚀

採用豬小排與糙米熬煮，香氣可口，適合作為幼童主食。

福圓糙米粥

材料及份量

糙米40公克、黑糯米40公克、龍眼乾45公克、核桃15公克

調味料

二號砂糖15公克

作法

1. 糙米、圓糯米洗淨，糙米泡水約2小時備用。
2. 將兩種米放入電鍋內鍋中，加入適當水量、龍眼乾、核桃，外鍋加入1杯水煮至開關跳起，繼續燜約5分鐘，起鍋時趁熱將砂糖拌勻調味即可。

營養師小叮嚀

成長中的寶寶需要充足營養，若正餐食量不大，家長可製作此點心於餐間食用，避免直接供應餅乾或甜食。

小米

Data

別名：粟米。

盛產季節：小米為原住民光復前及光復前其口之主要糧食，小米雖屬於雜糧作物，但種類已達八十種之多，產期為七月至九月。

挑選原則：色澤金黃、顆粒渾圓、晶瑩明亮、黏糯芳香。

清洗方法：將較大雜質挑出，以清水簡單清洗即可。

營養成分：

小米富含蛋白質、膳食纖維及維生素B群。

但是小米所含的蛋白質屬於不完全蛋白，缺乏必需胺基酸之離胺酸，不建議長期以小米作為主食，比較適合作為副材料或點心。攝取小米會同時吃進其穀物外皮，纖維質可預防便祕，避免腸道中有害物質堆積，維持腸道健康。

至於維生素B群：包括維生素B1、葉酸及菸鹼素，其中以菸鹼素最豐富，有助腦神經的運作與維持皮膚健康。

食用功效：

性涼味甘，適於脾胃虛弱、不思飲食、消化不良、嘔吐腹瀉等情況食用。

保鮮方式：

以密閉容器盛裝，置於陰涼乾燥處存放。

○ 這樣吃100分：

小米+豆類：小米因缺乏必需胺基酸之離胺酸，豆類含量較較為少的是甲硫胺酸與色胺酸，兩種食物搭配可以互相補足各自的限制胺基酸。

✕ 這樣吃不OK：

小米+自來水：一般自來水含氯，在烹煮小米的過程中可能破壞維生素B1，因此比較建議用冷開水。

雞蓉小米粥

材料及份量

雞腿肉40公克、小米80公克

調味料

鹽、醬油膏1茶匙、太白粉1茶匙

作法

1. 小米洗淨，泡水約1小時後瀝乾水分備用。
2. 雞腿肉洗淨剁成細泥，以醬油膏、太白粉醃漬備用。將兩項材料放入電鍋內鍋中，加入冷開水，外鍋加入2杯水煮至開關跳起，繼續燜約5分鐘，起鍋前調味即可。

營養師小叮嚀

採用腿肉所製成的雞蓉，質地細軟，適合幼童咀嚼。

黃金米香酥

材料及份量

小米350公克、壽司海苔3片、黑芝麻1小匙

調味料

芥花油、水70C.C.、鹽3公克、麥芽糖90公克、二號砂糖150公克

作法

1. 小米洗淨風乾，炸成米香。
2. 將水、麥芽糖、二號砂糖入鍋中一起加熱至180℃。將米香、黑芝麻和糖漿翻攪拌勻，入平盤整型，趁熱切塊再以海苔包覆即可。

營養師小叮嚀

成長中的幼童需要適當的油脂，芥花油富含多元不飽和脂肪且適於高溫烹調。

蓮子

Data

別名：蓮蓬子、藕實

盛產季節：每年七至十月為盛產期。

挑選原則：市售蓮子有乾品與鮮品2種。新鮮蓮子應挑選表面完整、質感圓實，表皮感爽無黏液。乾蓮子選擇無受潮發霉，聞起來無嗆鼻的刺激味道者。

清洗方法：將蓮子心挑出，以清水洗淨即可。

營養成分：

蓮子含有澱粉、維生素B群及各種礦物質。澱粉即所謂醣類，食後人體血清素分泌增加，有助舒緩壓力，安定情緒。

維生素B群可維持神經系統的正常運作，舒緩壓力、消除疲勞，是天然的舒壓劑。蓮子含有的鈣、鎂和鋅元素，可鬆弛神經、緩和情緒，調節心跳與肌肉收縮。鎂與鈣維持平衡時，有助於神經傳導、肌肉收縮、骨骼代謝、心跳規律，對於睡眠品質也有所幫助。

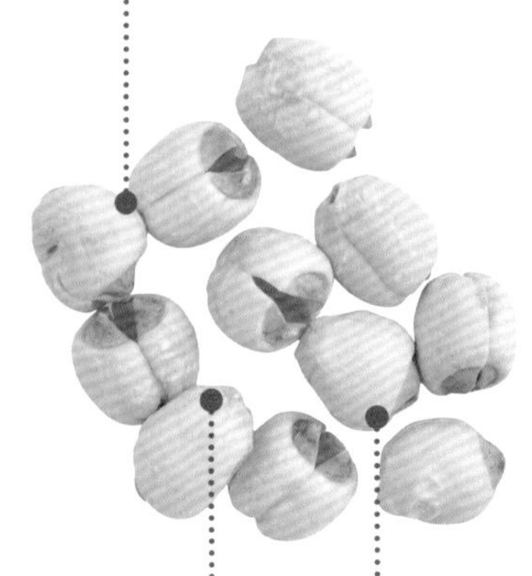

食用功效：

性平味甘澀，具有清心益腎、收斂鎮靜和輕微的滋養功效，適於脾腎虧虛、心慌、失眠多夢、體虛等症狀之人食用。

保鮮方式：

新鮮蓮子直接裝袋於冷藏儲存並盡快烹煮食用。通常乾製品建議使用密封包裝置於室溫陰涼乾燥處儲存。

○ 這樣吃100分：

蓮子+山藥：蓮子營養豐富，含有多種礦物質和維生素，具有靜安神的功效，與山藥一起食用更具養心作用。

✕ 這樣吃不OK：

蓮子+茶：蓮子富含鈣質，若和含有單寧和草酸的茶類一起食用，容易於消化過程中結合而降低鈣質的吸收。

蓮蓉香橙奶酪

材料及份量

全脂奶180公克、原味優格140公克、動物性鮮奶油80公克、乾蓮子60公克、柳橙汁50公克、吉利丁片10公克

調味料

細砂糖40公克

作法

1. 蓮子洗淨以電鍋蒸軟並搗成泥、吉利丁片入冰水浸軟後撈出擠乾水分備用。
2. 全脂奶、動物性鮮奶油、細砂糖攪拌煮至砂糖完全融化即停火，加入泡軟之吉利丁片攪拌至完全溶解，然後倒入原味優格、柳橙汁拌勻備用。
3. 先於杯底鋪上蓮蓉，將前述之漿液以細篩過濾，加入杯中，以小湯匙戳破上層表面氣泡，將成品置於冰箱冷藏。凝固後即可取出食用。

營養師小叮嚀

記得以細篩過濾，避免未溶的食材而影響口感。香橙酸甜滋味加上蓮子的食療之效，不僅滋養、穩定情緒，亦可提振食欲。

菱角

Data

別名：菱、水花生菱、元寶紅菱、水中落花生

盛產季節：每年九至十一月間盛產，而五至八月也有產量，但量較少。

挑選原則：新鮮當季菱角應挑選角型明顯、本體飽滿圓實。生食要挑選嫩菱，吃起來味甜清香，而煮食則以老菱為佳，煮熟越嚼越香。

清洗方法：外殼以刷子、清水刷洗乾淨，去除泥土與薑片蟲卵、蟲體即可。

營養成分：

菱角含有醣類、礦物質及菸鹼酸。菱角含豐富的醣類，煮熟當作主食，適量食用可以充飢，提供熱量來源。或與肉類燉煮，如同馬鈴薯入菜，異曲同工，但別有不同風味。此外，菱角含豐富的鉀，鉀為細胞內主要離子，有助於水分與鈉鉀平衡、心跳規律等。尤其菱角含有菸鹼酸，有助腦神經的運作與維持皮膚健康。

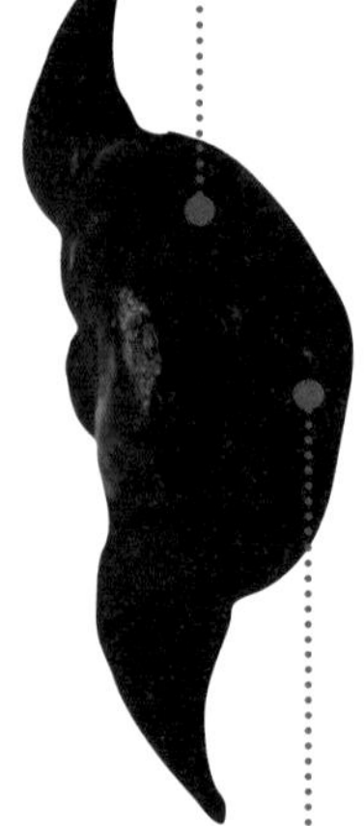

食用功效：

生食性涼味甘、熟食性平味甘，具有清熱解暑之效，適於暑熱煩渴、腰腿筋骨疼痛之症。

保鮮方式：

新鮮當季菱角裝袋於冷藏儲存並盡快烹煮食用。

O 這樣吃100分：

菱角+豆腐：豆腐性微寒味甘，含豐富蛋白質，質地柔軟，與熟菱角共食不但營養好吃，可滋養脾胃，是適合夏天的菜餚。

X 這樣吃不OK：

菱角生吃：菱角多食、生吃較容易損及脾胃，而且生食菱角還要小心菱殼上的「薑片蟲」，成人如要生食前一定要浸泡、清洗，還要「刷」乾淨，不然吃下薑片蟲可是非常麻煩的。建議不宜供應生菱角予幼童。

營養師小叮嚀

菱角、芋頭、馬鈴薯、甘薯、南瓜等皆為「全穀根莖類」，主要提供澱粉（醣類），因此，類似的料理變化，可以依喜好而作不同的組合，例如馬鈴薯或南瓜燉肉。

菱角燒肉

材料及份量

菱角80公克、胛心肉140公克、薑末2公克、芋泥1大匙、香菜末5公克、香油1茶匙

調味料

醬油1.5茶匙、蠔油1大匙、糖1/2茶匙

作法

1. 胛心肉切小塊備用。取一大碗，加入肉塊、醃料(醬油、蠔油、糖)、薑末抓勻至肉吸收，再下菱角、芋泥抓勻，放入內鍋，再倒入香油備用。
2. 將內鍋放入電鍋，外鍋倒2杯水。起鍋前撒上香菜末悶兩分鐘即可盛盤。

菱角甜湯

材料及份量

去殼菱角50公克（切小丁）、紫山藥丁50公克、地瓜丁2大匙、水350C.C.

調味料

椰漿1杯，砂糖少許

作法

1. 水放入鍋中先煮沸，關文火放入菱角丁、紫山藥丁、地瓜丁煮1小時。
2. 加糖與椰漿，熄火待溫涼，即可食用。

營養師小叮嚀

這道可說是寶寶的最佳點心，烹煮過程以小火慢煮，更能讓食材釋出甜味，因此砂糖可酌量少加。

紅豆

Data

別名：小豆、赤豆、飯豆

盛產季節：紅豆生長期短，從播種到收成只需要九十天左右，主要產期在十二月下旬至翌年二月上旬。

挑選原則：挑選粒型飽滿圓實、無雜質、無霉味、顏色較鮮艷、沒有被蟲蛀過者。

清洗方法：挑除雜質沙石，以清水洗淨塵土後即可。

營養成分：

紅豆富含鉀、維生素B群及膳食纖維。其中每百公克的紅豆含有將近1000毫克的鉀，有利促進多餘水分鈉和廢物的排出，幫助新陳代謝，有助於利尿消腫。

紅豆的纖維質含量也相當豐富，有刺激腸胃蠕動、使排便順暢的效果。此外，紅豆富含維生素B群及菸鹼酸，能促進醣類脂肪與蛋白質的代謝。

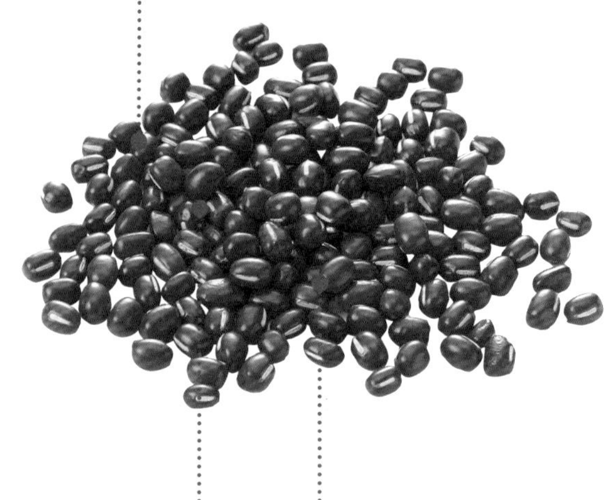

食用功效：

性平味甘酸，中醫用於療治腳氣浮腫、產後乳少、小便不利等。

保鮮方式：

袋裝乾燥紅豆於室溫下陰涼處儲存。

O 這樣吃100分：

紅豆+草莓：紅豆含有鐵質，如果能和富含維生素C的草莓一起吃，可以幫助鐵質的轉換與吸收。

X 這樣吃不OK：

紅豆+茶：富含鐵質的紅豆，若和含有單寧酸的濃茶一起食用，單寧酸與鐵結合凝結，不利鐵質的吸收。

紅豆抹茶奶酪

材料及份量

紅豆60公克、市售的抹茶奶酪2個

調味料

糖少許

作法

1. 紅豆洗淨後浸泡5小時。將紅豆、1000C.C.的水以中火煮滾後轉小火悶煮30～50分鐘（若用電鍋則外鍋加量米筒1～2杯的水）。
2. 倒除多餘的水，趁熱加入砂糖拌勻，悶煮兩小時成蜜紅豆，置於抹茶奶酪上。

營養師小叮嚀

紅豆經過長時間浸泡，比較容易煮爛。搭配抹茶奶酪是營養豐富又可口。

紅豆小湯圓

材料及份量

紅豆60公克、小湯圓60公克

調味料

糖少許

作法

1. 紅豆洗淨後浸泡5小時。將紅豆、500C.C.的水以中火煮滾後轉小火悶煮30分鐘（若用電鍋則外鍋加1杯水）。
2. 加入小湯圓繼續煮約5分鐘，起鍋後加糖到自己喜愛的甜度。

營養師小叮嚀

製作時，一定要購買直徑約0.5公分的小小湯圓，而且在旁協助進食，避免一口氣吞食多顆。

松子

Data

別名：松子仁、羅松子、松米

盛產季節：每年秋冬果子成熟為盛產期。

挑選原則：挑選粒型飽滿圓實、無雜質、無油耗味者。

清洗方法：取適當用量，以清水沖洗約兩次後瀝乾水分備用。

營養成分：

松子含有豐富的蛋白質、維生素E、維生素B群及鋅等礦物質。人體需要足夠的蛋白質，使得免疫細胞和抗體結構完整，免疫系統才能正常運作。松子中豐富的維生素E能活化T細胞，增加抗體的數量，使得身體對抗濾過性病毒、細菌與癌細胞的能力增強；足夠的維生素E可防止白血球細胞膜的脂質過氧化，維持白血球穩定性以提升人體免疫力。

松子富含維生素B群、菸鹼素，能幫助免疫系統製造抗體，維護T細胞集中於胸腺，有益健康、消除疲勞、恢復體力。此外，松子也富含鋅，就身體的需要量而言雖屬微量元素，但對於生殖、發育、成長以及健康的維持相當重要。

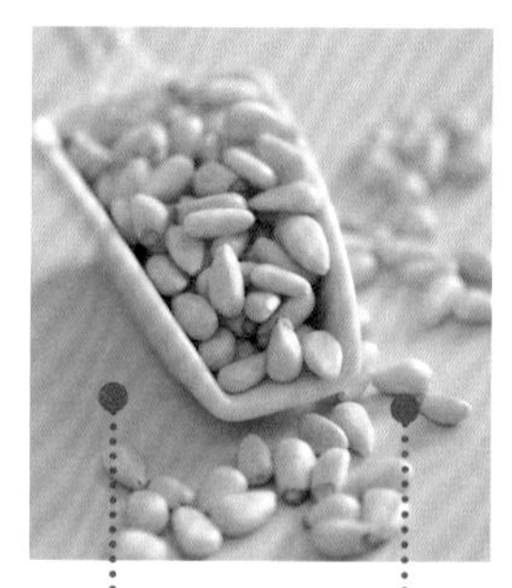

食用功效：

性平微溫，味甘。益氣、潤肺、滑腸。適於體虛短氣、口溫便秘、毛髮皮膚乾燥者。腹瀉、腸胃不適者慎用。性微溫，過食易發熱毒，不可過量食用。

保鮮方式：

松子含有70.5%油脂，容易氧化，建議要密封保存，保持乾燥。

○ 這樣吃100分：

松子+菠菜：富含維生素E的松子與富含維生素A的菠菜同食，油脂、維生素E能保留住維生素A，吸收效果更佳。

✕ 這樣吃不OK：

松子+酒類：松子70.5%的油脂雖多為不飽和脂肪，但酒類含乙醇，尤其高濃度烈酒，長期搭配過量，乙醇也會代謝成脂肪，易發生脂肪於內臟堆積，例如脂肪肝。因此，成人飲酒除應適量外，也應避免以高脂食物當下酒菜。

水果松子凍

材料及份量

有機黃豆45公克、柳丁2個、松子9公克，開水、洋菜粉各適量

作法

1. 黃豆洗淨後浸泡5小時，柳丁切半，挖出果肉。
2. 將黃豆洗淨蒸熟，松子烘烤出香氣。
3. 所有食材加開水以高速料理機攪打成豆漿，加入洋菜粉拌勻，再倒回柳丁中，待凝固切塊即可。

營養師小叮嚀

黃豆帶皮、不濾渣，烤過的松子帶有芳香，這真是一道老少咸宜的健康美味點心。

核桃

Data

別名：胡桃、核桃仁、羌桃

盛產季節：每年冬季、春季為盛產期。

挑選原則：挑選粒型飽滿完整、無雜質、無油耗味者。

清洗方法：如直接購買帶殼者，以特殊工具（胡桃鉗）破殼取出無需清洗。如購得剝除外殼之包裝核桃仁，通常也是清潔可食、無需清洗的。

營養成分：

核桃富含蛋白質、α-亞麻酸、維生素B群、及礦物質鎂與鋅等成分。

蛋白質成份中含有胺基酸之色胺酸，有助舒緩壓力、穩定情緒、改善睡眠。「α-亞麻酸」（ALA，即Alpha-Linolenic Acid）能在人體轉化成DHA及EPA，對腦部及心臟健康有益。核桃富含維生素B群，可以維持神經系統正常運作。

維生素B群參與許多營養素之代謝，提振精神，是天然的舒壓劑。此外，核桃含有鎂，人體內鈣與鎂維持平衡時，有助於神經傳導、肌肉收縮、骨骼代謝、心跳規律、睡眠安穩等。

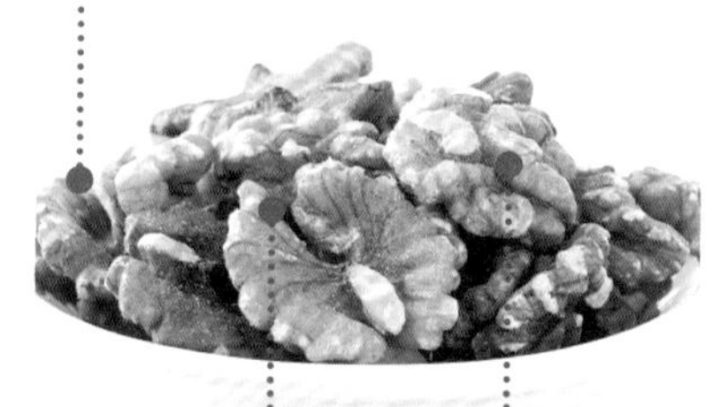

食用功效：

性溫味甘，中醫應用於強腎補腦、益肝強筋壯骨、潤燥化痰、滋養血脈等。火氣大、燥熱的人少吃。慢性腎衰竭者慎用，因為核桃含磷量較高。

保鮮方式：

核桃含71.6%油脂，容易氧化，建議密封保存，保持乾燥。

○ 這樣吃100分：

核桃+南瓜：富含維生素E的核桃搭配具有葉黃素、維生素B2（核黃素）的南瓜，有助於視網膜、血管、皮膚的健康，不僅鼓勵銀髮族食用，也很適合幼童。

✕ 這樣吃不OK：

核桃+生牡蠣：牡蠣含有維生素B1分解酶會破壞核桃中維生素B1，因此成人應避免同口進食此兩種食物。

核桃南瓜糙米漿

材料及份量

南瓜150公克，核桃1大匙，糙米飯50公克

作法

1. 南瓜洗淨，切成小塊，放入電鍋中蒸熟，取出。
2. 所有材料放入果汁機中，加入200C.C.的開水，攪打均勻即可，

番薯核桃麻糬

材料及份量

番薯1個、紅豆沙餡150公克、糯米粉1杯、葡萄乾、核桃末各適量

作法

1. 番薯去皮、切片，蒸熟後壓成泥狀，拌入糯米粉，做成糰狀。
2. 番薯糰分成數等份，分別包入紅豆沙餡與核桃末，揉圓，表面輕劃幾刀，頂端放上一個葡萄乾，移入蒸籠中蒸熟，即可取出。

南瓜子

Data

別名：南瓜籽、南瓜仁、白瓜子、金瓜子

盛產季節：每年六至九月為盛產期。

挑選原則：挑選粒型飽滿完整、無雜質、無油耗味者。

清洗方法：如直接購買帶殼者，破殼取出無需清洗。如購得剝除外殼之包裝南瓜子仁，通常也是清潔可食、無需清洗的。

營養成分：

南瓜子含有維生素E、維生素B群、礦物質鎂與鋅等營養成分。南瓜子所含的維生素E有益於血液循環，保持血管通暢；足夠的維生素E可防止細胞膜的脂質過氧化，維持人體正常代謝。南瓜子也富含維生素B群，可以維持神經系統正常運作。

維生素B群參與許多營養素之代謝，能提振精神，是天然的舒壓劑。此外，南瓜子堪稱核果類含鎂量第一名。人體內鈣與鎂維持平衡時，有助於神經傳導、肌肉收縮、骨骼代謝、心跳規律、睡眠安穩等；鎂也是調節代謝相當重要的營養素，參與許多酵素反應。

食用功效：

性平味甘。慢性腎衰竭者慎用，因為南瓜子含磷量非常高，每百公克南瓜子含有981毫克的磷。

保鮮方式：

南瓜子含有油脂，容易氧化，建議要密封保存，保持乾燥。

○ 這樣吃100分：

南瓜子+奇異果：南瓜子富含維生素E，每百公克也含12.2毫克的鐵質，搭配含有維生素C的奇異果，可同時強化維生素E效用與提高鐵質轉化利用率。

✕ 這樣吃不OK：

南瓜子+茶：富含鐵質的南瓜子，若和含有單寧酸的濃茶一起食用，單寧酸與鐵結合凝結，不利鐵質的吸收。

營養師小叮嚀

南瓜子、葵瓜子等顆粒如打成末或泥再和其他食材拌在一起，對於兩歲以上的孩童比較容易進食。

南瓜彩鬆

材料及份量

西生菜150公克、南瓜子1大匙、紅蘿蔔丁、豆乾丁、玉米丁、豌豆丁各2大匙

調味料

醬油1小匙。

作法

1. 將西生菜洗淨，剪成圓形備用。
2. 南瓜子洗淨，攪打成末備用。
3. 鍋中放入少許的油加熱，放入紅蘿蔔丁、豆乾丁、玉米丁、豌豆丁一起炒熟，加入調味料調味，取出後，待涼，放入西生菜中，再撒上南瓜子末即可。

南瓜煎餅

材料及份量

南瓜150公克、南瓜子仁20公克、中筋麵粉70公克、在來米粉50公克，水60cc、蔥花10公克

調味料

鹽2公克，葵花油2大匙

作法

1. 南瓜子前一晚洗淨，熱開水浸泡。南瓜削皮後切大塊狀，與南瓜子放入蒸鍋中蒸熟，取出趁熱搗成泥狀，放涼。
2. 將南瓜泥、南瓜子仁與中筋麵粉、在來米粉、蔥花、鹽拌勻，並以少量加水的方式逐次加入，全部食材攪拌成均勻的糊狀，靜置約20分鐘備用。熱鍋，加入葵花油，再倒入麵糊，以小火煎約1分鐘後翻面，用鍋鏟壓扁成麵餅，兩面煎至呈金黃色即可。

營養師小叮嚀

這是一道將南瓜與南瓜子仁一同入菜的料理。作給幼童時南瓜子仁需要泡軟，如果單純是成人要吃則免。

腰果

Data

別名：介壽果、伯公果

盛產季節：每年三至五月成熟為盛產期，台灣中、南及東部僅有零星栽植，多為進口，終年皆可購得。

挑選原則：挑選粒型飽滿完整、無雜質、無油耗味者。

清洗方法：取適當用量，以清水沖洗約2次後瀝乾水分備用。

營養成分：

腰果含有豐富的蛋白質、不飽和脂肪酸、維生素B群及鎂、鋅等營養。腰果的營養成分有75%是不飽和脂肪酸，而這不飽和脂肪酸中有75%是油酸（Oleic acid），它和對心臟健康有益的橄欖油（Olive oil）成份相似。核桃含維生素B群，可以維持神經系統正常運作。

維生素B群參與許多營養素之代謝，能提振精神。另外，腰果含有鎂、鋅，人體內鈣與鎂維持平衡時，有助於神經傳導、肌肉收縮、骨骼代謝、心跳規律、睡眠安穩等。

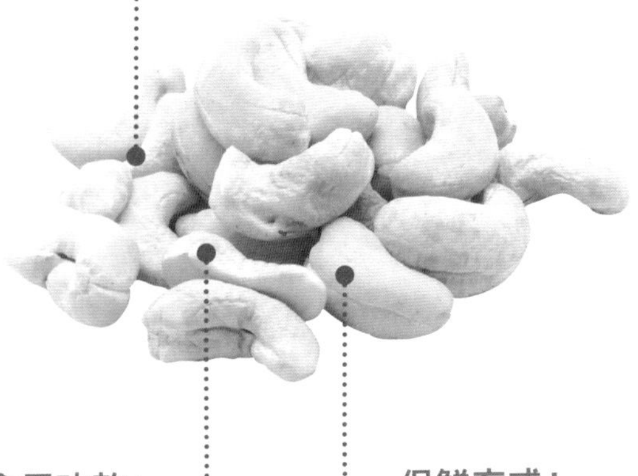

食用功效：

腰果味甘、性平，中醫學認為腰果仁「主渴、潤肺、去煩、除痰」。

保鮮方式：

腰果含有46%油脂，容易氧化，建議要密封保存，保持乾燥。

○ 這樣吃100分：

腰果+玉米：腰果蛋白質含量高，所含胺基酸的種類與穀物中胺基酸的種類互補，因此，適當攝入腰果，對於以穀物、蔬菜為主的素食者來說非常有益。

✕ 這樣吃不OK：

腰果+生魚片：生魚片或未煮熟的海鮮都含有維生素B1分解酶會破壞腰果中維生素B1，因此成人應避免同時進食此兩種食物。

營養師小叮嚀

煮過的腰果柔軟容易咀嚼，選用胛心肉且經過嫩化處理，搭配山藥煮湯，有益脾胃。

腰果肉片湯

材料及份量

胛心豬肉100公克、腰果25公克、甜椒丁、山藥丁各1大匙

調味料

鹽、太白粉1茶匙

作法

1. 胛心豬肉洗淨、拍打，切片加少許水與太白粉抓嫩，川燙去血水備用。
2. 鍋中裝水以大火煮開加入腰果，轉小火繼續熬煮至食材軟化，轉中火加入豬肉片與其他食材續煮2分鐘，起鍋前調味即可。

腰果香蕉奶

材料及份量

香蕉1/2根、全脂奶240c.c.、腰果10公克

作法

1. 將腰果洗淨，以熱開水浸泡或蒸軟。
2. 將腰果、香蕉放在果汁機並加入全脂奶攪打均勻即可。

營養師小叮嚀

香蕉牛奶是常見的水果調味飲品，加入腰果，營養強化更升級。

芝麻

Data

別名：脂麻、胡麻（芝麻有黑、白兩種）

盛產季節：每年六至九月為盛產期。

挑選原則：挑選粒型飽滿完整、無雜質、無油耗味者。

清洗方法：市售芝麻通常是清潔可食、無需清洗。

營養成分：

芝麻含有維生素E、豐富的鈣質及鐵質。每百公克芝麻含有2～3（α-TE）維生素E，製成芝麻醬之後提升至25（α-TE），原因是其外皮不易咬碎、消化。

此營養素有益於血液循環，保持血管通暢；足夠的維生素E可防止細胞膜的脂質過氧化，維持人體正常代謝。黑芝麻含有高量的鈣質，每百公克黑芝麻含有1456毫克的鈣質，有助於鞏固牙齒與強健骨骼。另外，黑芝麻較白芝麻含有高量的鐵質，能輔助抗養化酵素，保護細胞。

食用功效：

根據《本草綱目》，芝麻味甘、性平，是屬於強壯滋養藥物，而且能補中益氣、滋養五臟、強健筋骨、潤滑腸胃。

保鮮方式：

芝麻含有油脂，容易氧化，建議要加以密封保存，保持乾燥。

O 這樣吃100分：

芝麻+甜椒：芝麻醬富含維生素E、鐵質，搭配含有維生素C的甜椒（紅、橙、黃），可同時強化維生素E效用與提高鐵質轉化利用率。

X 這樣吃不OK：

芝麻+茶：富含鐵質的黑芝麻，若和含有單寧酸的濃茶一起食用，單寧酸與鐵結合凝結，不利鐵質的吸收。

芝麻+菠菜：富含鈣質的黑芝麻，若和含有草酸的蔬菜一起食用，草酸與鈣結合成草酸鈣排出，降低鈣質的吸收。

麻醬雞絲麵

材料及份量

淡味白麵線100公克、去骨雞腿肉80公克、小黃瓜20公克、紅椒15公克、黃椒15公克

調味料

香油2茶匙、芝麻醬(可選擇黑白混合的口味)1湯匙

作法

蔬菜類洗淨、切細絲備用。雞腿肉洗淨、拍打,燙熟取出放涼,以手撕開成雞絲。鍋中裝水以大火煮開加入麵線,再轉中火煮至麵線可切斷,起鍋以香油拌勻調味即可。再以一鍋滾水燙過蔬菜,撈起放在麵線上、擺上雞絲,淋上芝麻醬即可。

營養師小叮嚀

對於兩歲孩童的飲食避免調味過重,選用淡味白麵線因為含鈉量較低。

棗泥芝麻糊

材料及份量

紅棗8顆、燕麥片25公克、蓬來米粉25公克 黑芝麻粉3湯匙、水600C.C.

調味料

紅糖適量

作法

1. 紅棗泡軟,將紅棗、水及燕麥片一同置入調埋機打成泥狀,將紅棗燕麥泥倒入鍋內,以中火慢煮。
2. 煮好時再加入黑芝麻粉、蓬來米粉,稍稍攪拌避免糊鍋,也可視個人加水調整濃稠度。煮沸後於依個人喜好加入適量紅糖,就完成了棗泥芝麻糊。

鮭魚

Data

別名：馬哈魚、三文魚

盛產季節：每年九至十二月為盛產期。

挑選原則：鮭魚有豐富的油脂、肉質鮮美，適合做煙燻、生魚片、煎魚排等料理。挑選鮭魚片時避免買到軟爛的魚肉，肉色以鮮橘色最佳，如已轉為粉紅色，可能是泡水過久、失去鮮度。

清洗方法：取當餐需要的用量，以清水沖洗約兩次後，瀝乾水分備用。

營養成分：

鮭魚含有豐富的蛋白質、維生素E及不飽和脂肪酸等營養成分，尤其鮭魚含有高生理價值的蛋白質。鮭魚的維生素E很豐富，具有擴張末稍血管、促進血循環作用。

足夠的維生素E可防止細胞膜的脂質過氧化，維持人體正常代謝。另外，大家都耳熟能詳的，鮭魚富含脂肪，有55%單元不飽和脂肪酸，含兩種ω-3脂肪酸DHA及EPA，因此具有清血、降低血膽固醇、預防視力減退、活化腦細胞及預防心血管疾病等功效。

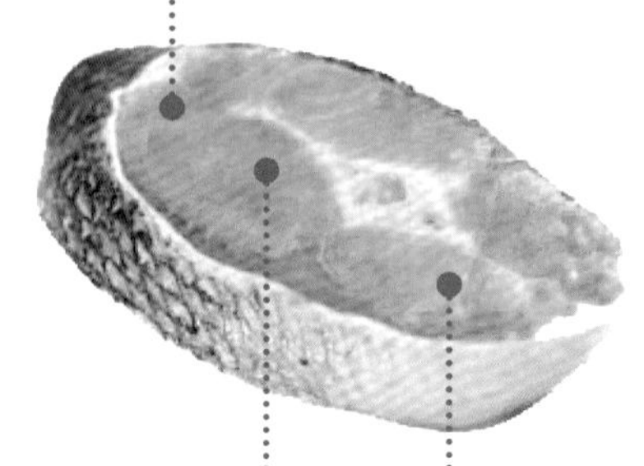

食用功效：

性平味甘，從中醫角度來看，吃魚肉可以強壯脾胃、加速水分代謝。

保鮮方式：

購買回來之後分裝成每次需要之量，分袋保存在攝氏零下十八度的冷凍庫中，避免經過解凍後再冷凍，因為會影響其鮮度及風味。

○ 這樣吃100分：

鮭魚+乳酪：鮭魚含有維生素B1、維生素B2、維生素B6，含有色胺酸的乳酪可轉換上述維生素為菸鹼素，加上鮭魚也有維生素B12的含量，有助皮膚生成與維護神經系統功能。

✕ 這樣吃不OK：

鮭魚+酸味水果：鮭魚富含蛋白質，如和蘋果、葡萄、橘類等水果大量的食用，蛋白質易變性沉澱而有腸胃不適，增加腹瀉機率。

鮭魚炒飯

材料及份量

鮭魚70公克、白飯1碗、雞蛋1顆、杏鮑菇20公克、松子7公克、蔥花少許

調味料

橄欖油2茶匙、鹽

作法

1. 杏鮑菇洗淨、切小片備用。鮭魚洗淨、抹鹽，以不沾鍋煎熟，壓成鮭魚鬆。
2. 起油鍋炒蛋，分別加入杏鮑菇、白飯炒熱，當飯粒分明時，再加入鮭魚鬆、松子、蔥花拌炒。
3. 先試嚐味道，必要時用適量鹽調味即可。

營養師小叮嚀

對於兩歲孩童，所使用的白飯別太乾硬。杏鮑菇也可以菜葉取代。

焗烤鮭魚通心粉

材料及份量

鮭魚70公克、通心粉50公克、炒香洋蔥丁1/2個、洋菇、毛豆（豌豆）各10公克、鮮奶200cc、披薩專用起司

作法

1. 鮮奶倒入麵糊煮滾備用，洋蔥、鮭魚切丁，蘑菇切片、毛豆先燙熟，將麵粉加奶油炒成麵糊。
2. 再加入洋菇、鮭魚、毛豆拌炒加少許鹽調味、加上通心粉和一半的鮮奶麵糊調勻。小烤盤先抹上少許奶油將炒好的通心粉裝盤，淋上另一半的鮮奶麵糊，鋪上披薩專用起司，放入已預熱10分鐘的烤箱烤30分鐘，表面呈焦黃即可。

肝臟

Data

別名：豬肝、雞肝、鴨肝、鵝肝

挑選原則：選購以紅潤光澤、有彈性，沒有腫塊和白斑者。

營養成分：

動物性肝臟含有多種豐富的營養成分，除了高生理價值的蛋白質之外，尤其富含維生素B群、維生素A及鐵質、鋅等營養。動物性肝臟富含維生素B群，例如菸鹼素與維生素B12，可以維持神經系統正常運作。

維生素B群參與許多營養素之代謝，提振精神，舒解壓力。富含的維生素A，有助於維持呼吸道黏膜、上皮細胞膜、視網膜健康。此外，鐵質含量豐富，血基質鐵吸收效率較植物性來源高，可以預防與改善貧血。豬肝也富含鋅，鋅是體內抗氧化酵素的輔因子，避免自由基對細胞的傷害。

食用功效：

性溫味甘，補肝明目、補益血氣。

保鮮方式：

購買回來之後冷藏保存，盡快烹煮食用，以免鮮度及風味變差。

○ 這樣吃100分：

豬肝+韮菜：豬肝的膽固醇含量高，與富含膳食纖維的韮菜一起食用，以減少腸道對膽固醇的吸收。

✕ 這樣吃不OK：

鵝肝+甜椒：鵝肝的含銅量高，而甜椒的維生素C豐富，兩者一起吃，維生素C氧化，營養價值下降。

雞肝豬肉堡

材料及份量

雞肝180公克、豬絞肉150公克、薑末10公克、蔥段5公克

調味料

橄欖油2茶匙、鹽、太白粉1茶匙

作法

1. 雞肝洗淨、剁碎，蔥洗淨後，切成小丁備用。
2. 鍋中放入所有材料與調味料一起攪拌均，塑成圓形後壓扁。
3. 平底鍋中加入少許的油燒熱，放入一個個雞肝豬肉堡，煎至兩面金黃熟透即可。

營養師小叮嚀

雞肝使用薑片、蔥段可以去除腥味。
加入太白粉可以保有濕潤度。

海參

Data

別名：赤參、海瓜、大海之珍

盛產季節：每年春季和秋冬兩季為盛產期。

挑選原則：海參大多製成乾貨販售。如購買已漲發好的海參宜多加沖洗，以避免攝取到不肖商人所使用的防腐催發劑。

清洗方法：對中縱切，刮除泥沙以清水沖洗約2次。

營養成分：

海參含有高生理價值的蛋白質、維生素E及硒等營養。攝取海參獲得蛋白質卻不需擔心膽固醇的問題。赤參所含的維生素E具有擴張末稍血管、促進血循環作用。

足夠的維生素E可防止細胞膜的脂質過氧化，維持人體正常代謝。另外，海參中的硒，是體內抗養化酵素的重要構成物質，增強免疫系統，促進自由基的排除。

食用功效：

性溫味甘鹹，從中醫角度來看，海參可以補腎氣、益精血。

保鮮方式：

乾貨品以保持乾燥儲存。已經漲發者購買回來之後冷藏保存，盡快烹煮食用。

O 這樣吃100分：

海參+紫菜：低脂、零膽固醇並含有動物性蛋白的海參搭配高纖的紫菜，非常適合高血脂症的人食用。

X 這樣吃不OK：

海參+蘋果：海參富含蛋白質，如和含有鞣酸的蘋果一起食用，蛋白質可能變性沉澱而不利消化吸收。

髮菜海參羹

材料及份量

海參200公克、髮菜3公克、香菜末少許

調味料

蠔油2茶匙、鹽、太白粉1茶匙

作法

1. 海參從中縱切，刮除泥沙以清水沖洗約兩次後，切長條塊備用；香菜洗淨，切末。
2. 以水烹煮海參至熟。加入髮菜與蔥花，並以蠔油和適量鹽調味，起鍋時勾薄芡即可。

營養師小叮嚀

具有湯汁的羹，常是幼童較能接受的菜餚。口味調和清淡者，當湯喝；味香濃郁者，當燴汁拌飯。

香炒海參

材料及份量

海參2條、青江菜3棵、嫩薑末3公克、紅蘿蔔絲10公克

調味料

蠔油2茶匙、鹽、太白粉1茶匙

作法

1. 海參從中縱切，刮除內臟以清水沖洗約2次後，切1公分薄片狀；青江菜洗淨。
2. 鍋中放入適量的油燒熱，爆香薑末再放入海參與紅蘿蔔絲炒熟，最後放入青江菜快炒，加入調味料調味即可。

營養師小叮嚀

餵食兩歲幼童時可將成品橫切成1公分薄片狀，方便就口。

蛤蜊

Data

別名：蛤仔、蛤

盛產季節：夏秋之為市面上容易購買的時節。

挑選原則：若在水中挑選以殼體微開，伸出少許肉質呼吸的新鮮活體較佳。將蛤蜊移出水面會緊閉雙殼，若是張開或不閉殼，表示已死亡。取兩個蛤蜊互相輕輕敲擊，若聲音清脆堅實，則為新鮮品。殼面的色澤較淡者，通常居住環境的水域比較乾淨，含沙量較少。

清洗方法：烹調前或冷凍保存時需要先吐泥沙，外殼需以清水沖洗，用手或海棉摩擦沖洗約2～3次。

營養成分：

蛤蜊含有許多營養成分，包括高生理價值的蛋白質、維生素B群、鐵質，以及珍貴的牛磺酸等。蛤蜊富含維生素B群，例如菸鹼素與維生素B12，可以維持神經系統正常運作。維生素B群參與許多營養素之代謝，提振精神，舒解壓力。

此外，富含鐵質，其吸收效率較植物性來源高，預防與改善貧血。最重要的是蛤蜊含有豐富的牛磺酸，能夠促進脂肪與膽固醇的代謝，能降低血脂肪、強化肝臟解毒功能。人體自行合成的牛磺酸不足平日所需，故需要由食物中補充。

食用功效：

性寒味鹹，從中醫角度來看，蛤蜊有助於清熱利濕、化痰軟堅、滋陰生津。

保鮮方式：

購自市場後，當日烹煮食用尤佳。如未當日烹煮，於吐沙、清洗後，盛於水中放冷藏，或撈起裝入袋中放冷凍保存。

○ 這樣吃100分：

蛤蜊+紫菜：蛤蜊含有豐富的牛磺酸，與富含高纖的紫菜一起料理食用，非常適合高脂血症的人食用，預防動脈應化與高血壓。

✕ 這樣吃不OK：

蛤蜊+茶：富含鐵質的蛤蜊，若和含有單寧酸的濃茶一起食用，單寧酸與鐵結合凝結，不利鐵質的吸收。

蛤蜊絲瓜

材料及份量

去皮絲瓜200公克、文蛤約20顆、蒜頭1粒、薑絲5公克

調味料

橄欖油1茶匙、蠔油1茶匙、鹽少許。

作法

1. 去皮絲瓜切3公分長條。
2. 起油鍋，炒香蒜頭，將絲瓜炒至熟軟，加入文蛤並調味，煮開後起鍋，食用時挑除文蛤外殼。

營養師小叮嚀

蛤蜊煮開已熟即可，切勿烹煮過久，以免肉質太老。

蒜香蛤蜊

材料及份量

文蛤約30顆、蒜頭3粒、薑絲5公克

調味料

蠔油1茶匙、醬油1茶匙。

作法

1. 起油鍋，炒香蒜頭。
2. 將文蛤炒至開殼，加入薑絲並調味，煮開後起鍋。
3. 食用時挑除文蛤外殼即可。

蚵仔

Data

別名：牡蠣、蠔、生蠔、海蠣子

盛產季節：夏秋之季為市面上容易購買的時節。

挑選原則：蚵仔要買帶殼，且肉質柔軟膨脹、黑白分明較新鮮，而去殼的蚵仔，則要先看體型，以肉質肥厚鮮嫩，光滑飽滿，品質較好。聞起來不會有腥臭味，新鮮衛生為首選。外型不要太大顆，否則容易受到重金屬的污染。色澤自然，無偏綠的現象，否則可能含有過量銅。

清洗方法：蚵仔浸泡的水質不混濁，鮮度較佳。以清水沖洗約2～3次。

營養成分：

蚵仔富含多種礦物質如鐵、鋅等，也含有維生素B群及高生理價值的蛋白質。蚵仔富含鐵質，吸收效率較植物性來源高，可以預防與改善貧血。其中亦蚵仔富含鋅，鋅是體內抗氧化酵素的輔因子，可以避免自由基對細胞的傷害。蚵仔還 富含維生素B群，尤其維生素B12，可以維持神經系統正常運作。維生素B群參與許多營養素之代謝，提振精神，舒解壓力。

食用功效：

性平偏涼，味甘鹹，從中醫角度來看，蚵仔可以清熱解毒、滋陰養血。

保鮮方式：

購自市場後，當日烹煮食用尤佳。如未當日烹煮，清洗後，盛於水中放冷藏保存。

○ 這樣吃100分：

蚵仔+花椰菜：蚵仔含維生素E，搭配含有維生素C的花椰菜，可同時強化維生素E效用與提高鐵質轉化利用率。此組合有助護膚、抗癌及促進循環。

✕ 這樣吃不OK：

蚵仔+花生：蚵仔含有維生素B1分解酶會破壞花生中的維生素B1，因此應避免同口進食此兩種食物。

蓮子蚵仔湯

材料及份量

鮮蚵仔300公克、新鮮蓮子100公克、薑絲15公克

調味料

鹽少許

作法

1. 蓮子先用水煮爛。
2. 加入蚵仔煮沸、調味，即可。

營養師小叮嚀

蓮子加蚵仔，兩者共食有安定神經之效。

蚵仔豆腐

材料及份量

鮮蚵仔130公克、豆腐50公克、蒜頭1粒、薑絲5公克、蔥花5公克

調味料

橄欖油1茶匙、蠔油1茶匙、豆瓣醬1茶匙。

作法

1. 起油鍋，炒香蒜頭。
2. 將蚵仔炒熟，加入豆腐、薑絲、蔥花並調味，煮開後起鍋。

營養師小叮嚀

蚵仔與豆腐兩者皆為良好的蛋白質來源，且質地細軟容易進食。

奇異果

Data

別名：山洋桃、獼猴桃

盛產季節：每年十月至翌年五月。

挑選原則：果皮表面是否完整無損傷、果實飽滿、握在掌心感到不軟不硬則良品質，倘若喜歡酸甜酸甜口感者，則可選擇較為硬實的奇異果。

清洗方法：刷除外皮絨毛、以流動的清水沖洗乾淨。

營養成分：

奇異果富含維生素C、維生素A及葉酸。維生素C能活化巨噬細胞，提升免疫，促進膠原蛋白形成，使細胞緊密，減少有害物質入侵。所含的維生素A，能維持上皮細胞膜、視網膜健康。而葉酸有助嬰幼兒神經功能，參與造血以預防貧血。

食用功效：

性寒味微酸，適合熱性體質的人食用。清熱、利尿、生津、潤燥。

保鮮方式：

放在冰箱冷藏。

○ 這樣吃100分：

奇異果+牛肉：富含維生素C的奇異果有助牛肉中鐵質的吸收，預防貧血，改善血液循環、消除疲勞。

✕ 這樣吃不OK：

奇異果+生胡蘿蔔：生胡蘿蔔含有維生素C分解酵素，兩者搭配將降低奇異果中維生素C的吸收利用。

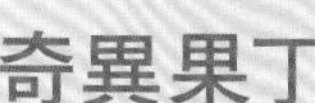

奇異果丁

材料及份量

成熟的綠、黃奇異果各1顆

調味料

無

作法

1. 刷除外皮絨毛、以流動的清水沖洗乾淨。
2. 削皮、切丁即可讓孩子食用。

奇異果汁

材料及份量

成熟的綠奇異果3顆

調味料

無

作法

1. 刷除外皮絨毛、以流動的清水沖洗乾淨。
2. 削皮、切丁，加200C.C.冷開水以果汁機攪打，裝杯供應即可。

營養師小叮嚀

變換各種吃水果的方式，可以養成兩歲幼童天天吃水果的習慣。

葡萄

Data

別名：蒲陶、山葫蘆

盛產季節：產季在每年六至八月。

挑選原則：果皮表面是否完整無損傷、果實飽滿、握在掌心感到不軟不硬則是良好品質，果實與蒂頭緊實，無汁液、無脫離情形。

清洗方法：以剪刀剪下果實、以流動的清水沖洗乾淨3次以上。

營養成分：

葡萄含有豐富的花青素、槲皮素及白藜蘆醇等成分。花青素是使葡萄呈紫、紅色的天然色素來源，顏色越深，抗氧化力越好。另外，前花青素又稱原花青素或OPC，也大量存在葡萄籽與外皮中，具小分子結構，易被人體吸收，能預防因自由基引起的疾病。

此外，槲皮素具有通暢血管的功能；白藜蘆醇與前三種同為植化素中的類黃酮素，紅葡萄皮中的含量尤其豐富，能阻止低密度脂蛋白膽固醇氧化，避免動脈硬化。

食用功效：

性平味微酸，鮮果生食，生津開胃；乾品則能益氣補血；釀酒食用，促進血循。

保鮮方式：

放在冰箱冷藏。

○ 這樣吃100分：

葡萄+奇異果：富含維生素C的奇異果搭配含有類黃酮素的葡萄，改善血液循環、消除黑斑、雀斑，有益皮膚光滑。

✕ 這樣吃不OK：

葡萄+乳酪：葡萄含有鞣酸，與富含鈣質的乳酪一起食用，易形成不消化的物質，容易產生胃部不適。

葡萄寒天果凍

材料及份量

成熟的紫紅葡萄30顆、市售寒天粉1包、水600C.C.

調味料

無

作法

1. 以剪刀剪下果實、以流動的清水沖洗乾淨3次以上，葡萄放入果汁機中絞碎。
2. 依比例以冷水加寒天粉於鍋中邊攪拌邊加熱，煮沸溶解後加入葡萄果汁快速混合均勻，將寒天果汁倒入杯中，待涼後於冰箱冷藏，凝固後放入裝飾果實即可。

營養師小叮嚀

變換吃水果的方式，作成寒天果凍，連果肉、果皮一起吃。注意寒天粉與水的比例，避免太硬。食用時切小塊，注意安全。

葡萄冰沙

材料及份量

成熟的紫紅葡萄半斤

調味料

無

作法

1. 以剪刀剪下果實、以流動的清水沖洗乾淨3次以上。
2. 於冰箱冷凍，凝固後取出加100 C.C.冰開水以高速料理機攪打，裝杯供應即可。

櫻桃

Data

別名：鶯桃、朱果、朱櫻

盛產季節：北半球：六月初至八月底；南半球：十一月初至翌年一月底。

挑選原則：硬度高的櫻桃較新鮮，陽光照射與灑水都會使櫻桃軟化，所以要挑選彈性佳、顏色深、顆粒大、果肉堅實、無爆痕的櫻桃。

清洗方法：可用軟刷直接在水龍頭下以流動的清水沖洗乾淨3次以上。

營養成分：

櫻桃含高量的類黃酮素，具有抗菌的效果，能維持血管良好的通透性。櫻桃也含有鉀質，能使身體多餘的鈉隨尿液排出體外，抑制鈉被腎臟再吸收，維持體內血液、體液的酸鹼平衡。

櫻桃的維生素C，能活化巨噬細胞，提升免疫。促進膠原蛋白形成，使細胞緊密，強化細胞之間的連結，減少有害物質入侵。

食用功效：

性溫味微酸，健脾益氣、滋養肝腎，對血虛頭暈、四肢無力、胃酸缺乏者有其功效。

保鮮方式：

放在冰箱冷藏。

○ 這樣吃100分：

櫻桃+美奶滋：櫻桃含維生素C和美奶滋中的維生素E能增強改善血液循環、抗氧化效果、防老、防癌。

✕ 這樣吃不OK：

櫻桃+花生：櫻桃含維生素C，搭配含有銅的花生一起吃時，可能加速維生素C氧化而降低吸收。

營養師小叮嚀

攪拌時盡量不用打蛋器，避免過多的氣泡而影響口感。佐以新鮮櫻桃，增添營養與不同口感。

櫻桃奶凍

材料及份量

全脂奶150公克、奶油起司120公克、動物性鮮奶油120公克、櫻桃50公克、吉利丁片4片、蒟蒻凍1大匙

調味料

細砂糖25公克

作法

1. 奶油起司於室溫下溶解備用、吉利丁片入冰水浸軟後撈出擠乾水分備用。
2. 動物性鮮奶油、奶油起司拌勻備用，將全脂奶、砂糖加熱煮滾完全融化，加拌勻之動物性鮮奶油、奶油起司、泡軟之吉利丁片攪拌至完全溶解，然後倒入模型杯中加入蒟蒻凍，並將半成品置於冰箱冷藏2小時。
3. 取出時加上櫻桃食用。

桂圓

Data

別名：龍眼、亞荔枝、燕卵

盛產季節：每年七至九月為產季。

挑選原則：以果粒大,果皮粉粉且薄,富彈性且肉厚者最好。

清洗方法：無需清洗，剝去外殼直接食用果肉。

營養成分：

與荔枝相似，都含豐富的果糖及維生素C。桂圓含有醣類，主要為豐富的果糖，靠果糖轉化酵素轉換成葡萄糖，是屬於升糖指數較高的水果。

此外，每百公克桂圓含有88毫克的維生素C，能活化巨噬細胞，提升免疫。促進膠原蛋白形成，使細胞緊密，強化細胞之間的連結，減少有害物質入侵。

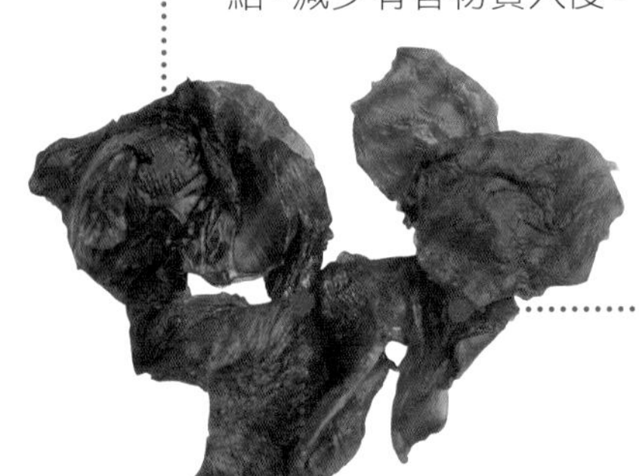

保鮮方式：

於室溫陰涼處儲存或放在冰箱冷藏。

食用功效：

其肉甘溫，滋補強壯；其核澀平，收斂止血；其葉淡平，解表。有壯陽益氣、補血、補益心脾、養血安神、潤膚美容等多種功效，可治療貧血、心悸、失眠、健忘、神經衰弱及病後、產後身體虛弱等症。

○ 這樣吃100分：

龍眼+腰果：新鮮龍眼所含維生素C可增進腰果所含的維生素E之效用與吸收。

✕ 這樣吃不OK：

桂圓+葡萄乾：需要控制血糖者要謹慎食用。龍眼製成桂圓和葡萄製成葡萄乾時，果乾脫水濃縮了醣份，而維生素C也因此降低。

紅棗福圓茶

材料及份量

龍眼乾1兩、紅棗1兩

作法

將所有材料，加入200C.C.開水，煮滾後，過濾，即可當成飲品。

營養師小叮嚀

幼童往往喜歡甜品，秋冬之季可予以飲用，具滋潤與安定情緒。如果幼童容易脹氣者勿多食。

福圓蓮子粥

材料及份量

龍眼乾肉10公克、蓮子30公克、白米100公克

調味料

紅糖或黑糖適量

作法

蓮子浸泡2～3小時，白米清洗後放入電鍋，將蓮子、龍眼乾肉蒸煮成粥，再加入調味料即可。

營養師小叮嚀

香甜的福圓蓮子粥可作為幼童點心，口味可以紅糖或黑糖依個人喜好調整。

枸杞

Data

別名：枸杞子、甘杞、紅耳墜

盛產季節：一年四季都是產季。

挑選原則：挑選枸杞顆粒碩大，顏色略發黑為宜，避免選擇過於的，以免硫磺及人造色素添加。

清洗方法：清洗時先以容器泡水漂洗，觀察確認是否有色素溶出。濾除雜質，再以流動的清水洗2～3次。如果發現褪色情形，則建議以熱水燙過再食。

營養成分：

枸杞的營養成分有枸杞多醣、玉米黃素、維生素E及維生素B群。

其中，枸杞多醣能促進巨噬細胞的吞噬能力，活化T細胞，刺激抗體產生，增進人體的免疫功能。枸杞含玉米黃素，玉米黃素屬植化素中的類胡蘿蔔素，集中於眼球黃斑部，可避免眼睛遭受自由基傷害。

此外，維生素E有益於血液循環，保持血管通暢；足夠的維生素E可防止細胞膜的脂質過氧化，維持人體正常代謝。可以活化T細胞，增加抗體的數量。枸杞也含維生素B群，可以維持神經系統正常運作。維生素B群參與許多營養素之代謝，提振精神，是天然的舒壓劑。

食用功效：

性平味甘，具補肝腎、益精血、養肝明目之功效。

保鮮方式：

建議要密封保存，保持乾燥。開封未用完建議放冰箱。

○ 這樣吃100分：

枸杞+瘦豬肉：枸杞含類胡蘿蔔素（脂溶性），與含有脂肪的食物（例如：豬肉）一起吃，提高人體吸收利用率。

✕ 這樣吃不OK：

枸杞+醋：相反的，枸杞含類胡蘿蔔素，與醋一起搭配料理，會破壞類胡蘿蔔素。

枸杞鮭魚拌飯

材料及份量

枸杞5公克、黃豆、薏仁各1大匙，鮭魚50公克，白米1/2杯

調味料

鹽2公克

作法

1. 枸杞洗淨，溫水泡軟瀝乾，黃豆、薏仁均洗淨，浸泡4小時，將水倒掉，與米一起放入電鍋中煮熟。
2. 熱鍋，加入少許油，再放入鮭魚片煎熟，取出，去骨、壓碎，再倒入電鍋中一起拌勻調味即可。

營養師小叮嚀

這是一道可以讓寶寶頭好壯壯的料理，充滿類胡蘿蔔素的金黃料理，一般常用胡蘿蔔炒蛋，也可以換成此料理之枸杞。

黃豆

Data

別名：菽

盛產季節：全年度都可以購得，而主要盛產季是七、八月。

挑選原則：具有該品種的鮮豔黃色，顆粒飽滿且整齊均勻，無破瓣，無缺損，無蟲害，無霉變，好的黃豆具有正常的香氣和口味。

清洗方法：將瑕疵不良的黃豆挑選去除，保留完整的黃豆，黃豆用清水沖洗乾淨即可洗去沙土灰塵。

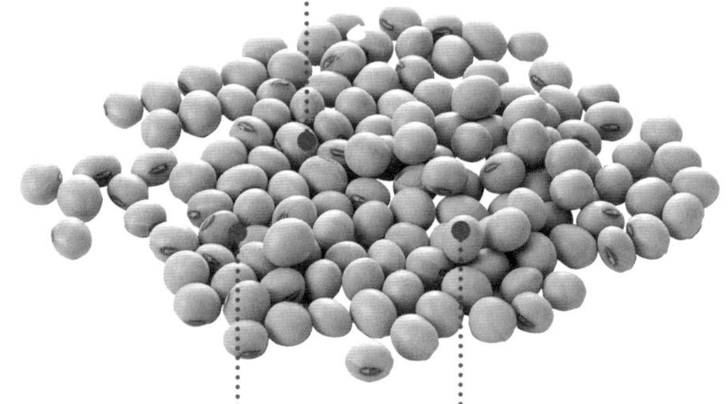

營養成分：

黃豆含有豐富植物性蛋白質、多元不飽和脂肪酸、維生素B群、卵磷脂、大豆異黃酮及植物固醇。

食用功效：

黃豆屬性溫和，降低總膽固醇及LDL膽固醇、預防骨骼與冠狀心臟等疾病並緩和女性的更年期症狀。

保鮮方式：

應裝在乾燥的容器或密封袋中，放在陰涼乾燥處儲存即可。

○ 這樣吃100分：

黃豆+鮭魚：黃豆中鈣質搭配鮭魚中的維生素D，能提升鈣質的吸收效果。

黃豆+穀類食物：米飯中缺少了必需胺基酸的離胺酸，而黃豆缺乏甲硫胺酸，兩者一起烹調或食用，可互補缺乏的胺基酸。

黃豆＋香菇：香菇富含維生素D，與富含鈣質的黃豆一起食用，可以促進鈣質的吸收，強化骨骼的生長。

✕ 這樣吃不OK：

黃豆＋豬腳：黃豆含有植酸，與含有蛋白質的豬腳一起烹煮，會影響蛋白質的吸收。

營養師小叮嚀

黃豆營養成分高，一歲前的寶寶就可以接觸黃豆的相關副食品。

黃豆燉肉泥

材料及份量

黃豆20公克、豬絞肉20公克、紅蘿蔔5公克

調味料

少許鹽

作法

1. 黃豆浸泡後，黃豆、紅蘿蔔及絞肉加少適量水燉煮至熟爛。
2. 再將黃豆絞肉以研磨器磨成泥狀即可，或可將黃豆打成汁，再加入其他材料。

黃豆地瓜漿

材料及份量

黃豆30公克、地瓜30公克

作法

1. 黃豆浸泡後，將黃豆蒸熟，地瓜去皮後煮軟或蒸熟。
2. 蒸好的黃豆與地瓜加入熱開水，以果汁機打成漿，再用細網過篩即可。

Part 5

症狀救急篇

寶寶常見症狀的照護與飲食

家中的心肝寶貝一生病，爸媽們肯定會非常心疼。如果多瞭解孩子常見的疾病，當他生病時，爸媽就能適當地採取適當的應對辦法。

這個章節就讓我們來瞭解一下，當寶寶出現異常症狀和疾病時該如何因應吧！

PART5 01

寶寶感冒時，你該怎麼辦？

當寶寶呱呱落地那一刻開始，身為父母者總是會憂心著孩子的各種問題，尤其是他的營養與健康，更是每個父母最關心的議題。
因此，我們整理出幾種寶寶經常發生的疾病或不適症狀，提供給您初步判斷症狀、照護與預防的建議，藉此希望當他生病或身體有不適的症狀時，爸媽可以及時發現、正確照護，讓孩子早日恢復健康、重拾笑容。

六個月以後的寶寶開始容易感冒

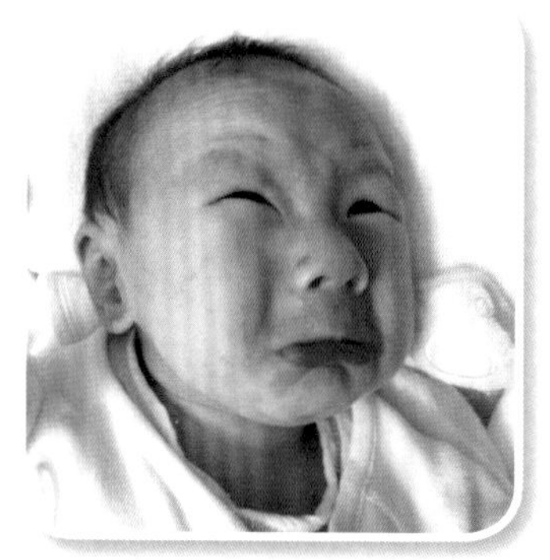

當寶寶生病時，最擔心的莫過於身為父母者，巴不得生病的人是自己，有的父母會因為不瞭解疾病的症狀及照護而慌張失措，有的父母則因為缺乏經驗，忽視了孩子不適的症狀而延誤就醫。所以爸爸媽媽請記得一件事，當寶寶生病的時候，最重要的是先保持冷靜、悉心觀察孩子的身體變化，如果狀況持續惡化，迅速就醫才是良策。千萬不要聽信偏方，唯有如此，孩子才能快速遠離病毒，重獲健康。

「感冒」是人們經常感到身體不舒服的原因，對於仍是嬰幼兒的寶寶而言，更是最常發生的疾病，因此當父母發現寶寶有感冒的前兆，像是流鼻涕、咳嗽、發燒、不明原因哭鬧、睡不安穩時，都要特別注意。畢竟寶寶的抵抗力較弱，尤其是六個月以後，來自母體的抗體逐漸消失了，免疫力開始不足，因此我們最常看到六個月以後的寶寶感染到流感病毒。

當然我們沒有辦法完全杜絕孩子不感冒，但是仍可以減少他接觸感冒病毒的機率，並且從營養方面增強孩子的抵抗力， 如此才能打敗感冒病毒喔！

寶寶感冒的症狀有哪些？

通常感冒的症狀有：流鼻水、鼻塞、打噴嚏、咳嗽、發燒、呼吸不順暢、有喘的感覺、食欲減低、煩躁不安、睡不安穩且無端哭鬧等情況出現。

一般而言，感冒症狀大約在1～2週內消失，如果症狀持續太久，就要特別注意是不是其他因素所引的病症。

寶寶感冒時，父母應該如何照護？

1.讓寶寶多休息：當孩子感冒的時候，最重要的莫過於「充足的休息」，讓他好好睡覺、減少戶外活動，如果孩子因為鼻塞睡不好，可以墊條毛巾在頭部，將頭稍稍抬高以緩解鼻塞。

2.讓他多喝水：寶寶感冒時，記得隨時為他補充水分，盡量多喝水，因為充足的水分可以使鼻腔的分泌物稀薄些，也能讓感冒病毒盡快代謝而遠離。

3.提供清淡、易消化的食物：寶寶生病時，盡量少量多餐，若有發燒、腹瀉、厭食的情形，以清淡的飲食為主，媽媽要提供清淡、軟質、易消化的食物及維生素C豐富的水果，這段時間避免食用油炸物、冷飲或任何刺激性食物，以免症狀加劇。

4.空氣保持濕潤：在感冒的時候，孩子睡眠的房間可利用加濕器讓空間的濕度增加，這樣能使其睡眠時呼吸更順暢。

5.幫寶寶清鼻子：感冒時若有鼻塞、流鼻涕的情況，記得要幫他清鼻子，可以在寶寶的鼻孔抹上一點凡士林，能稍微減輕鼻塞的狀況；如果鼻涕黏稠時，爸媽試著用吸鼻器或棉花棒，將鼻涕沾出，可以緩解不適的症狀。

感冒時，應該怎麼吃比較好？

寶寶感冒時，提供適當的水分、充足的休息、補充營養都是必要

的，但是有些感冒症狀，反而會導致孩子不吃、不喝的狀況，因此媽媽們要對症處理，使寶寶得以獲得營養對抗病毒。

BOX

營養師貼心小提醒

六個月以下的寶寶不喝奶的時候，建議將牛奶沖淡一點，放涼慢慢餵，補充的開水也盡量冷一點。

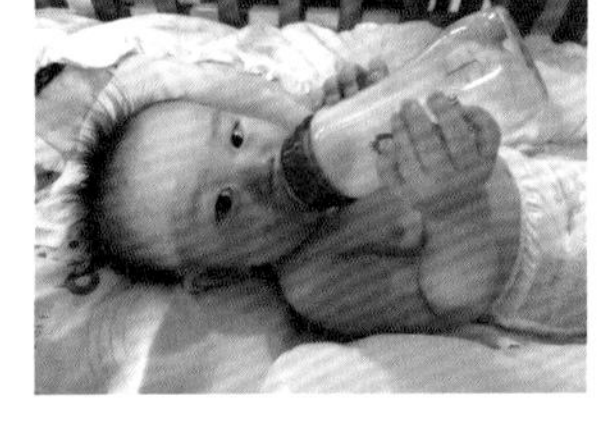

開始吃副食品的寶寶，媽媽們盡量提供微涼的稀粥、稀釋的蘋果汁。稍大一點的寶寶可以給予豆腐、肉泥等入口即化的食物，粗糙之蔬果、堅果類則暫時不宜食用。

口腔或咽喉感染的孩子怎麼吃？

寶寶口腔或咽喉感染，導致喉嚨紅腫疼痛、甚至口腔潰瘍時，通常會不肯喝水，更不用說喝奶和吃東西了。這時要給予孩子口服電解質液，適當補充水分和電解質，以免孩子因此造成脫水現象。

發燒中的孩子怎麼吃？

寶寶發燒時，有時候會有噁心、嘔吐、厭食、腹脹、腹瀉等症狀，則宜提供清淡、流質的飲食，少量多餐。食物選擇以質地細緻、易消化為原則，避免攝取油膩、太熱、太冰、過酸或辛辣的刺激性食物，以減少對食道的刺激，此外避免食用甜食。

有時候寶寶會因為感冒而食欲不佳造成營養攝取量不足，體重明顯減輕，媽媽們在這時候就要特別補充提供可增加熱量、蛋白質與維生素、礦物質的食物給寶寶喔！

預防寶寶感冒的5大方法

孩子抵抗力弱，自然容易感冒。媽媽可以在平常多多教導正確的生活習慣，就可以杜絕99%疾病的發生率喔！

方法 1 有良好的衛生與飲食習慣

只要平日養成良好的衛生與飲食習慣、勤洗手，就能減少因為手沾到流感病毒而感染到感冒的機會。

方法 2 爸媽感冒時要避免親吻孩子

父母若罹患感冒時，也要避免親吻或對著孩子打噴嚏、咳嗽或呼氣，平常盡量避免帶寶寶到人多的場所，更要避免接觸其他呼吸道感染的患者，餵食寶寶喝奶或吃飯時，也要洗手及戴上口罩。

方法 3 保持均衡飲食

讓寶寶每日攝取均衡的飲食、適度的運動以增強抵抗力，但也不要矯枉過正，給孩子吃大量的營養補充品（像是鈣片、魚油、綜合維他命等），以免造成食用過量而中毒。

方法 4 注意居家環境

寶寶居室的空間，空氣要流通，室溫要合宜，父母也要注意孩子衣服的穿著是否恰當，當有出汗的狀況時，記得立即擦乾或換衣服，避免寶寶受風寒。

方法 5 接種流感疫苗

衛生署有提供幼兒免費接種流感疫苗，因此若家長還是擔心，建議可以帶寶寶到各醫院診所接種流感疫苗。

寶寶發燒時的照護與營養補充

寶寶發燒，應該是父母最擔心緊張的時候！因為嬰幼兒時期的孩子生病，最常發生的症狀就是發燒，萬一遇到反覆高燒不退時，一定要盡快送醫，以確認發燒的病因，以免延誤病情，造成孩子永久的傷害。

寶寶發燒的原因有哪些？

發燒是一種免疫反應，很多父母都會擔心反覆發燒會造成寶寶腦部及身體的傷害，而擅自餵食退燒藥或使用退燒塞劑，但真正傷害智能及感官機能的其實是會破壞腦質的病毒，像是腦炎、腦膜炎等，因此醫師通常會藉由發燒的型態以診斷病因，對症下藥，並適度為寶寶緩解發燒的症狀。

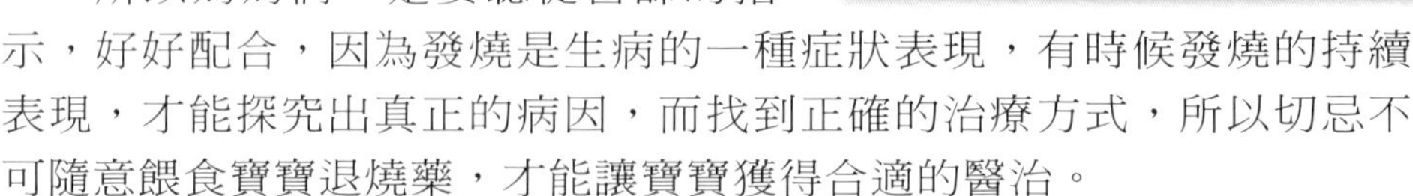

所以媽媽們一定要聽從醫師的指示，好好配合，因為發燒是生病的一種症狀表現，有時候發燒的持續表現，才能探究出真正的病因，而找到正確的治療方式，所以切忌不可隨意餵食寶寶退燒藥，才能讓寶寶獲得合適的醫治。

◆ 病毒感染、接種疫苗注射等因素都會引發

最常見的原因就是因為病毒感染而引起，像是感冒、氣管炎、麻疹、病毒性肺炎等；或是細菌感染，如尿道炎、中耳炎、腸胃炎、腦炎、腦膜炎、扁桃腺炎、腥紅熱等許多疾病都會造成發燒症狀。

此外，天氣太熱、衣服穿得太厚重、攝取的水分太少、運動過於激烈、室內空氣不流通等外在環境因素，也都會影響寶寶的體溫。

而寄生蟲的感染也會有發燒的症狀產生，還有非感染性發熱，例

如中暑、脫水、白血病、腫瘤、外傷或手術後等情況，都會有發燒的症狀表現。

接種疫苗注射後也容易有發燒的反應，例如麻疹、百日咳、破傷風等疫苗反應。

發燒時，父母應該如何照護？

一般而言，當發現寶寶臉色脹紅、觸摸時全身及額頭偏燙時，就要趕快幫寶寶量體溫了，若寶寶的肛溫超過攝氏三十八度、耳溫超過攝氏三十七點八度，或是腋溫超過攝氏三十七點二度，代表寶寶正在發燒中。當腋溫超過攝氏三十九度時，就是高燒了，一定要盡快送醫，父母也要記錄發燒的持續時間及伴隨發燒的其他症狀，以提供醫師診斷的參考。

慎重使用退燒藥，千萬不要一開始發燒就給寶寶退燒藥，太早退熱反而會影響免疫功能的建立，就算是發高燒時，退燒用藥也要控制在最小劑量，尤其是月齡寶寶，爸媽一定要特別謹慎，務必與醫師密切配合。

BOX

營養師貼心小提醒

以物理降溫代替用藥，爸媽可以用市售的退燒貼布或冰涼毛巾貼在寶寶前額，也可使用冰枕，毛巾包裹後墊在寶寶的頭頸部、放在腋下或腹股溝等處，都可以為寶寶降溫。

另外，以溫水擦浴寶寶的頭、胸、四肢也是略微降溫的好方法！盡量多餵食寶寶開水，給予清淡、易消化食物，必要的話給予一些電解質水的補充。

室溫盡量保持在24℃～26℃的舒適溫度，並讓空氣適度流通，當寶寶有冷顫現象發生時，要蓋一層薄被；衣服要選擇棉質透氣的，而孩子因為大量流汗而導致衣服潮濕時，一定要盡快換衣服，以免再度受寒，讓病情加重。

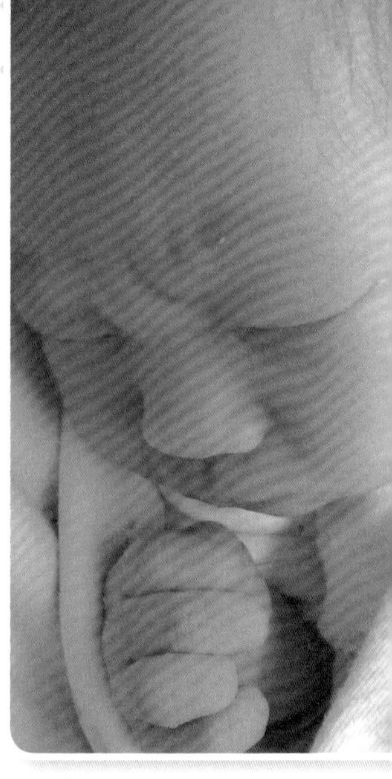

一旦寶寶發燒超過38.5℃時，可以適度使用退燒藥，若反覆高燒不退，則要特別注意下列情況：出現昏睡、面色發青、臉部及四肢肌肉抽動、頸部僵直等。

因為3歲前的寶寶神經中樞調節功能上不穩定，因為有這些狀況時，先別驚慌，詳細記錄並且配合醫囑治療。若病童有熱痙攣的病史，則可在發燒初期，體溫尚未超過38.5℃之前使用退燒藥。

BOX

營養師貼心小提醒

通常退燒藥使用後約30分鐘就會出現效果了，但不會完全將體溫降到正常範圍，只要感染還存在，體溫可能會再度上升，這時候可以用溫水（大約40℃左右）擦拭身體。

寶寶發燒時，該怎麼吃比較好？

一定要多喝水。有的寶寶發燒後，腹瀉、嘔吐、流鼻水、咳嗽等症狀伴隨發生，父母除了按時給寶寶服用藥物外，更要加強開水的補充，因為發燒時，基礎代謝率會提高，相對水的需求也提升。多喝水有助於體內循環和毒素排出，若擔心孩子因為脫水而造成電解質失衡時，也可直接購買專屬幼兒食用的電解質水。

此外，發燒容易讓寶寶食欲降低，同時胃腸的消化吸收能力也會變差。這時候爸媽要特別注意他的飲食攝取量，以免營養不良使得孩子精神不佳，影響恢復健康的速度。

不同年齡層的孩子，攝取營養的方式也不一樣。六個月以下的寶寶仍以母奶或配方奶為主食，已經習慣副食品的六個月以上寶寶可以用洋蔥、香菇、豆腐、低脂肪的瘦肉作成碎肉粥或是高湯，補充寶寶足夠的基本營養。避免餵哺過飽，一般應只餵食平時的七分量為宜，以減輕生病時腸胃的負擔。

BOX

營養師貼心小提醒

六個月以下仍需以母奶或配方奶為主食，這個年齡的寶寶以流質食物來補充營養為宜，發燒時母乳寶寶可以繼續哺餵，配方奶寶寶的話，則先以較稀的配方奶餵食比較好。

若寶寶持續高燒不退且不願意進食，必要時醫師會使用靜脈點滴注射來補充水分，避免脫水的情形太嚴重。

若寶寶沒有咳嗽和腸胃的問題，飲食上還是以清淡、易消化為宜。刺激性或過油、過鹹及甜食都要避免。不過，當寶寶因為口腔發炎而疼痛時，可以給予冰涼的食物，舒緩不適，例如：布丁、奶昔、優酪乳、綠豆湯、新鮮果汁等當作點心。媽媽要掌握少量多餐的原則，提供孩子營養且熱量佳的食物，如瘦肉粥等。

但是，當寶寶有嘔吐、腹瀉、脹氣及腸胃症狀時，其飲食要特別注意水分的攝取，以免造成脫水現象的發生。生病初期避免給予奶類和雞蛋。因為蛋白質進入身體後需要酵素才能被分解吸收，這些食物反而會造成腸胃的負擔。月齡寶寶以母乳與配方奶為主食時，可以持續提供，或慢火燉煮的米湯水，也能給予寶寶充足的熱量。

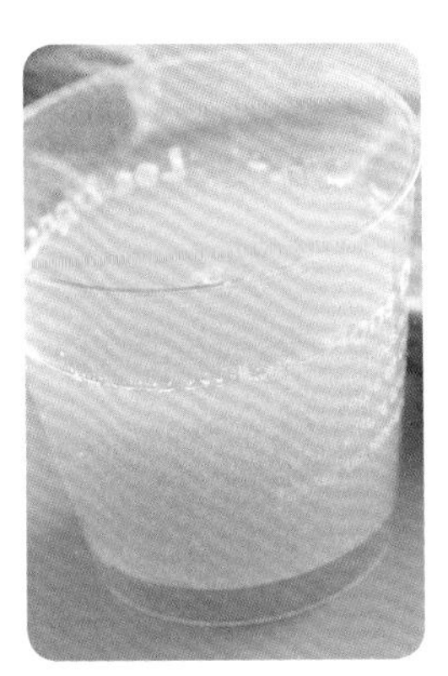

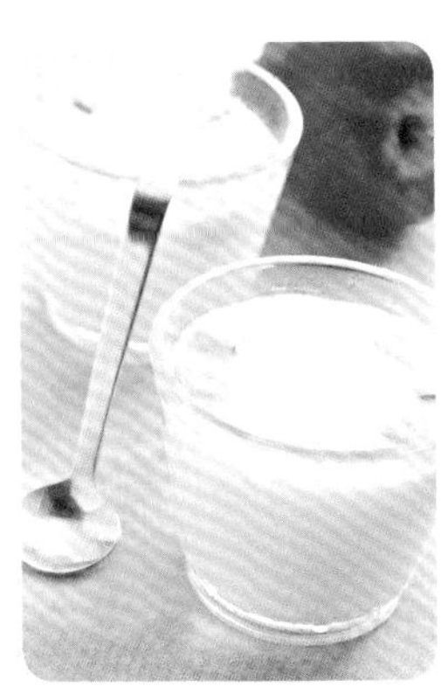

PART5 03

寶寶咳嗽時，該怎麼辦？

「咳嗽」是呼吸系統反應出身體受刺激的一種保護作用，能將呼吸道的外來異物、細菌微粒及本身的分泌物排除。另外，有過敏體質的孩子若加上外在環境的刺激，也會引起咳嗽症狀。要分辨咳嗽發生的原因，才能對症治療。

寶寶咳嗽的症狀有哪些？

寶寶的咳嗽可分急性咳嗽和慢性咳嗽兩大類：急性咳嗽，通常與呼吸道感染有關；慢性咳嗽的原因，則通常是過敏性鼻炎及鼻竇炎所引發。

❶急性咳嗽：

有些病毒及細菌感染會造成上呼吸道感染，引起咳嗽的症狀表現，出現感冒、鼻竇炎、支氣管炎、甚至肺炎，通常感染症狀緩解之後，咳嗽的現象也會解除。

但是寶寶咳嗽還是非常令爸媽們傷腦筋，因為咳嗽影響孩子的日常作息，也會降低休息和睡眠品質，嚴重的咳嗽還可能導致他嘔吐、無法進食，甚至造成呼吸困難的現象。

若月齡寶寶急性呼吸道感染，容易引發急性支氣管炎。當寶寶受到急性呼吸道感染時，其主要症狀有：咳嗽、流鼻水、輕微發燒、呼吸變淺變快、有時還會有咻咻的喘鳴聲。

一般而言，急性呼吸道感染的狀況，通常於7～10天內可以緩解症狀，但若寶寶久咳不癒，就要思考是不是有呼吸道過敏的狀況了，建議可以去做過敏原檢測的判斷。

❷慢性咳嗽：

慢性咳嗽引發的原因比較複雜，通常因為過敏所引發的症狀，通常會在半夜睡眠時及清晨時分咳嗽現象加劇，甚至哮鳴聲或氣喘的現象。過敏性鼻炎和鼻竇炎也是引發慢性咳嗽的原因之一，其他像慢性感染性肺炎、黴漿菌肺炎、反覆性吸入肺炎（起因於寶寶喝奶時因溢奶或嗆奶，使得溢奶流入氣管，造成肺部發炎反應）、胃食道逆流、異物阻塞及心理因素都會造成慢性咳嗽的現象。

咳嗽時，父母應該如何照護？

為了減少寶寶重複感染的機率，盡量避免出入公共場所等人多的地方，減少與呼吸道感染的患者接觸，此外，勤洗手、幫寶寶戴上口罩以隔離飛沫傳染等都有幫助。

注重居家環境的清潔，定期清洗床罩、床單，盡量避免寵物及絨毛玩具的接觸，並經常更換冷氣機和空氣清淨機的濾網，保持空氣流通，有效改善室內空氣品質，達到確保寶寶呼吸道的健康。

若寶寶是因為上呼吸道感染導致的咳嗽現象，照護的方式與飲食原則如同感冒的症狀來照護即可。若是因為過敏氣喘造成的咳嗽現象，則以氣喘的照護與飲食為宜。

BOX

新生兒咳嗽不能輕忽

寶寶出現咳嗽的症狀時，千萬不要輕忽。因為有時從表面上看，只是出現咳嗽症狀，沒有其他嚴重的症狀，但其實有可能已經發展成肺炎。所以，如果新生兒持續出現咳嗽時，一定要及時接受小兒科醫生的診療。

當痰多時可以幫助痰排出

睡覺時可讓孩子側睡，能幫助痰排出。當他因為痰多而難受時，媽媽最好讓孩子挺直腰部坐著，然後用手掌在背部輕輕地拍打，緩解症狀。

咳嗽嚴重時，不要讓他躺下，最好讓他的上半身保持直立，可以用枕頭或靠墊等墊在下面。若孩子自己能坐起來，可將靠墊放在背後，讓他坐10分鐘左右。這時媽媽可以用手掌輕輕地拍撫他的背，這樣能起到緩解咳嗽的效果。

牛奶和副食品應該少吃多餐

當咳嗽嚴重時，應該減少每次牛奶或副食品的餵食量。副食品製作時可將濃度調稀，溫度不要過冷或過熱，再給孩子食用。

PART5

04

寶寶過敏，該怎麼辦？

首先，我們先釐清過敏的症狀有哪些，建議寶寶可以在兩歲後，以抽血的方式測過敏指數。常見的過敏有：過敏性氣喘、過敏性鼻炎、異位性皮膚炎等，依據症狀的不同而調理，才能對症治療，緩解病情。

寶寶過敏的原因有哪些？

首先最常見的過敏原因大多來自於遺傳。過敏體質大部份來自於父母，父母當中有1人有過敏體質，寶寶就有1/3的機率也會有過敏體質，若父母都有過敏體質，則大部分的孩子也會遺傳有過敏體質。

當遺傳性過敏體質的寶寶於出生後的六個月內，受到環境中致敏因素的誘發，就會在體內形成過敏性的免疫防禦機轉。此過敏性的免疫防禦機轉一旦形成，而環境的過敏原沒有經由改善環境而降低的話，過敏寶寶就會其遺傳異常的各個器官組織（如支氣管、鼻腔、眼結膜、胃腸及皮膚等）形成持續過敏性炎症反應。

過敏原可分為以下3項

1.食物性的過敏原

藉由攝取這些食物，經由消化道進入體內造成過敏。像是：蛋、有殼海鮮、花生、牛奶及各種食品添加物。

2.環境接觸與吸入性的過敏原

存在於空氣及環境中，藉由呼吸道或皮膚接觸而產生過敏。例如：塵蟎、蟑螂、黴菌、動物毛皮、清潔劑、化學用品以及花粉、油煙等空氣污染都會造成過敏反應。

3.藥物性的過敏原

因為口服藥物及注射引起身體過敏反應等。

BOX

寶寶過敏的症狀有哪些？

寶寶過敏的症狀通常可分為5類：

1.氣喘：症狀有慢性咳嗽、呼吸困難、胸悶、哮喘聲等。

2.過敏性皮膚炎：主要症狀是在臉頰、頭頸部或四肢等身體各處出現紅色小丘疹。

3.過敏性鼻炎：早晨不斷流鼻水、打噴嚏、鼻塞、鼻子搔癢、揉眼睛、黑眼圈等症狀。

4.過敏性結膜炎：會有眼睛紅、眼睛癢、灼熱感等狀況。

5.過敏性腸胃炎：因為食物而導致噁心、嘔吐、腹痛、腹瀉及腸絞痛等等不適症狀。

3歲以下的寶寶較易發生的過敏症有哪些？

1.氣喘

這是台灣的幼兒常見的健康問題。氣喘常見的症狀，如寶寶在感冒之後久咳不癒，當天氣轉變或夜晚、凌晨時分氣溫較低的時候咳嗽就會發作，這些都是氣喘的症狀，詳細的照護及營養攝取，我們將於下面章節提及。

2.過敏性皮膚炎

寶寶會在額頭、臉頰、四肢等身體各處皮膚出現紅色小丘疹，搔癢不止，造成寶寶的不適，患部治癒後容易復發，寶寶因此會有煩躁不安、食欲不振、睡眠不佳的現象。

輕微時，使用外用皮質類固醇，或搭配使用口服抗組織胺藥物緩解症狀，或將冰毛巾蓋在紅腫發癢處，然後塗抹保濕乳液。過敏性皮膚炎太嚴重的話，有的甚至會造成金黃色葡萄球菌的感染或造成蜂窩性組織炎，因此需要與醫師配合治療。預防異位性皮膚炎，最重要的就是避免食物及皮膚過敏原的接觸，但最根本上還是體質的調整與增

強免疫力。

3.過敏性鼻炎

症狀有不斷流鼻水、打噴嚏、鼻塞、鼻子瘙癢、長期黑眼圈等，容易在早晨、氣溫變冷時、季節交替發作。三、四月百花齊開時，也會有這樣的症狀產生，俗稱為花粉症。過敏性鼻炎也與體質和遺傳有關，預防方法是儘量在好發的時刻戴口罩外出，儘量避免在溫差太大的時候到戶外活動，注意保暖。

如何分辨寶寶是氣喘，還是感冒？

1.感冒的症狀

通常是病毒感染或細菌感染所造成的上呼吸道症狀，最常表現的症狀便是發燒、咳嗽、流鼻涕。通常病程在7～10天內會逐漸緩解，治療的重點是水分的補充與充分的休息。

2.氣喘的症狀

氣喘是因氣管接觸到過敏原或刺激物，導致氣管收縮及發炎。氣管收縮與發炎便會讓氣管的管徑縮小，當縮小到某個程度，空氣進出便會發出咻咻的哮喘聲，同時氣喘本身也是發炎的反應，所以會有分泌物產生，臨床上表現就是會有慢性咳嗽、超過2週以上久咳不癒，咳嗽有痰，都是氣喘的反應。

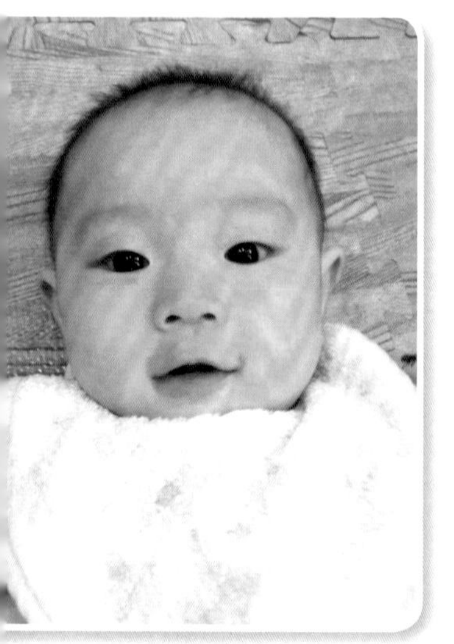

若是過敏造成的氣喘，是不會合併發燒的，氣喘發作的時間，多為半夜及清晨時分，若咳嗽、流鼻水的症狀持續2～3週以上，就可能是氣喘了。

當寶寶氣喘發作時，爸媽該如何照護？

寶寶氣喘發作時，首先要先注意身體的保暖、保持空氣流通，醫師診斷後，有時會開立支氣管擴張劑、吸入性類固醇或白三烯素拮抗劑等藥物，因此當氣喘發作時，記得按照醫師指示使用。最重要的是，調整體質、提升免疫力才是治療氣喘的最佳方式。

過敏時，應該怎麼吃比較好？

通常與食物過敏較有關連的是異位性皮膚炎，寶寶也最常見到異位性皮膚炎，顯示小寶寶的過敏與飲食有密切關係。因此當孩子出現異位性皮膚炎症狀時，應該特別注意飲食的改善。出生後，最好盡量餵哺母乳，若媽媽母乳不足時，則建議餵食水解蛋白配方奶，也可以降低過敏症狀。

❶延長母乳哺育的時間，至少要有六個月以上

由於寶寶的腸道滲透性較高，本身又還無法分泌免疫球蛋白，食物中的過敏原便很容易通過腸道而進入體內，因此母乳是孩子預防過敏最好的食物了。母親哺乳期間避免食用容易誘發過敏的食物，如帶殼海鮮、牛奶、蛋等，並且多補充鈣質。若是食用配方奶的寶寶，同樣延後副食品的食用，最後在六個月或八個月以後，再嘗試副食品的食用。

❷建議改用特殊的配方奶

像是水解蛋白嬰兒奶粉，或是較不會誘發過敏的羊奶粉。寶寶的副食品料理以低過敏的食物為主，並延緩副食品食物的添加，六個月以後每週逐步增加一種新的食物，建議先從米粉、米粥等米製品開始，麥類食物則先不要提供，蛋與海鮮類的食物則建議一歲半以後再添加在副食品裡。

❸避免給寶寶容易引發過敏的食物

避免給寶寶食用像是巧克力、花生、有殼海鮮、豆類、芥菜等較容易引

發過敏的食物。建議過敏兒在飲食上最好避免過於冰冷、高油、高熱量的食物，尤其是油炸食物應該減少攝取。

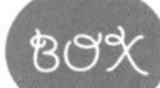

多補充抗氧化的食物

尤其是富含維生素C的食物，適當補充微量元素、不飽和脂肪酸等，都能有效減少身體過敏的發炎機制。

BOX

營養師貼心小提醒

容易引起寶寶過敏的食物有哪些？

通常，牛奶、雞蛋、花生是最容易引起過敏的食物，通常這3類食物所製作的加工食品有很多，所以爸媽要特別注意喔！此外，如果寶寶經過過敏檢測之後，發現有過敏的體質與反應時，建議下列食物也盡量避免攝取，像是：寒性食物、奇異果、草莓、柑橘類水果、鮪魚、青花魚、蝦子、螃蟹、牛肉、巧克力等，等寶寶長大一點，體質調整後，再以漸進的方式接觸這類食物比較妥當。

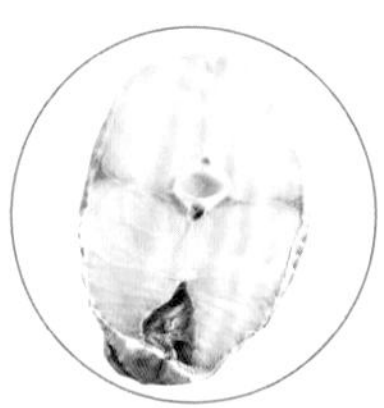

預防寶寶過敏，日常生活應該注意哪些事項？

1.床罩、被單等寢具及貼身衣物盡量選擇棉質品，寢具每週以55℃的熱水清洗，以避免塵蟎滋生。

2.避免使用厚重毛料的衣物及接觸絨毛玩具等生活製品。

3.以木質家具代替布製的沙發，不鋪設地毯。

4.保持居家環境清潔，垃圾桶要加蓋子，以免蟑螂、老鼠滋生。

5.保持居家空氣的流通，冷氣機的濾網要定期清洗。

6.保持居家清爽，濕度保持在50～60℃之間，空間太潮濕容易導致黴菌滋生。室內溫度盡量維持在25～27℃之間。

7.拒絕二手煙的吸入，烹飪時也注意廚房油煙的排放。

8.避免在居家種植易造成過敏之植物。

9.檢測過敏原指數，避免接觸個人的過敏原。

10.盡量不要在室內飼養狗、貓、鳥類等寵物，以免誘發過敏。

11.飲食方面忌食生冷、冰涼、寒性食物、有殼海鮮類及其他刺激性會誘發過敏的食物。

12.服裝方面盡量選用棉質製品，選擇透氣、舒適的材質為宜，以洋蔥式的穿衣方法，注意保暖。

13.生活規律、飲食均衡、保持心情愉快，就能增強免疫力、強化體質，減少過敏的發生。

PART5

05

寶寶腹瀉時，該怎麼辦？

腹瀉是嬰幼兒常見的腸胃症狀。腹瀉對於寶寶的身體耗損很大，無論體重與元氣都損傷嚴重，因此爸媽們要特別注意，重視癒後照顧，才能讓寶寶早日恢復健康。

寶寶腹瀉的症狀有哪些？

正常的寶寶一天大便1～2次，腹瀉時，通常排便次數增多，有的多達3～6次，甚至更多。糞便狀況可能是稀便、水樣便、蛋花樣便、黃綠色便或糞便有少量黏液等型態。

寶寶腹瀉時，大部分會伴隨著發燒的表現，而發燒可能發生於腹瀉初期。

通常寶寶會有活動力變差、精神不濟、煩躁不安、厭食等狀況，當他有嗜睡、抽搐、驚蹶的症狀時就要及時就醫了。

此外，有些寶寶會同時伴隨嘔吐、腹脹、煩躁不安而哭鬧等現象。若腹瀉伴有嘔吐症狀，則要採取側臥位，以防嘔吐物吸入呼吸道，導致窒息。

寶寶腹瀉時，爸媽照護5原則

原則 1 補充身體流失的水分

首先要先觀察寶寶是否有輕度脫水的狀況。寶寶若有脫水狀況，會有口渴

感、口唇稍乾，尿液黃且比平時少，精神上煩躁、不安全感、愛哭。

原則

2 調整飲食狀況

少量多餐，每日至少進食6次。母乳寶寶持續哺餵母乳，但媽媽盡量吃得清淡點；配方奶寶寶也按照平時喝奶時間，但配方奶的濃度要減半；已經吃副食品的寶寶，盡量進食稀米粥、細緻肉泥、新鮮水果汁及果泥，因為當寶寶持續腹瀉之後，就算是腹瀉症狀緩解了，但是腸胃消化機能仍需要花一段時間才能恢復正常，所以不能馬上吃原來的食物，等過幾天之後再慢慢恢復原來的正常飲食。

原則

3 細心呵護寶寶的小屁股

因為腹瀉，寶寶排便的次數增加，肛門不斷被刺激，會造成寶寶的小屁股紅腫發炎，因此寶寶每次排便後，建議爸媽要用溫水清洗小屁屁，特別是肛門和會陰部的清潔，最好用柔軟乾淨的棉尿布，也要勤換尿布，以免造成尿路或膀胱發炎等感染，小屁屁紅腫時，可以塗抹預防尿布疹的軟膏，緩解紅腫症狀。

原則

4 注意飲食的衛生安全

護理寶寶之後的雙手要反覆清洗乾淨，孩子食用的餐具、水杯、奶瓶、奶嘴等都要每天煮沸消毒。配方奶寶寶及餵食副食品的較大寶寶，其飲食都要注意衛生，食物要選擇新鮮、乾淨，以防病從口入。

原則

5 保持戶外活動，增強抵抗力

平時就要加強寶寶的戶外活動，提升寶寶對自然環境的適應力，多曬太陽，多運動，增強抵抗力。日常生活也要預防讓寶寶過於疲勞和精神緊張，同時遠離人多的地方，避免造成交叉感染

寶寶腹瀉時，怎麼吃比較好？

因為感冒或誤食不清潔的食物，導致腹瀉狀況產生的時候，建議媽媽們在給予孩子食物時要注意幾項原則：

❶補充適量的水分

母乳寶寶繼續以母乳哺餵；若寶寶是以配方奶為主食的月齡時期，在腹瀉這段期間，建議將奶粉的濃度減半，使胃腸免於受到奶類過度的刺激，造成持續的腹瀉及絞痛。

大一點的寶寶，輕微的腹瀉時可以補充適量的開水、蔬菜清湯、大骨湯、可以用稀米湯加少許食鹽當作補充營養的主食，若腹瀉情況嚴重的話，容易造成寶寶電解質不平衡，宜盡快送醫治療。若伴隨著嘔吐症狀的話，建議先禁食4～6小時，只可以喝水。

❷補充適當的熱量

不要以為寶寶腹瀉，不給他吃東西就會好。這個時候還是要適當補充孩子所需的熱量。

已經在吃副食品的寶寶，腹瀉時可以提供容易消化的米粥、嬰兒米粉調製的米糊、白吐司等，以補充熱量。但若是寶寶不願意吃的話，就不要勉強他吃。

❸提供蛋白質要小心

寶寶腹瀉時，建議提供瘦豬肉、去皮雞肉、雞蛋、豆腐等較不油膩的的蛋白質來源給寶寶。在烹調的時候，盡量以口味清淡，清蒸、水煮的方式為宜，切忌油炸及油煎。此

外，海鮮類蛋白質雖然營養豐富、油脂含量低，但是屬性多為寒性，寶寶腹瀉時不宜食用。

④高纖蔬果暫時少吃

蔬果的纖維質能促進腸胃蠕動、有助消化。但是在寶寶腹瀉時，像富含纖維質的水果、瓜類、筍類、葉菜類的蔬果則暫時不宜食用，等腹瀉的狀況緩解後，再補充這類蔬果為佳。生冷、油膩等刺激性食物也要避免。

PART5

06

寶寶肚子脹氣時，該怎麼辦？

當產生脹氣時，寶寶會非常不舒服，除了肚子會脹脹鼓鼓之外，有的還會伴隨著嘔吐、排便不順、食欲不振及腹瀉等症狀，因此寶寶會有哭鬧不安的情況，讓爸媽非常傷腦筋，因此我們就來瞭解寶寶腹脹的處理方式。

寶寶為什麼會脹氣？

爸媽可以輕輕按寶寶的上腹部，看是否有鼓鼓脹脹的，然後以兩隻手指的力量輕拍肚子，聽是否有砰砰的空氣聲音，若有就代表寶寶肚子脹氣了。

當爸媽瞭解孩子肚子脹氣的原因之後，就知道該如何排除導致脹氣的原因，除此之外，平日也可以為他多做腹部按摩，有助於脹氣的消除。

寶寶脹氣的原因：

❶喝奶過程吸入太多空氣。

❷腸胃型感冒的症狀之一。

❸寶寶哭泣時間太長且頻繁。

❹吃到過多容易脹氣的食物，而消化不良。

預防寶寶肚子脹氣的方法？

1.重視寶寶餐具及奶瓶的清潔衛生。

2.副食品要謹慎選擇食物的內容物，要兼具新鮮、衛生、營養。

4.要適當補充給寶寶富含纖維質的食物。

5.給予充足的水分。

6.養成適度適量的運動，有助於腸胃蠕動與消化系統順暢。

7.減少攝取豆類、奶類等容易脹氣的食物。

爸媽必學！幫寶寶消除脹氣的腹部按摩法

❶彈琴按摩法

取適量的嬰兒油或嬰兒乳液，塗抹在手指，一手協助寶寶身體的平衡，塗抹乳液的那隻手從腹部右側開始輕輕彈壓，彷彿在寶寶的腹部彈鋼琴似地，以指腹力量推按腹部。

從腹部右側往胸骨移動，再往下按至腹部左側，呈現ㄇ字狀，按摩整個腹部，時間進行約數分鐘即可。

❷划槳按摩法

取適量的嬰兒油或嬰兒乳液塗滿雙手，從寶寶的胸骨下方，開始輕輕往肚臍方向推按，按摩到肚臍上方即可。雙手交錯按摩，時間進行大約十分鐘。

寶寶脹氣，容易影響吃，也會睡不安寧，如果在看過醫生，且確認沒有其他問題，但寶寶卻哭鬧不止時，不妨可以使用含有薄荷等清涼油，先抹在手上，再以餘熱擦到寶寶的肚皮上，但記得肚臍不要擦拭。

最後配合熱毛巾熱敷，幫寶寶做腹部按摩，讓腸子蠕動而達到排氣的效果。

PART5 07

寶寶便秘時，爸媽該怎麼辦？

便秘是嬰幼兒常見的症狀，因為寶寶大多以奶類為主食，纖維量攝取較少，導致排便次數少，糞便較硬，而有排便困難現象。

便秘的發生，其實跟心理狀況、大小便訓練和飲食習慣都有著密切的關係喔！

為什麼寶寶會便秘？

通常寶寶便秘可分為功能性便秘與先天性腸道畸形的便秘。功能性便秘，可經由調理獲得改善；先天性腸道畸形，則必須經外科手術矯正。

寶寶便秘的情況，往往會因為排便上所造成的不舒服，而使得心理上抗拒排便，因而造成一種惡性循環的狀況，結果便秘越來越惡化，甚至會造成直腸壁受傷，因此，爸媽要特別注意孩子平常的排便習慣喔！

但是該怎樣確認寶寶出現便秘呢？

❶排便每天少於一次，糞便乾硬，如石頭狀。

❷排便時，臉會脹紅，腳會縮向腹部，有的甚至糞便表面有出現血絲。

❸腹部有脹氣，感覺不適。

◆ 造成寶寶便秘的原因是什麼？

孩子會因為環境與生活突然改變，產生焦慮、緊張或亢奮的情緒導致便秘。或是生活習慣裡沒有養成固定時間排便，也可能導致便秘。

還有飲食上的偏頗，例如：寶寶吃得太少，或偏食吃太少蔬菜類食物，導致醣類及膳食纖維攝取過少，造成便秘。

而藥物造成的副作用，也會引起便秘。而藥物造成的便秘，例如服用抗組織胺藥、抗膽鹼藥、利尿劑或經常使用瀉劑造成依賴使得排便困難。

此外，因生病或發燒造成腸胃道受到感染而產生便秘狀況，例如腸胃型感冒。發燒造成消化酶及消化液分泌受到抑制，消化系統動力也受到抑制，引起便秘。有時候中樞神經系統、內分泌或代謝發生問題時，也會產生便秘現象。

父母應該如何照護，才能改善寶寶便秘的狀況？

日常生活中，要幫寶寶養成固定時間排便的習慣。從三、四個月開始，就可以慢慢訓練他定時排便了。可以選擇在他喝完奶或用餐完之後，就訓練排便，逐漸養成定時的排便。

多攝取蔬果與水分也是不二法門。當他有便秘狀況發生時，可以減少奶量的攝取，或奶量稀釋些，大量補充水分及蔬果汁。

不過，若食療無法改善時，可以使用通便劑（含有甘油及山梨醇）塞入肛門內，或以凡士林塗抹在寶寶的肛門內，藉此潤滑與刺激腸子，引起便意。

經常以按摩的方法，從寶寶肚臍旁以順時針方向輕輕推揉按摩，平日常這樣按摩，有助於孩子的消化，也可以幫助他順利排便。

寶寶便秘時，該怎麼吃比較好？

當孩子有輕微的便秘現象時，可以在食物中增加些許的糖，月齡寶寶可以給予新鮮蔬菜汁和水果汁，一歲以上，可以讓他吃香蕉、木瓜、蕃茄、火龍果、柚子等，此外果凍、布丁、優格也有助於緩解便秘。

提供給他豐富膳食纖維的蔬果，尤其是香蕉、地瓜、蘋果特別適合便秘的寶寶

食用。

因為香蕉有豐富的膳食纖維和糖分，具有很好的潤腸通便功能，口感適合各年齡的寶寶食用；地瓜含有豐富的纖維素，能在腸道中吸收水分以增大糞便的體積，引起通便的作用。

蘋果含有豐富果膠能夠保護腸壁、活化腸內有益的細菌，具有調整胃腸功能的作用，能夠有效清理腸道，蘋果所含的有機酸，可以刺激腸子蠕動，有助孩子順利排便。

PART5

08

寶寶經常吐奶，該怎麼辦？

寶寶在喝奶的過程中、喝奶之後或打嗝時，有時候會從嘴巴，甚至鼻孔溢出奶，這時總會令媽媽手忙腳亂地，既緊張又心疼。

其實爸媽應該觀察嬰兒的吐奶，是溢奶還是嘔吐，若是單純的溢奶，不必擔心；若是連續吐奶，則代表身體發生問題，應該立即就醫診治。

為什麼寶寶會吐奶？

有些媽媽常常搞不清楚吐奶跟溢奶之間有何差別？跟所謂的溢奶是指餵奶後，有一、兩口奶逆流出來，從嘴裡溢出。通常是因為餵奶過程，空氣進入胃裡，造成胃壓增加，便會溢奶。隨著月齡增加，六個月之後寶寶溢奶的狀況就會逐漸消失了。

而吐奶是新生兒經常發生的現象，這是因為寶寶的消化道和其他臟器受到異常刺激而產生神經反射性動作。嘔吐時，奶水是以噴射的方式從嘴裡、鼻子噴出。

寶寶會吐奶的原因如下：

❶餵養方式不當，餵奶次數過多，餵奶量過大，導致他吸奶過急，嗆到而吐奶。

❷新生兒胃容量小，呈水平位，胃的入口賁門括約肌發育比較差且鬆弛，但是胃的出口幽門括約肌發育良好，較緊張，形成出口緊入口鬆，奶水因而容易返流，引起嘔吐。

❸疾病引起寶寶吐奶，譬如腸胃炎、腸套疊、腸阻塞、胃食道逆流、先天性幽門狹窄等腸胃道疾病。當感冒、發燒、感染輪狀病毒或是劇烈咳嗽都會引起嘔吐，罹患腦膜炎、敗血症和其他感染也可能引發較劇烈而頻繁的吐奶現象。

❹中樞神經異常也可能導致嘔吐，像是腦震盪、腦壓過高、有腫瘤的情況、甚至中樞神經病變，不可不慎。

❺吃到不清潔的食物，導致食物中毒，也是新生兒經常發生嘔吐的原因之一。

❻暈車，也是常見的嘔吐原因，建議可以在乘車之前的半小時餵食暈車藥防止暈車，或是上車後盡快哄寶寶入睡，以免暈車造成嘔吐。

吐奶的時候，媽媽應該如何緩解與護理？

幫寶寶上身保持抬高的姿勢，這時媽媽可以讓他躺下，將浴巾墊在孩子身體下面，保持上身抬高的姿勢，因為嘔吐物一旦進入氣管，會造成窒息。若是躺著時發生吐奶，則要立刻將寶寶的身體與臉側向一邊。

此外，寶寶吐奶之後，要細心觀察其狀況，躺著時，要將他移至側躺，頭部墊高，或者乾脆抱起來。吐奶後，寶寶的臉色可能會不好，記得要細心觀察，如果臉色發生鐵青或發白的現象就要盡快送醫。

其次，寶寶嘔吐之後30分鐘，才能給予水分的補充。這是因為如果寶寶一吐完奶，就立刻給孩子補充水分，可能會引起再度嘔吐。因此，最好在嘔吐後30分鐘後，再餵一小口一小口地餵寶寶溫開水喝。

BOX

營養師貼心小提醒

❶吐奶過後，每次餵奶的奶量要減半：當寶寶恢復元氣，想吃奶的時候，可以再餵寶寶喝奶，奶量要減半，但次數可以增加，在一次一次的餵食當中，觀察寶寶的狀況。在寶寶持續嘔吐的期間，我們只能給寶寶喝奶與開水，其他食物先不要餵食。

❷媽媽們要特別注意，寶寶吐奶時如果有下列情況的話，表示寶寶身體有異常，必須盡快送醫治療：首先要注意嘔吐物，如果含有黃綠色膽汁，就要考慮是否有腸阻塞的狀況；若嘔吐物含有血絲或咖啡色的東西，就要懷疑是不是食道、胃或十二指腸有出血狀況。嘔吐狀況如果很劇烈的話，也不能等閒視之，有可能是腦部病灶引起顱內高壓所造成，不可不慎。

預防寶寶吐奶的方法？

到底要怎麼做，才能有效預防孩子吐奶的問題？

首先，餵奶的姿勢要正確，要採用合適的餵奶姿勢，也就是盡量抱起餵奶，讓寶寶的身體傾斜約45度的狀態，讓胃裡的奶液自然流入小腸，這樣會比躺著餵奶減少發生吐奶的機會，另外要注意握瓶方式，奶瓶底部抬高一點，一定要讓奶嘴內部充滿奶水，以避免寶寶吸進空氣。

其次，平日喝完奶，就要幫他拍嗝。因為寶寶喝完奶，胃的下半部是奶，上半部則是空氣，這樣會造成胃部壓力，出現溢奶、吐奶現象。因此，喝完奶後，一定要排氣打嗝，將他豎直抱起，頭靠在你的肩上，方便拍打，可以讓空氣排出，自然能減輕吐奶、溢奶情況。

將寶寶直立抱起來，也是必須要做的步驟。有的孩子比較不會打嗝，拍嗝許久也不見打嗝，那麼爸媽們只要將他直立抱起，讓他趴在你的肩上約20～30分鐘，讓胃部有效順利排出空氣，可以輕撫背部，由上往下順撫，通常寶寶會覺得這樣很舒服，情緒也會變得很穩定。

喝完奶之後不宜馬上讓他仰躺，若要放在床鋪上，可以先將枕頭墊高，讓寶寶右側躺下即可。

但如果寶寶有習慣溢奶的話，要記得少量多餐為宜。有的孩子習慣溢奶，建議減少每次的餵奶量，增加餵奶次數，以少量多餐的方式哺餵。孩子溢奶的狀況通常會隨著年紀逐漸長大而改善，特別是當他開始能夠坐起或站立時，溢奶的狀況就會越來越少見了。

Part 6

食材應用篇

食材大變身！把孩子討厭的食物變美味

你家的寶寶會不會超固執不肯吃某些青菜，任媽媽再怎麼又騙又哄都不肯吃一口呢？沒關係，讓我們告訴你如何把小朋友討厭的蔬果來個「隱身術」，只要改變食物切法、烹調方式，就能讓寶寶開心吃，健康茁壯！

茄子
EGGPLANT

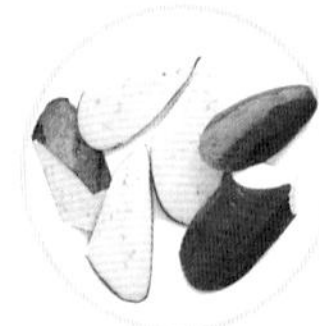

滾刀切

特點　一手穩住食材，一手持刀斜放後下切，再配合切刀，搭配食材的移動與滾切的動作來切割。

解析　滾動食材的角度儘量要適中，並且大小要具有一致性。刀即斷，距離儘量要一致，以免長度忽長忽短。

刀工動作解說

1

茄子洗淨後，以刀與茄子成30度角切下。

2

滾動一下茄子，從上一刀之切面下刀，讓成品呈現四面為長形三角滾刀切面，如此重複將整條茄子切完即可。

圓筒狀切

特點　一手穩住食材，一手執刀垂直落下，再取適當距離，持刀平切而下，反覆動作直到切完。

解析　以平切方式下刀，乾淨俐落、一刀即斷，距離儘量要一致，以免長度忽長忽短。

刀工動作解說

1

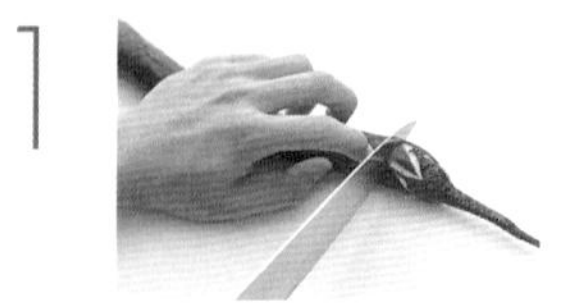

茄子洗淨後，以刀與茄子成直角切下，切除蒂頭。

2

茄子約取5公分長段，刀與茄子呈現垂直，由上而下直切茄子，如此重複將整條茄子切完即可。

半月條形

特點　一手穩住食材，一手執刀，垂直切下，將食材一剖為二。

解析　下刀乾淨俐落、一刀即斷，刀與食材呈垂直，一刀落下，食材要穩住，否則一旦滾動，就無法切出漂亮剖面。

刀工動作解說

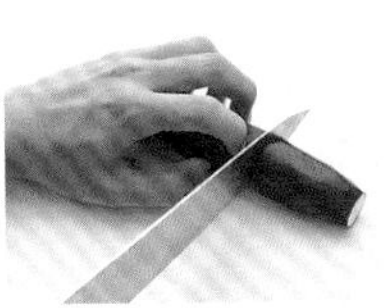

茄子洗淨後，以刀與茄子成直角切下，切除蒂頭，約取5公分長段，刀與茄子呈現垂直，由上而下直切。

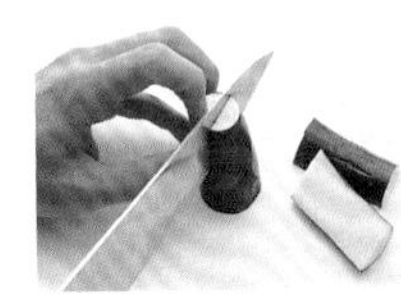

切好的長段，一切為二，形成半月條狀即可。

扇形切

特點　取一段圓筒狀食材，在1/4處切除，放平茄子後，均切薄片，但尾端留1公分不切斷，切割完成即可攤平。

解析　均切薄片時，可以45度角切入，施力不可過猛，以免將尾部切斷，就切不出漂亮的扇形。

刀工動作解說

1

茄子洗淨後，茄子約取5公分長段，刀與茄子呈現垂直，由上而下直切茄子，成圓筒狀。

2

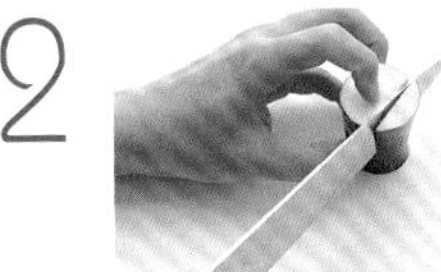

取一段茄子，在1/4處切除。

3

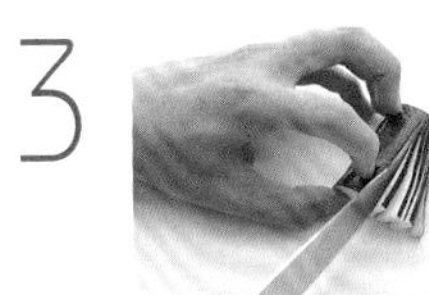

放平茄子後，以45度角斜切成薄片，但尾端留1公分不切斷，直至切割完成即可攤平，形成扇子狀即可。

直輪切片法

特點　一手穩住食材，一手持刀，順著材料頂端依序切下，直刀法切入茄子，以食材厚薄一致為首要條件。

解析　直輪切片法需靠兩手協調的進退配合，來進行切製，持刀要握直不可偏斜，才能將材料厚度切製整齊。

刀工動作解說

1

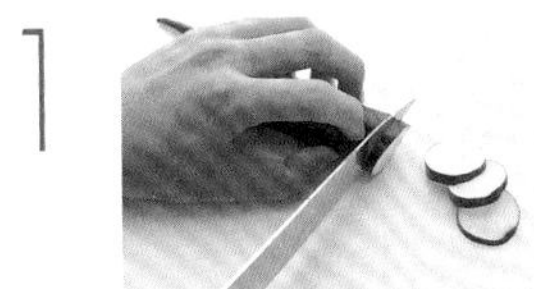

茄子洗淨後，以刀與茄子成直角切下，切除蒂頭。

2

滾動一下茄子，從上一刀之切面下刀，讓成品呈現厚薄一致的圓片狀，如此重複將整條茄子切完即可。

酥炸茄子佐大根醬油

材料

茄子1條、地瓜1/2個、四季豆1把、紫蘇葉5片

調味料

A料：酥炸粉2杯、水1/2杯

B料（蘿蔔泥醬）：蘿蔔泥1大匙、醬油1杯、芥末醬1小匙、糖1/2大匙

作法

1. 茄子洗淨，去除蒂頭後，切扇形狀；地瓜去皮、切片；四季豆洗淨、去頭尾，切段；紫蘇洗淨、去梗、瀝乾水分備用。
2. A料調勻，放入茄子、地瓜及紫蘇均勻裹勻，放入熱油鍋中炸至上色，撈出，瀝乾油分，放入盤中備用。
3. B料拌勻成為醬汁，食用時沾蘸即可。

焗烤起司茄子

材料

茄子1條、小黃瓜1條、火腿5片、奶油1/2杯、麵粉5大匙、鮮奶油1/2杯、水1/2杯

調味料

A料：鹽2小匙、胡椒粉1小匙

B料：焗烤起司1/2杯

作法

1. 茄子洗淨，去除蒂頭後，切圓片狀；小黃瓜洗淨、切圓片狀；火腿用壓模壓成圓片形。
2. 茄子放入熱油鍋中過油後撈出，瀝乾油分備用；火腿稍微煎過；烤盅內鋪入茄子、小黃瓜、火腿備用。
3. 鍋中放入奶油燒融，加入麵粉炒一下，依序加入鮮奶油、水及A料調勻，倒入烤盅內，撒上B料，放入已預熱烤箱中烤至上色即可。

青椒
BELL PEPPER

菱形切法

特點　菱形切法又稱象牙片切，通常都要將食材切為長條片狀，再一手持刀斜切而下，直到依序切完即成。

解析　以直刀斜切食材的角度以45度角，才能切出漂亮菱形。

刀工動作解說

1

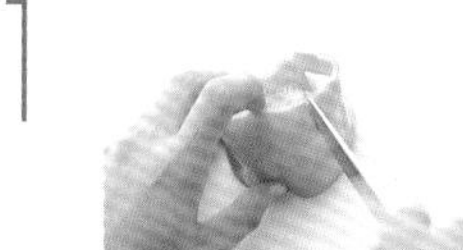

青椒去頭尾，直立切下一刀，將裡面的籽取出。

2

將青椒平放，均切成長條片狀備用。

3

取其中一條，用直刀斜切方式，依45度角切入，即成菱形片，依序完成其他即可。

輪圈切法

特點　一手穩住食材，一手持刀，順著材料頂端依序切下，直刀法切入青椒，可切厚片或薄片。

解析　操作時多以直刀法來切製，厚薄需一致。

刀工動作解說

青椒去頭尾，直立切下一刀，將裡面的籽取出。

2

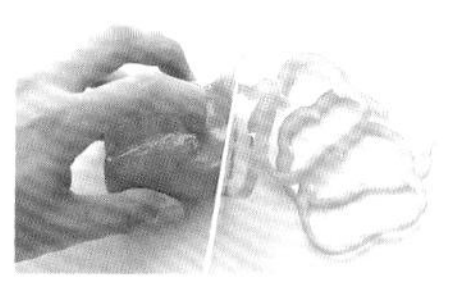

將青椒放平，從上一刀切下，讓成品呈現輪圈狀，切時需控制好距離，避免厚薄不一致。

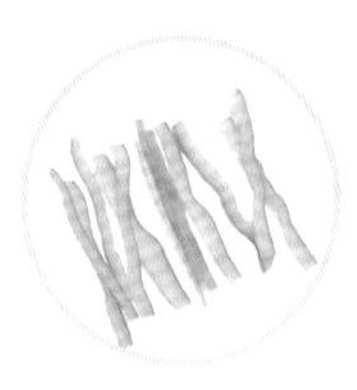

切絲法

特點　先將食材切為長條薄片狀，再依照食材的特性，橫切或直切成細絲。

解析　切成薄片的食材，可疊起數片，再切成細條絲狀。

刀工動作解說

1

青椒去頭尾，直立切下一刀，將裡面的籽取出，直立下刀，呈現5公分長之片狀。

2

將青椒平放，均切成細絲狀，亦可疊起其中數片，再均切成細絲狀即可。

半割法

特點　青椒橫放，一手持刀，一手穩住食材，從一半處直刀切下，一切為二，去除籽後即可使用。

解析　操作時多以直刀法來切製，儘量大小一致。

刀工動作解說

青椒放平，從一半處切下。

2

將裡面的籽取出，讓成品呈現大小一致的盅狀即可。

土司披薩

材料

厚片土司3片、青椒1個、鳳梨片3片、蝦仁150公克、三色蔬菜2大匙、番茄醬2大匙、洋蔥絲1/5個、大蒜末1/2大匙

調味料

A料：鹽1小匙、胡椒粉1/2小匙

B料：焗烤起司3大匙

作法

1. 青椒洗淨、去除蒂頭後，切輪圈形；土司一一抹上番茄醬備用。
2. 鍋中放入適量的油燒熱，加入洋蔥絲及大蒜末爆香，再加蝦仁及三色蔬菜拌炒均勻，加入A料炒熟做成餡料。
3. 土司均勻鋪入餡料，再一一撒上B料，放入已預熱烤箱中烤至起司融化上色即可。

青椒鑲肉

材料

青椒1個、太白粉1小匙、豬絞肉300公克、豆豉1大匙、薑末、蔥末、蒜頭末、紅辣椒末各適量

調味料

A料：蛋白1個、薑末1小匙、蔥末2小匙、胡椒粉、香油各1/2小匙、太白粉水1大匙、醬油、糖各3小匙

B料：高湯4杯、醬油1大匙、糖3大匙、蠔油、鮮雞粉各1大匙、胡椒粉1/2小匙

作法

1. 青椒洗淨、以半割法一切為二，挖除籽後內面撒上太白粉；豬絞肉加入A料拌勻，塞入青椒中，表面再撒上少許太白粉，放入熱油鍋中炸至上色，撈出。
2. 鍋中倒入適量的油燒熱，爆香豆豉、薑末、蔥末、蒜頭末、紅辣椒末，放入B料拌炒均勻煮滾，放入青椒燒約15分鐘至熟透入味即可。

南瓜

PUMPKIN

塊狀切法

特點　切塊狀的材料，通常會先切成長條狀或長段狀，而且通常都用於長時間的烹煮上。

解析　運用直刀下切的刀法，切成厚薄一致的長條狀，再切成小方塊。

刀工動作解說

1

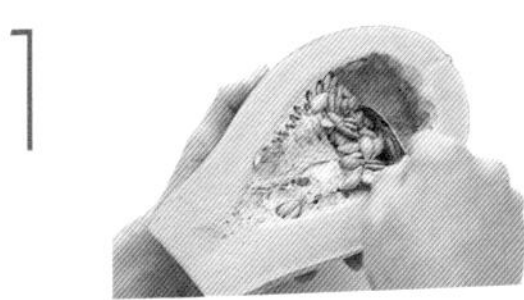

南瓜洗淨，對切一半、將裡面的籽取出。

2

取其中一半，均勻切成長條粗狀。

3

取其中一條，用直刀斜切方式切下，均切成1.5公分的正方塊狀，再依序完成其他即可。

薄片切法

特點　切薄片的材料，通常會先切成長條狀或長段狀，需靠兩手協調的進退配合來進行切製。

解析　運用直刀下切的刀法，切成厚薄一致的長條狀，再切成薄片。

刀工動作解說

1

南瓜洗淨，對切一半、將裡面的籽取出，取其中一半，均切成長條粗狀、去皮。

2

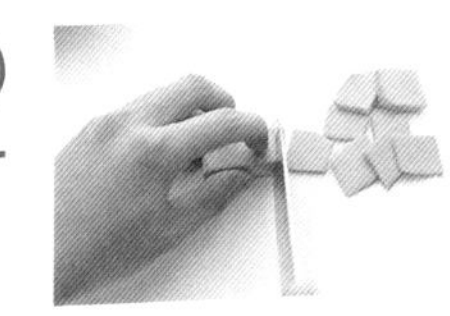

取其中一條，用直刀斜切方式切入，均切成1.5公分的薄片狀，再依序完成其他即可。

刨絲切法

特點　以刨絲器製作的材料，通常都是屬於肉質較為堅硬的食材，如芋頭、地瓜、南瓜或是扁蒲等等為多。

解析　刨絲器可說是廚房新手的救星，即使不會刀法，藉由刨絲器的輔助，也能刨出漂亮的絲狀。

刀工動作解說

1

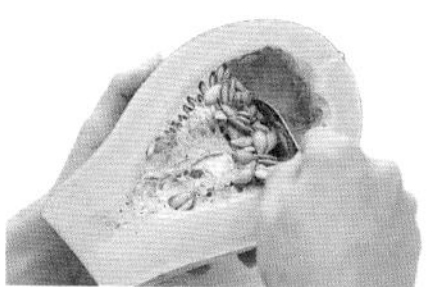

南瓜洗淨，對切一半、將裡面的籽取出，去皮，切長段。

2

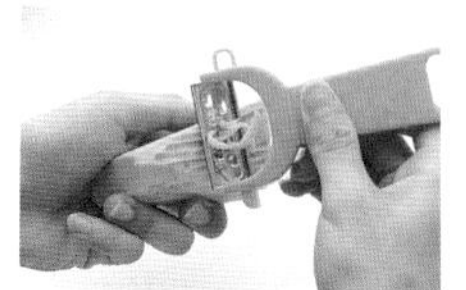

取其中一段，利用刨絲器或刨絲板刨成絲狀即可。

長條塊切法

特點　切長條狀或長段狀，一定要先將南瓜去除頭尾、剖半切開，且通常以長時間的烹煮或烘烤。

解析　運用直刀下切的刀法，切成厚薄一致的長條狀，大小要盡量一致。

刀工動作解說

1

南瓜洗淨，先去除頭尾，再對切一半。

2

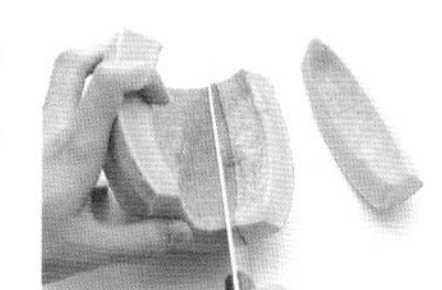

將裡面的籽取出，取其中一半，均切成長約10公分之長條粗塊狀即可。

容器法

特點　以容器法製作方式十分簡單，食材也十分的多樣化，只要先將食材在頭部1/3處直刀切下，一刀即可完成。

解析　運用直刀下切的刀法，只要掌握在頭部1/3處切下即可。

刀工動作解說

1

南瓜洗淨，從頭部1/3處切斷。

2

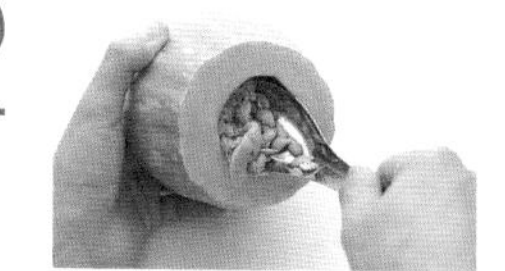

將裡面的籽挖除取出即可。

南瓜燜時蔬

材料

南瓜1/2個、青花菜、花椰菜各1/2個、紅辣椒1/2支、玉米筍5支、蔥末1/2大匙、蒜頭末2小匙、薑末1小匙

調味料

高湯3杯、鹽2小匙、鮮雞粉、糖各1小匙

作法

1. 南瓜洗淨、切塊狀，紅辣椒洗淨、去蒂及籽，放入油鍋中迅速過油、撈出。
2. 青花菜、花椰菜去老筋、切小朵，玉米筍洗淨，對切剖半，均放入滾水中川燙，撈出、瀝乾。
3. 鍋中倒入適量的油燒熱，爆香蒜頭末、蔥段、薑末，加入調味料煮滾，依序加入南瓜、花椰菜、玉米筍燜煮至熟，最後加入紅椒略拌即可。

焗烤起司雞肉南瓜

材料

南瓜1個、洋蔥末1大匙、三色蔬菜1杯、雞胸肉1副、奶油、高湯各1/2杯、麵粉1.5杯、焗烤起司3大匙

調味料

鹽2小匙、胡椒粉1小匙

作法

1. 南瓜洗淨，在頭部1/3處切下一刀，去籽，放入已預熱烤箱中烤15～20分鐘，取出備用。
2. 鍋中倒入適量的油燒熱，爆香洋蔥末，加入雞胸肉丁，再加入三色蔬菜、調味料炒勻，做成餡料備用。
3. 鍋中放入奶油燒融，加入麵粉及高湯炒成麵糊，南瓜盅先放入餡料，再鋪入麵糊，撒上焗烤起司，烤至起司融化且上色即可取出趁熱食用。

番茄
TOMATO

月牙形切法

特點　形似彎彎的月牙，要先將番茄切成長方片狀，再垂直切下，即可切成月牙條形。

解析　下刀乾淨俐落、一刀即斷，以免番茄一經擠壓，就無法切出漂亮的月牙形狀。

刀工動作解說

番茄洗淨後，去除蒂頭，刀與番茄呈現垂直，由上而下直切番茄，一分為二。

2

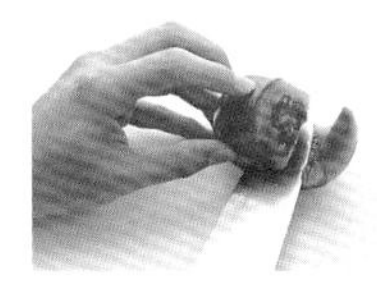

將番茄內部的籽去除乾淨。

切成長方片狀之後，再切成月牙條形即可。

橫輪切片法

特點　番茄直立，放平刀身，以平移橫剖方式切入，依序切成片狀，平刀法切入以薄又整齊為首要條件。

解析　橫切的輪切法需放平刀身，一手輕壓食材，再往內輕輕移動。

刀工動作解說

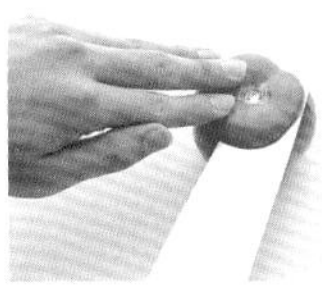

番茄直立，放平刀身，以平移橫剖方式切入。

2

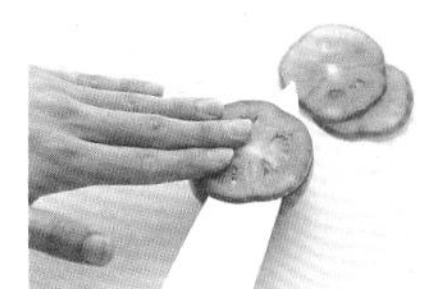

輪切切法，放平刀身，將番茄切成一片一片的圓片形狀。

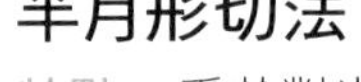

半月形切法

特點　番茄對半切開，取其中一半，再均切成薄片，讓每片呈現半月形。

解析　一刀即斷，下刀需乾淨俐落，切面向下，以免番茄一經擠壓出水，無法切出半月形狀。

刀工動作解說

1

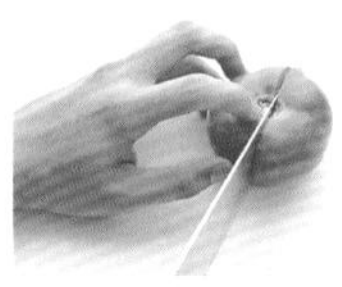

番茄洗淨後，去除蒂頭，刀與番茄呈現垂直，由上而下直切蕃茄，一分為二。

2

切面向下，再均切成薄片，讓每一片呈現半月形狀，另一半依序切完即可。

角塊切法

特點　番茄對半切開，取其中一半，由上而下直切蕃茄，再均切成三角塊狀，取其中一塊，以45度角一刀切入，形成小角塊狀。

解析　每個角塊一刀即斷，下刀需乾淨俐落，尤以45度角切入的角塊最工整又美觀。

刀工動作解說

番茄洗淨後，去除蒂頭，以45度角一刀切入，形成大三角角塊狀。

2

切面向上，以45度角切入，形成三角小角塊，剩下的依序切完即可。

挖空法

特點　番茄橫放，一手持刀，一手穩住食材，從1/5處直刀切下，去除頭部，將內部挖出即成。

解析　操作時多以直刀法來切製，儘量以一刀即斷的方式，較能做出漂亮的杯盅。

刀工動作解說

1

番茄放平，從1/5處切下一刀。

2

將內部挖空，讓成品呈現盅狀即可。

切丁法

特點　先將材料切成所需厚度及大小，再切成丁狀即成。

解析　丁依大小又可分為大丁、小丁，大丁是以粗條橫切而成；小丁則是細條加工而成，若就形狀而分，可分為菱形丁、三角丁及正方丁。

刀工動作解說

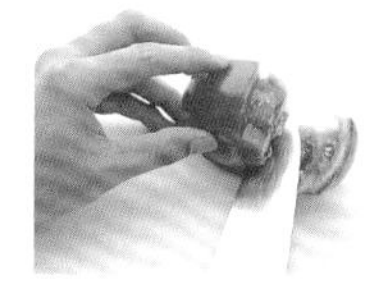

番茄洗淨、去頭、去尾，片開後去除內部籽的部分。

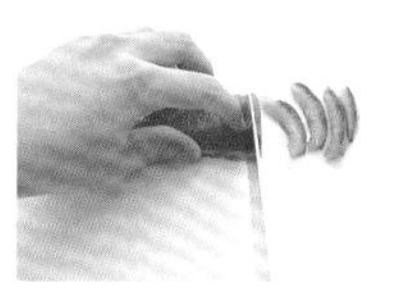

先一一切成長條狀。

3
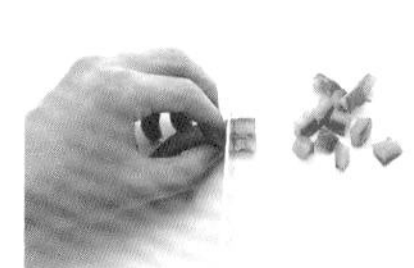

再均切成大小一致的小丁狀即可完成。

果香茄片冷盤

材料

番茄1個、白山藥1/3支、乳酪片3片

調味料

A料料（奇異果優格醬）：奇異果丁1個、優格2大匙、蜂蜜1大匙

作法

1. 番茄洗淨，去蒂，白山藥去皮，均切成半月形狀；乳酪片用壓模壓成圓片狀，對切一半；A料放入果汁機中打匀。
2. 所有材料排入盤中，最後淋上A料即可。

番茄莎莎佐薯片

材料

番茄1個、洋蔥1/5個、酸黃瓜1/2條、蒜頭2粒、紅蔥頭1粒、香菜末1大匙、洋芋餅乾片30公克

調味料

A料：橄欖油2大匙、水果醋1.5大匙、鹽1小匙、糖2小匙、胡椒粉1/3小匙

作法

1. 番茄洗淨，去頭部，挖出的果肉切小丁，拌入醬油，取一些鋪入番茄盅底部；A料拌勻備用。
2. 其他材料分別燙熟撈出、沖冷開水、瀝乾，拌入A料，均放入番茄盅即可食用。

TIPS

莎莎醬可說充滿了濃郁的香氣，對於喜歡濃郁口感，又不喜歡動鍋鏟的現代人來說，是一道不錯的代餐。

小黃瓜

CUCUMBER

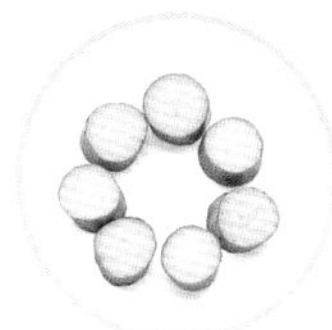

小口塊切法

特點　小黃瓜橫放，一手穩住食材，一手執刀垂直落下，切成2公分小口塊，持刀平切而下，反覆動作直到切完。

解析　下刀乾淨俐落、一刀即斷，以平切方式且距離要一致，以免長度忽長忽短。

刀工動作解說

1

小黃瓜洗淨後，平放，以刀與小黃瓜成直角切下，距離約為2公分，如此重複將整條小黃瓜切完即可。

薄片切法

特點　以薄片切製的食材多為短時間烹調為主，操作時多以直刀、平刀或是斜刀法來切製，以薄又整齊為首要條件。

解析　薄片切法需靠兩手協調的進退配合，來進行切製，才能將材料切製整齊劃一。

刀工動作解說

1

小黃瓜須橫放，以刀與小黃瓜呈現90度角切下。

切絲法

特點　先將食材切為長條薄片狀，再依照食材的特性，橫切或直切成細絲即成。

解析　切成薄片的食材，可疊起數片，切成細條絲狀，但遇較厚且寬的食材則不適合。

刀工動作解說

1

小黃瓜洗淨，平放去除頭尾，約從6公分處切下一刀。

2

將小黃瓜平放，均切成一片片的片狀。

3
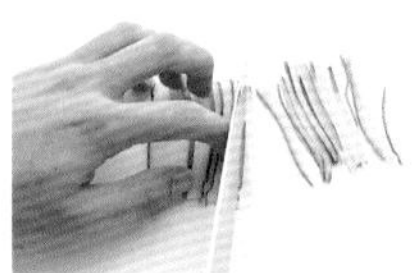
切成片狀的小黃瓜再切細絲狀，亦可疊起其中數片，再均切成細絲狀即可。

滾刀切

特點　又稱為滾料塊的滾刀法，切割時需一手穩住食材，一手持刀斜放後下切，再配合切刀，搭配食材的移動與滾切的動作來切割。

解析　滾動食材的角度儘量要適中，並且最好具有一致性。

刀工動作解說

1

以刀與茄子成30度角切下，從上一刀之切面下刀，讓成品呈現四面為長形三角滾刀切面。

長菱形切法

特點　長菱形切法通常都要先將食材切為長條片狀，再斜切而下，是菱形切法的放大版本，再依序切完所有食材即成。

解析　以直刀斜切食材的角度以45度角，才能切出漂亮長菱形。

刀工動作解說

1

小黃瓜去頭尾，直切一刀。

2

將小黃瓜平放，再均切成四等分，橫切去籽，用直刀斜切方式，45度角切入，即成菱形片，依序完成其他即可。

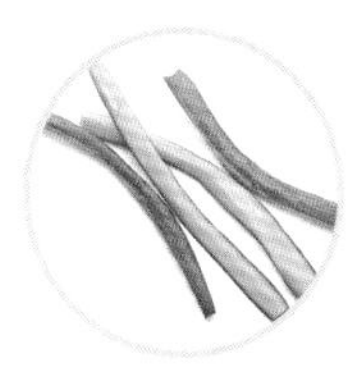

長條棒切法

特點　切長條棒狀或長段狀，一定要先將小黃瓜去除頭尾、剖半切開，再對等均切成4等分。

解析　運用橫切剖面的刀法，切成厚薄一致的長條狀，大小要盡量一致。

刀工動作解說

1 

小黃瓜洗淨，去除頭尾，對切一半。

2 

再對切成4等分，橫切去籽，均切成長條狀即可。

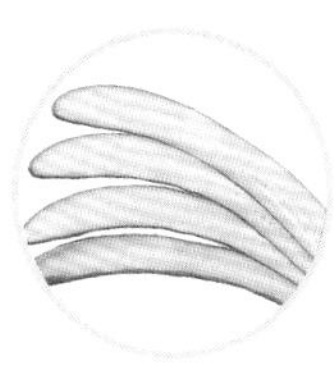

長條片狀切法

特點　切長條狀或長段狀，一定要先將食材去除頭尾，並在1/5處以直刀下切，將其切除。

解析　運用橫剖平切的刀法，切成厚薄一致的長條片狀。

刀工動作解說

1 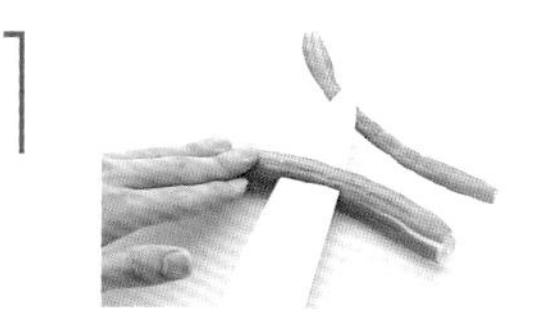

小黃瓜洗淨，去除頭尾，在1/5處以直刀而下切除。

2 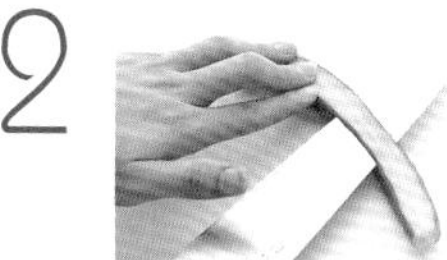

小黃瓜橫放，運用橫剖平切的刀法，切成厚薄一致的長條片狀即可。

長條捲片切法

特點　長條捲片狀切又稱為滾料批，切時一手要按壓食材一手將刀身平放，由底部切入材料後，平移運行再滾動材料，邊削邊滾動。

解析　適用於圓形或橢圓形的食材。

刀工動作解說

1 

小黃瓜洗淨，去除頭尾，約取7～8公分長下刀取段。

2 

小黃瓜橫放，一手按壓，一手將刀身平放，由小黃瓜外圍切入後，平移運行再滾動材料，邊削邊滾動。

TIPS

優格的口味種類非常多，除了原味之外，還有草莓、藍莓等等可供選擇，可以選擇自己喜愛的口感來搭配。

迷迭香優格小黃瓜

材料

小黃瓜1.5條、新鮮迷迭香2支、水煮蛋1/2個、小番茄4個

調味料

A料：優格2大匙、美乃滋3大匙、蜂蜜1/2大匙

作法

1. 小黃瓜洗淨，去除頭尾端，切成小口塊；迷迭香去除莖部，留下葉片備用。
2. 水煮蛋切塊狀；小番茄洗淨，對切一半備用。
3. 將全部材料加入A料拌勻，即可食用。

棒棒雞絲

材料

粉皮1張、新鮮小黃瓜2/3條、雞胸肉1/2副、蔥段1支、薑片3片、米酒1大匙、鹽2小匙

調味料

A料（芝麻醬）：芝麻醬3大匙、味噌1大匙、醬油1.5大匙、糖2小匙、香油1小匙

作法

1. 小黃瓜洗淨，切去頭尾，切絲備用；滾水中加入蔥段、薑片及米酒煮滾，放入雞胸肉以大火煮滾，改小火續煮至熟，撈出，放涼後撕成絲狀備用。
2. 粉皮放入滾水中川燙，泡入冰冷開水中，撈出、切絲；調味醬拌勻後備用。粉絲皮、雞胸肉及小黃瓜絲依序排入盤中，淋上醬汁即可。

苦瓜
BITTER GOURD

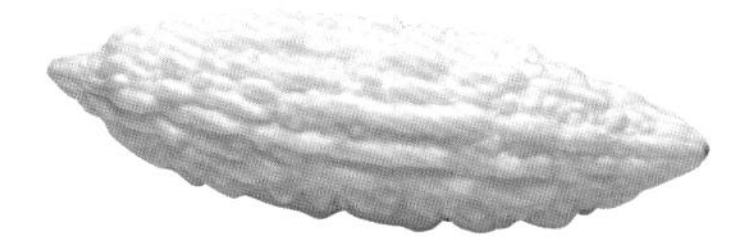

塊狀切法

特點 切塊狀的材料，通常會先切成長條狀或長段狀，而且在烹調上大都運用在長時間的烹煮上。

解析 運用直刀下切的刀法，切成厚薄一致的條狀，再切成塊狀，切時大小要一致。

刀工動作解說

1
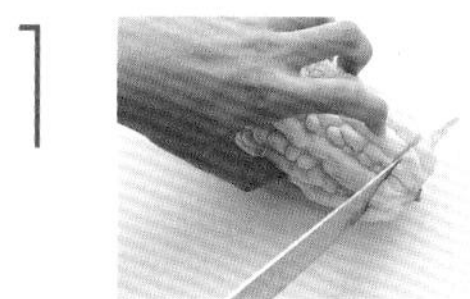
苦瓜洗淨，去除頭部。

2
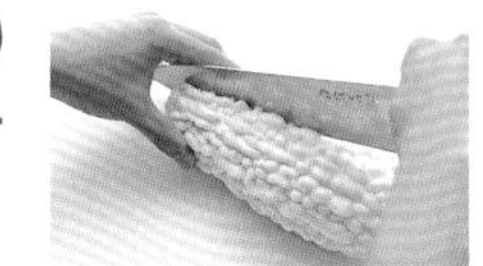
放平，剖開，一分為二。

3

用湯匙挖除內部的籽。

4
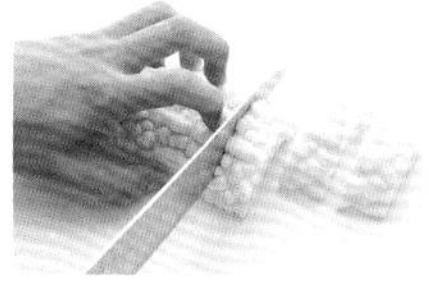
均切為約4公分的塊狀，再依序完成其他即可。

薄斜片切法

特點 切薄片的材料，通常會先切成長條狀或長段狀，需靠兩手協調的進退配合來進行切製。

解析 運用直刀下切的刀法，切成厚薄一致的條狀，再以45度角切入，切成斜薄片。

刀工動作解說

1

苦瓜洗淨，去除頭部，放平，剖開，一分為二。

2

用湯匙挖除內籽，斜切成薄片狀，再依序完成其他即可。

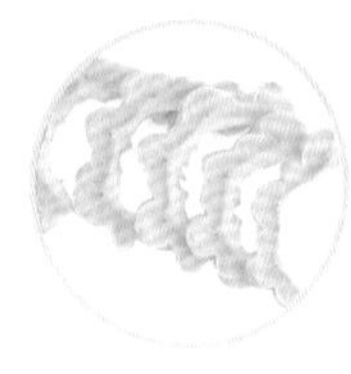

半彎片狀切

特點　下刀乾淨俐落、一刀即斷，取適當距離約0.3公分，持刀平切而下，反覆動作直到切完。

解析　通常運用在圓形食材上，採直切方式且距離儘量要一致，以免成品忽薄忽厚。

刀工動作解說

1

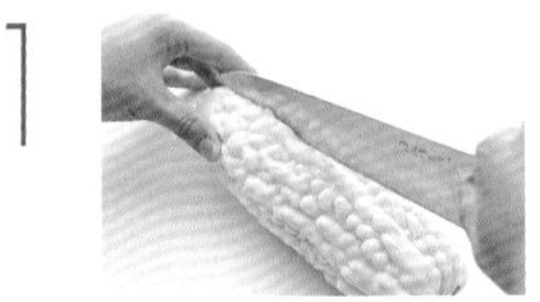

苦瓜洗淨後，去除頭尾，一刀落下，一分為二。

2

去籽後，均切成0.3公分厚的半彎片狀，如此重複地將整條苦瓜切完即可。

輪切法

特點　持刀要握直不可偏斜，直刀法切入，先去除頭尾，再取適當距離，均切成長短一致、厚薄一致的輪狀。

解析　輪切切法十分簡單，只要切出適合的長度，再將中間挖空即成。

刀工動作解說

1

苦瓜洗淨後，去除頭尾。

2

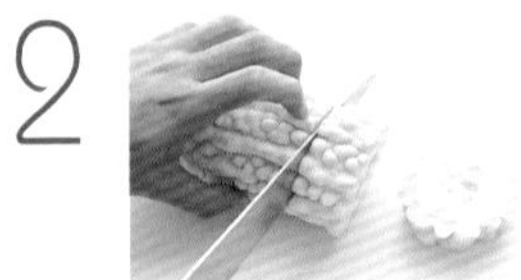

約取5公分長，一刀落下，讓成品呈現圓盅狀。

3

去籽挖空後即可。

鳳梨苦瓜雞

材料

苦瓜1/2條、鹹鳳梨3塊、雞腿1支、薑片2片、米酒1大匙

調味料

糖、鮮雞粉、香油各1小匙

作法

1. 苦瓜洗淨、去頭尾、去籽後切大塊。
2. 雞腿剁成塊狀，放入滾水中川燙去除血水。
3. 鍋中倒入適量的水煮滾，放入雞塊及苦瓜，以大火煮滾，改小火續煮約50分鐘至熟，熄火後加入調味料拌勻即可。

TIPS

鳳梨苦瓜雞清甜又爽口美味，深受許多人的喜愛，只要將雞肉事先川燙一下去除血水，就可喝到清爽又不混濁的湯頭。

樹子苦瓜蒸肉

材料

苦瓜盅2個、樹子1大匙、豬絞肉150公克、蔥花2小匙、香菜適量

調味料

蛋白1個、全蛋1小匙、薑末1/3小匙、蔥末1/2小匙、水2小匙、香油1/2小匙、鮮雞粉1/2小匙、太白粉水1/2小匙、醬油、糖各1小匙

作法

1. 豬絞肉加入所有調味料拌勻，均勻填入苦瓜盅、表面放上樹子。
2. 做好的苦瓜盅，放入蒸盤上，移入蒸籠或電鍋以大火蒸約10分鐘，取出，撒上蔥花及香菜即可。

TIPS

在肉餡上放上樹子時，最好可以略微壓實一下，以免蒸煮時容易掉落，如果使用的是罐頭樹子，也可以加入一些湯汁一起蒸煮，味道會更好。

秋葵

OKRA

斜片切法

特點　切斜片的材料，通常會先切成長條狀或長段狀，運用直刀下切的刀法，切成厚薄一致的條狀，再以45度角切入，切成斜片。

解析　需靠兩手協調的進退配合來進行切製，厚薄要一致。

刀工動作解說

秋葵洗淨，放平，去除頭部。

2

斜切成約0.3公分之片狀，再依序完成其他即可。

小口塊切法

特點　切小口塊狀的材料，通常會先切成長條狀或長段狀，再均切成小口塊狀。

解析　運用直刀下切的刀法，切成大小一致的扇形小方塊。

刀工動作解說

秋葵洗淨，放平，去除頭部。

2

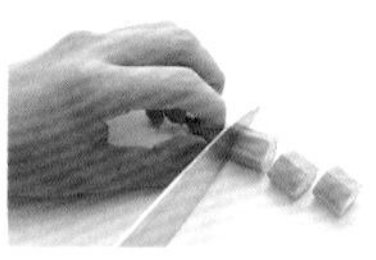

均切成約1.5公分之小口塊狀，再依序完成其他即可。

小口片狀切法

特點　小口片狀需切成厚薄一致的條狀，再以直切度角切入，切成片狀，因此將食材先切成長條狀或長段狀，再運用直刀下切的刀法即可。

解析　要求厚薄一致的小口片切，需靠兩手協調的進退配合。

刀工動作解說

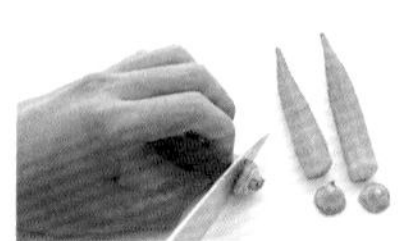

秋葵洗淨，放平，去除頭部。

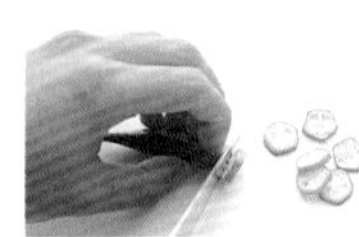

斜切成約0.3公分之小口片狀，再依序完成其他即可。

咖哩炒秋葵

材料

秋葵4支
玉米筍1支
紅蘿蔔片5片
魚板3片
蔥花1小匙
蒜頭末1/2小匙
辣椒片1支
咖哩粉1大匙

調味料

鹽
鮮雞粉各1/2小匙
糖1小匙
胡椒粉1/3小匙
水1/2杯

TIPS

秋葵也可以事先以熱水川燙一下，如此可以縮短拌炒時間，保持青翠又漂亮的色澤，增加食欲。

作法

1. 秋葵洗淨，去除蒂頭，玉米筍洗淨、切斜片。
2. 紅蘿蔔、魚板放入滾水中川燙、撈出、瀝乾水分備用。
3. 鍋中倒入適量沙拉油燒熱，爆香蔥花、蒜頭末、辣椒片、咖哩粉炒至香味逸出，加入全部材料及所有調味料拌炒均勻即可。

紅蘿蔔

CARROT

切絲法

特點　先將食材切為長條薄片狀，再依照食材的特性，以橫切或直切成細絲即成。

解析　切成薄片的食材，可疊起數片，均勻切成細條絲狀。

刀工動作解說

1

紅蘿蔔去皮，取8公分長段，切除4邊。

2

再切成薄片狀。

3

最後均切成細絲狀，亦可疊起其中數片，再均切成細絲狀。

條狀切法

特點　切條狀或長段狀，一定要先將紅蘿蔔從5公分處切下，去除，切厚片狀後再切條狀。

解析　運用直刀下切的刀法，切成厚薄一致的長條狀，大小要盡量一致。

刀工動作解說

1

紅蘿蔔取約5公分處切下。

2

修去四邊，再改成約0.5公分之厚片。

3

最後切成條狀即可。

粒狀切法

特點　切粒狀的材料，通常會先修去四邊，再切成長條狀或長段狀，再均切成小粒狀，食材切面才會更工整。

解析　運用直刀下切的刀法，切成大小厚薄一致的小粒狀。

刀工動作解說

紅蘿蔔修去四邊、去皮。

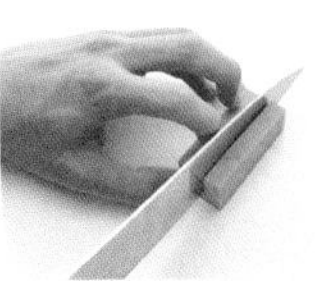

均切成約0.5公分的厚片。

再將厚片均切成條狀。

最後將條狀均切成0.5×0.5公分小粒狀即完成。

波浪片切法

特點　切波浪片的材料，通常會先修去四邊，再以波浪刀切成長條狀或長段狀，讓切面更工整。

解析　運用波浪刀下切的垂直刀法，切成厚薄一致的片狀。

刀工動作解說

紅蘿蔔取5公分長短。

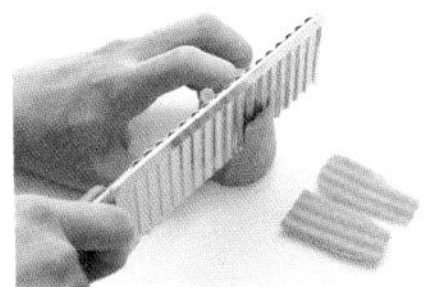

以波浪刀修去四邊、去皮，切成工整柱狀。

再將厚片均切成約0.5公分的厚片。

菱形丁切法

特點　菱形切法可大可小，切入角度不同，大小就會不一，通常都要將食材切為長條片狀，再一手持刀斜切而下，依序切完即成。

解析　以直刀斜切食材的角度以45度角切入，才能切出漂亮菱形。

刀工動作解說

1

紅蘿蔔取8公分的長度，修去四邊，成工整狀。

2

再將厚片，切成寬度約0.5公分之條狀。

3

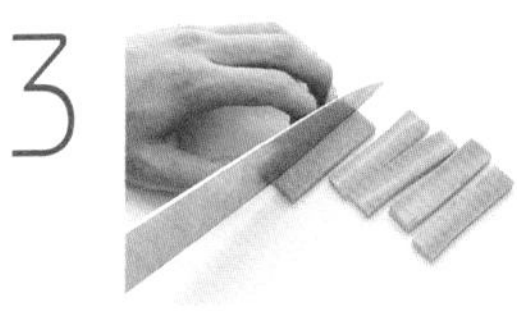

將紅蘿蔔平放，均切成0.5公分之厚片。

4

用直刀斜切方式，45度角切入，即成菱形片，依序完成其他即可。

挖球切法

特點　以挖球切法的食材，通常都以瓜類居多，且要事先去皮之後，再以挖球器挖出漂亮圓形。

解析　運用挖球器的刀法，要挖出漂亮球形，一定要用力下挖，才能做出完整的球狀。

刀工動作解說

1

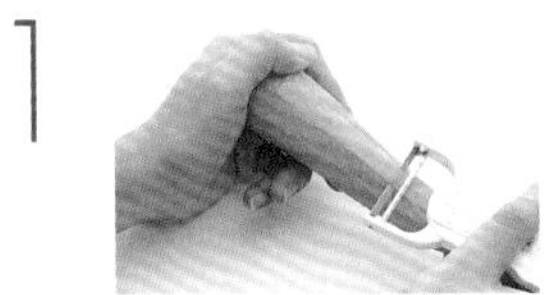

紅蘿蔔削皮。

2

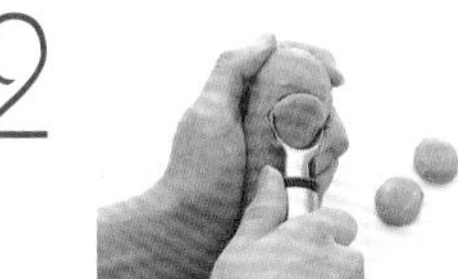

用挖球器挖入，轉圈，成球形即可。

刨長片狀

特點　以削皮刀直接消成細薄狀，是十分簡易的刀法，先將紅蘿蔔削外皮，再直接刨拉成長片狀。

解析　運用削皮刀削切的方法，通常都是削成長條狀或長段狀，形成厚薄一致的條狀即可。

刀工動作解說

1

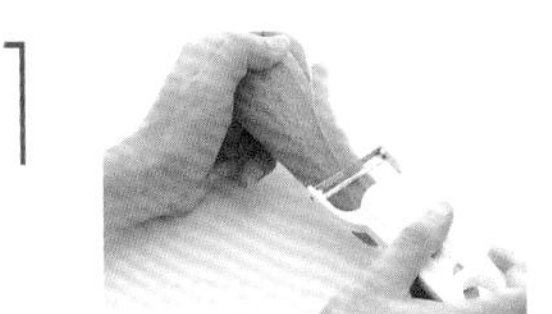

將紅蘿蔔削去外皮。

取其中一條，直接刨拉成長片狀即可。

桂花拌紅蘿蔔球

材料

紅蘿蔔1/2條、桂花醬1大匙

調味料

水1.5杯、糖1.5大匙

作法

1. 將紅蘿蔔挖球狀，稍川燙備用。
2. 將紅蘿蔔球及調味料放入鍋中以小火燒煮約10分鐘，加入桂花醬再燒煮約1.5分鐘即可，可熱食，也可冰鎮後食用。

TIPS

如果做成冰品食用，可加些煮熟的白木耳，不僅可增加口感，同時更添營養及美味。

椒鹽拌紅長

材料

紅蘿蔔1條、麵粉1/2杯、巴西粒碎1小匙

調味料

鹽1/2小匙、胡椒粉1/3小匙

作法

1. 紅蘿蔔刨成長片狀，打上麵粉，放入熱油鍋中，快速炸過、撈出、瀝乾油分。
2. 炸好的紅蘿蔔片擺入盤中，撒上巴西粒末，可搭配胡椒鹽食用。

TIPS

刨長片狀時，施力要一致，才能刨出厚薄一致的片狀，不致影響油炸的時間以及油炸後的口感。

洋蔥

ONION

菱形切法

特點　通常都要將食材切為長條片狀，再一手持刀斜切而下即成，菱形切法以切入角度不同，大小就會不一。

解析　以45度角切入，直刀斜切食材才能切出漂亮菱形。

刀工動作解說

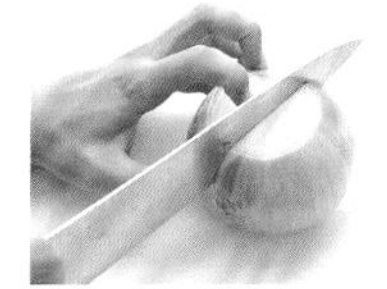

洋蔥去除頭尾，一切為二。

2

取其中一條，先切成0.5公分寬之長條狀。

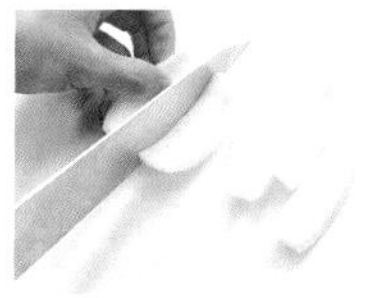

用手撥開外圍，取大片使用。

再用直刀斜切方式，切成菱形丁片，依序完成其他即可。

圓圈片切法

特點　一手穩住食材，順著材料頂端依序切下，直刀法切入洋蔥，去除頭尾，再均切成厚片。

解析　操作時多以直刀法來切製，需小心把握好距離，避免厚薄不一致。

刀工動作解說

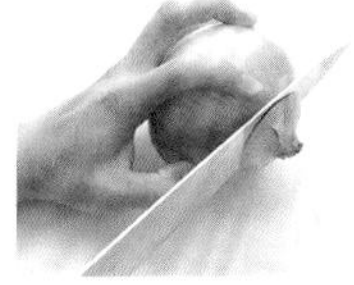

洋蔥切去頭尾，將外皮剝除。

切成約0.6公分的厚片狀。

圈狀切法

特點　一手穩住食材，順著材料頂端依序切下，直刀法切入洋蔥，切成0.3公分的片狀。

解析　操作時多以直刀法來切製，需把握好距離，避免厚薄不一致。

刀工動作解說

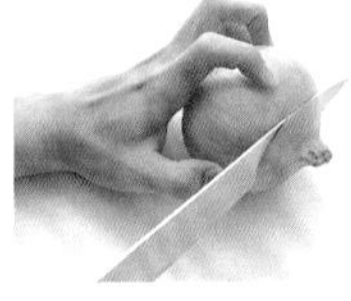

洋蔥切去頭尾。

2

切成厚約0.3公分的片狀。

3

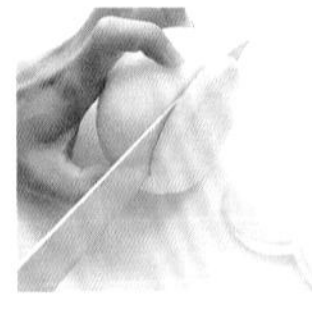

將外皮剝除。

4

用手剝開成為圈狀即成。

酥炸洋蔥圈

材料

洋蔥1個
酥炸粉1.5杯
水1/2杯～2/3杯

調味料

鹽、胡椒粉各1小匙

TIPS

不要一次投入太多洋蔥圈，避免洋蔥圈擠在一起，受熱不均勻，炸出來的顏色不漂亮。

作法

1. 洋蔥去皮，切圈狀；將酥炸粉及水調勻，洋蔥圈均勻沾裹備用。
2. 鍋中倒入2大匙油燒熱至160℃，放入洋蔥圈炸至上色，撈出，瀝乾油分，食用時沾調勻的調味料即可。

食物代換表

資料來源：行政院衛生署

「食物代換表」將一些相似營養價值的定量食物歸於一類，而用於飲食計劃中變化食物種類，我們將所有食物分成七大類：奶類、肉類、豆製品類、主食類、蔬菜類、水果類、油脂類。

每一類代換表中所有食物，幾乎含相似的熱量、蛋白質、脂肪及醣類。同時所含的礦物質及維生素的種類也相似。

稱量換算表

1杯＝16湯匙＝240公克(cc)	1公斤＝1000公克＝2.2磅
1湯匙＝3茶匙	1磅＝16盎司＝454公克
1台斤(斤)＝600公克＝16兩	1盎司＝30公克
1兩＝37.5公克	1市斤＝500公克

每一類的食物所能供給的營養素不盡相同，沒有任何單一的食物能供給身體所需的所有營養素，但它們卻有互補作用、相互代替作用，因此，各類食物一起供應，才能達到均衡飲食的需要，也才能得到維持健康所需的所有營養素。

各類食物代換表

<table>
<tr><td rowspan="13">奶類</td><td rowspan="5">全奶脂</td><td colspan="3">每份含蛋白質8克，脂肪8克，醣類12公克，熱量150大卡</td></tr>
<tr><td>名稱</td><td>份量</td><td>計量</td></tr>
<tr><td>全脂奶</td><td>1杯</td><td>240毫升</td></tr>
<tr><td>全脂奶粉</td><td>4湯匙</td><td>35公克</td></tr>
<tr><td>蒸發奶</td><td>1/2杯</td><td>120毫升</td></tr>
<tr><td rowspan="4">低脂</td><td colspan="3">每份含蛋白質8克，脂肪4克，醣類12公克，熱量120大卡</td></tr>
<tr><td>名稱</td><td>份量</td><td>計量</td></tr>
<tr><td>低脂奶</td><td>1杯</td><td>240毫升</td></tr>
<tr><td>低脂奶粉</td><td>3湯匙</td><td>25公克</td></tr>
<tr><td rowspan="4">脱脂</td><td colspan="3">每份含蛋白質8克，醣類12公克，熱量80大卡</td></tr>
<tr><td>名稱</td><td>份量</td><td>計量</td></tr>
<tr><td>脱脂奶</td><td>1杯</td><td>240毫升</td></tr>
<tr><td>脱脂奶粉</td><td>3湯匙</td><td>25公克</td></tr>
</table>

	每份含蛋白質2公克，醣類15公克，熱量70大卡					
	名稱	份量	可食重量(公克)	名稱	份量	可食重量(公克)
五穀根莖類	米、小米、糯米……等	1/10杯	20	大麥、小麥、蕎麥……等麥片		20
	＊西谷米(粉圓)	2湯匙	20	麥粉、麵粉	3湯匙	20
	＊米苔目(溼)		80	麵條(乾)		20
	＊米粉(乾)		20	麵條(溼)		30
	＊米粉(溼)		30～50	麵條(熟)	1/2碗	60
	爆米花(不加奶油)	1杯	15	拉麵	1/4杯	25
				油麵	1/2杯	45
	飯	1/4碗	50	鍋燒麵		60
	粥(稠)	1/2碗	125	◎通心粉(乾)	1/3杯	30
	◎薏仁	1又1/2湯匙	20	麵線(乾)		25
	◎蓮子(乾)	32粒	20	饅頭	1/4個(大)	30
	栗子(乾)	6粒(大)	20	吐司	1片(小)	25
	玉米粒	1/3根或1/2杯	50	餐包	1個(小)	25
	菱角	12粒	80	漢堡麵包	1/2個	25
	馬鈴薯(3個／斤)	1/2個(中)	90	蘇打餅乾	3片	20
	蕃薯(4個／斤)	1/2個(小)	60	餃子皮	4張	30
	山藥	1個(小)	70	餛飩皮	3～7張	30
	芋頭	滾刀塊3～4塊或1/5個(中)	60	春捲皮	2張	30
				燒餅(+1/2茶匙油)	1/2個	30
				油條(+1茶匙油)	1/2根	35
	荸薺	10粒	100	甜不辣		35
	南瓜		100	◎紅豆、綠豆、蠶豆、刀豆		20
	蓮藕		120			
	白年糕、芋粿		30	◎花豆		40
	小湯圓(無餡)	約10粒	30	◎豌豆仁		85
	蘿蔔糕(6×8×1.5公分)	1塊	70	△菠蘿麵包	1/3個(小)	20
				△奶酥麵包	1/3個(小)	20
	豬血糕		30			

1.＊蛋白質含量較其他主食為低；另如：冬粉、涼粉皮、藕粉、粉條、仙草、愛玉之蛋白質含量亦甚低，飲食需限制蛋白質時可多利用。

2.◎每份蛋白質含量(克)：薏仁2.8，蓮子3.2，通心粉4.6，豌豆仁5.0，紅豆4.7，綠豆4.9，花豆4.4，刀豆4.9，蠶豆6.2，較其他主食為高。

3.△菠蘿、奶酥麵包類油脂含量高。

肉、魚、蛋類低脂	每份含蛋白質7公克，脂肪3公克以下，熱量55大卡			
	項目	食物名稱	可食部份生重(公克)	可食部份熟重(公克)
	水產	蝦米、小魚干	10	
		小蝦米、牡蠣干	20	
		魚脯	30	
		一般魚類	35	30
		草蝦	30	
		小卷(鹹)	35	
		花枝	40	30
		章魚	55	
		＊魚丸(不包肉)(＋12公克醣類)	60	60
		牡蠣	65	35
		文蛤	60	
		白海參	100	
	家畜	豬大里肌(瘦豬前腿肉)(瘦豬後腿肉)牛腩、牛腱	35	30
		＊牛肉干(＋10公克醣類)	20	
		＊豬肉干(＋10公克醣類)	25	
		＊火腿(＋５公克醣類)	45	
	家禽	雞里肌、雞胸肉	30	
		雞腿	35	
	◎內臟	牛肚、豬心、豬肝、雞肝、	40	30
		雞肫		25
		膽肝	25	
		豬腎	60	
		豬血	220	
	蛋	雞蛋白	70	

1.＊含醣類成分、熱量較其他食物為高。

2.◎含膽固醇較高。

	每份含蛋白質7公克，脂肪5公克，熱量75大卡			
	項目	食物名稱	可食部份生重(公克)	可食部份熟重(公克)
肉、魚、蛋類低脂	水產	虱目魚、烏魚、肉鯽、鹹醞魚	35	30
		魚	25	
		＊魚肉鬆(＋10公克醣類)	50	
		＊虱目魚丸、＊花枝丸(＋7公克醣類)	60	
		＊旗魚丸、＊魚丸(包肉)(＋7公克醣類)	35	30
	家畜	豬大排、豬小排、羊肉、豬腳	20	
		＊豬肉鬆(＋5公克醣類)		
	家禽	雞翅、雞排	35	
		雞爪	30	
		鴨賞	20	
	◎內臟	豬舌	40	
		豬肚	50	
		豬小腸	55	
		豬腦	60	
	蛋	雞蛋	55	

肉、魚、蛋類中脂	每份含蛋白質7公克，脂肪10公克，熱量120大卡			
	水產	秋刀魚 鱈魚	35 50	
	家畜	豬後腿肉、牛條肉 臘肉 ＊豬肉酥(＋5公克醣類)	35 25 20	
	◎內臟	雞心	50	

肉、魚、蛋類高脂	每份含蛋白質7公克，脂肪10公克以上，熱量135大卡以上，應避免食用			
	家畜	豬蹄膀 梅花肉、豬前腿肉、五花肉 豬大腸	40 45 100	
	加工製品	香腸、蒜味香腸 熱狗	40 50	

1.＊含醣類成分、熱量較其他食物為高。

2.◎含膽固醇較高。

豆類及其製品	每份含蛋白質7公克，脂肪3公克，熱量55大卡		
	食物名稱	可食部份生重(公克)	可食部份熟重(公克)
	黃豆(＋5公克醣類)	20	
	毛豆(＋10公克醣類)	60	
	豆皮	15	
	豆包(濕)	25	
	豆腐乳	30	
	臭豆腐	60	
	豆漿	240毫升	
	麵腸	40	
	麵丸	40	
	烤麩	40	

豆類及其製品	每份含蛋白質7克，脂肪5公克，熱量75大卡		
	食物名稱	可食部份生重(公克)	可食部份熟重(公克)
	豆枝	20	
	干絲、百頁、百頁結	25	
	油豆腐(＋2.5公克油脂)	35	
	豆豉	35	
	五香豆干	45	
	素雞	50	
	黃豆干	70	
	豆腐	110	
	每份含蛋白質7克，脂肪10公克，熱量120大卡		
	食物名稱	可食部份生重(公克)	可食部份熟重(公克)
	麵筋泡	20	

蔬菜	每份100公克(可食部份)含蛋白質1公克，醣類5公克，熱量25大卡					
	冬瓜	海茸	白莧菜	花椰菜	絲瓜(角瓜)	苦瓜
	鮮雪裡紅	空心菜	葫蘆	小白菜	綠竹筍	菁籃
	佛手瓜	大白菜	金針(濕)	綠豆芽	西洋菜	捲心萵菜
	青江菜	＊油菜	大黃瓜	苜蓿芽	芥藍菜	石筍
	扁蒲	＊大頭菜	韭菜	＊茼蒿菜	蘿蔔	萵仔菜
	大心菜(帶葉)	高麗菜	絲瓜(長)	捲心芥菜	麻竹筍	芥菜
	芋莖	＊萵苣	桂竹筍	蘆筍	芹菜	韭黃
	＊京水菜	＊鮑魚菇	木耳(濕)	蕃茄(小)	＊胡蘿蔔	紅鳳菜
	茄子	蕃茄(大)	小黃瓜	皇宮菜	萵苣莖	扁豆
	玉蜀黍	韭菜花	青椒	茄茉菜	菱白筍	蘆筍(罐頭)
	洋蔥	＊冬筍	紫色甘籃			
	玉米筍	紅菜豆	菜豆	青花菜	金絲菇	水甕菜
	肉豆	小麥草	四季豆	九層塔	＊龍鬚菜	＊豌豆苗
	榻棵菜	＊孟宗筍	洋菇	豌豆嬰	＊菠菜	甜豌豆夾
	＊黃豆芽	冬莧菜	角菜	豌豆莢	皇帝豆	高麗菜心
	＊紅莧菜	蘑菇	黃秋葵	水厥菜	＊草菇	黃秋葵
	蘆筍花	香菇(濕)	蕃薯葉			

1.醃製品之蔬菜類含鈉量高，應少量食用。

2.＊表每份蔬菜類含鉀量*300毫克(資料來源：靜宜大學高教授美丁)。

3.本表下欄之蔬菜蛋白質含量較高。

	每份含蛋白質15公克，熱量60大卡				
	食物名稱	購買量（公克）	可食量（公克）	份量(個)	備註直徑x高(公分)
水果	香瓜	185	130		
	紅柿(6個/斤)	75	70	3/4	
	浸柿(硬)(4個/斤)	100	90	2/5	
	紅毛丹	145	75		
	柿干(11個/斤)	35	30	2/3	
	黑棗	20	20	4	
	李子(14個/斤)	155	145	4	
	石榴(1又1/2個/斤)	150	90	1/3	
	人心果	85			
	蘋果(4個/斤)	125	110	4/5	
	葡萄	125	100	13	
	橫山新興梨(2個/斤)	140	120	1/2	
	紅棗	25	20	9	
	葡萄柚(1又1/2個/斤)	170	140	2/5	
	楊桃(2個/斤)	190	180	2/3	
	百香果(8個/斤)	130	60	1又1/2	
	櫻桃	85	80	9	
	24世紀冬梨(2又3/4個/斤)	155	130	2/5	
	桶柑	150	115		
	山竹(6又3/4個/斤)	440	90	5	
	荔枝(27個/斤)	110	90	5	
	枇杷	190	125		
	榴槤	35			
	仙桃	75	50		
	香蕉(3又1/3根/斤)	75	55	1/2	(小)
	椰子	475	75		
	白文旦(1又1/6個/斤)	190	115	1/3	10×13

	食物名稱	購買量(公克)	可食量(公克)	份量(個)	備註直徑×高(公分)
水果	白柚(4斤/個)	270	150	1/10	18.5×14.4
	加洲李(4又1/4個/斤)	130	120	1	
	蓮霧(7又1/3個/斤)	235	225	3	
	椪柑(3個/斤)	180	150	1	
	龍眼	130	80		
	水蜜桃(4個/斤)	145	135	1	(小)
	紅柚(2斤/個)	280	160	1/5	
	油柑(金棗)(30個/斤)	120	120	6	
	龍眼干	90	30		
	芒果(1個/斤)	150	100	1/4	9.2×7.0
	鳳梨(4又1/2斤/個)	205	125	1/10	
	柳橙(4個/斤)	170	130	1	(大)
	奇異果(6個/斤)	125	110	1又1/4	
	釋迦(2個/斤)	130	60	2/5	
	檸檬(3又1/3個/斤)	280	190	1又1/2	
	鳳眼果	60	35		
	紅西瓜(20斤/個)	300	180	1片	1/4個切8片
	番石榴(泰國)(13/5個/斤)	180	140	1/2	
	＊草莓(32個/斤)	170	160	9	
	木瓜(1個/斤)	275	200	1/6	
	鴨梨(1又1/4個/斤)	135	95	1/4	
	梨仔瓜(美濃)(1又1/4個/斤)	255	165	1/2	6.5×7.5
	黃西瓜(5又1/2斤/個)	335	210	1/10	19×19
	綠棗(E.P.)(11個/斤)	145		3	
	桃子	250	220		
	＊哈蜜瓜(1又4/5斤/個)	455	330	2/5	

1.＊每份水果類含鉀量*300毫克(資料來源：靜宜大學高教授美丁)。

2.黃西瓜、綠棗、桃子、哈蜜瓜蛋白質含量較高。

	每份含脂肪5公克，熱量45大卡			
	食物名稱	購買重量(公克)	可食部份重量(公克)	可食份量
油脂類	植物油(大豆油、玉米油、紅花子油、葵花子油、花生油)	5	5	1茶匙
	動物油(豬油、牛油)	5	5	1茶匙
	麻油	5	5	1茶匙
	椰子油	5	5	1茶匙
	瑪琪琳	5	5	1茶匙
	蛋黃醬	5	5	1茶匙
	沙拉醬(法國式、義大利式)	10	10	2茶匙
	鮮奶油	15	15	1湯匙
	*奶油乳酪	12	12	2茶匙
	*腰果	8	8	5粒
	*各式花生	8	8	10粒
	花生粉	8	8	1湯匙
	*花生醬	8	8	1茶匙
	*黑(白)芝麻	8	8	2 茶匙
	*開心果	14	7	10粒
	*核桃仁	7	7	2粒
	*杏仁果	7	7	5粒
	*瓜子	20(約50粒)	7	1湯匙
	*南瓜子	12(約30粒)	8	1湯匙
	*培根	10	10	1片(25×3.5×0.1公分)
	酪梨	70	50	4湯匙

(註)*熱量主要來自脂肪，但亦含有少許蛋白質(*1 gm)。

寶寶生病的飲食整理表

腸胃型症狀的飲食建議（腹瀉、嘔吐、脹氣）	❶腸胃道症狀，像是腹瀉、嘔吐、脹氣等，在病症急性發作剛開始幾天，寶寶若不想進食，不用強迫他吃東西，腹瀉、嘔吐最容易發生脫水狀況，這時建議補充電解質水來緩解脫水狀況。 ❷飲食以清淡為佳，少量多餐，嚴重的腹瀉、嘔吐剛發病，可先禁食4～6小時，讓腸胃休息一下，剛開始先吃清淡的稀飯米湯、白稀飯等，避免偏甜的食物，因為甜食會讓腹瀉更為嚴重；豆類、奶類會產氣，也暫時不宜食用。 ❸若是以奶為主食的寶寶，母奶寶寶繼續餵哺，配方奶寶寶則將平日泡奶的濃度稀釋一半，腸胃疾病的病程大約持續1～2週，症狀就會改善，之後就可以恢復正常飲食。 ❹益生菌可以幫助受細菌感染的腸胃道修復，也可以抑制腸胃道中壞菌滋生，市售常見含益生菌的食品包括優格、養樂多、優酪乳等（這些食品建議一歲以下的寶寶先不要食用），當寶寶可以進食後可以吃一點優格，優酪乳選無糖為佳，養樂多偏甜少量攝取為宜。
過敏兒的飲食建議（過敏性鼻炎、氣喘、過敏性皮膚炎）	❶建議少吃寒性、生冷的食物，多攝取含有維他命C、維他命E、β胡蘿蔔素與omega-3脂肪酸等食物可降低過敏的發生。 ❷平常多攝取新鮮的蔬果類，像是含維他命C豐富的水果，含β胡蘿蔔素豐富的紅蘿蔔、紅椒與深色蔬菜等。omega-3脂肪酸則在鮭魚、沙丁魚、鱈魚中含量豐富。對腸胃道疾病有助益的益生菌，也對降低過敏有幫助，益菌生除了常見於優格、優酪乳中，含果寡糖豐富的蔬果如香蕉、胡蘿蔔、蘆筍、洋蔥等。
感冒症狀的飲食建議（感冒、發燒、喉嚨發炎）	❶感冒的症狀因人而異，若伴隨發燒就需要增加水分的補充，喉嚨發炎的寶寶則建議給予軟質且涼的食物，像是布丁、豆花、稀飯放涼或是退冰無糖的優酪乳等。 ❷咳嗽可以正常均衡飲食，但是盡量不要吃冰冷、寒性的食物，以免誘發咳嗽，讓病況加劇。甜食會讓痰增多，也不宜吃。

百萬家庭都在用！ **新手父母的十萬個為什麼？怎麼辦？**

最權威的醫療團隊幫你解答所有疑難雜症

懷孕　生產　坐月子　育兒　必備的小百科

最完整、超實用健康懷孕 280 天關鍵實踐寶典

百萬家庭都在用！權威醫師寫給你的第一本懷孕生產書

還在為懷孕期間的種種問題，傷透腦筋？

生產時會突然遭逢什麼狀況，害你總是膽戰心驚嗎？

緊要關頭、關鍵時刻，讓臨床經驗最豐富的權威醫師為你把關！新手父母最想問的問題、非知道不可的觀念，皆可在第一時間，從本書中找到最詳盡、最有用的解答！

作者：高載煥
譯者：覃心愉
出版日期：2011 年 04 月 14 日
ISBN：9789861301914
定價：399 元

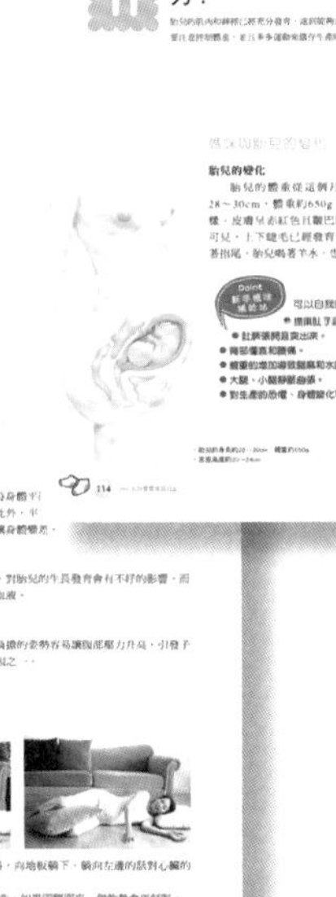
11 腰痠背痛，但寶寶充滿活力！

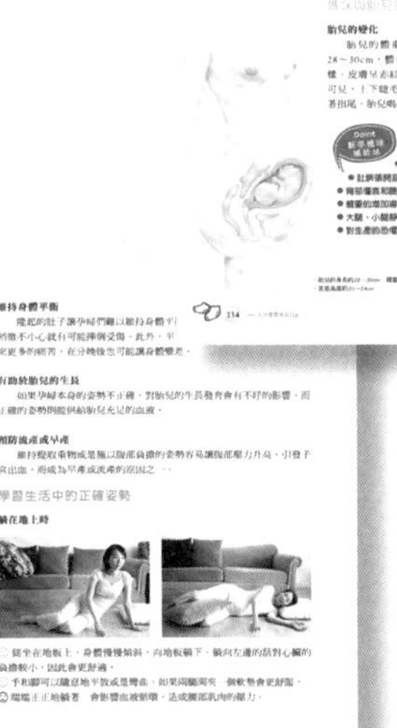
08 正確的姿勢 VS. 錯誤的姿勢

嬰幼兒超好帶、不生病、睡得好的關鍵祕訣

百萬媽媽都在用！小兒科醫師教你養出健康寶寶

新生兒全方位照護指南，幫寶寶做到最好的照顧。

寶寶總是半夜不睡覺、超愛哭、老是掛急診，讓你既抓狂又擔心？而媽媽、婆婆的千叮嚀、萬交代，更是讓你左右為難、傷透腦筋？

本書首度公開醫師級的育兒訣竅，爸爸媽媽只要跟著做，就能速解嬰幼兒的所有疑難雜症，養出能吃、能玩又能睡的健康寶寶！

作者：高載煥暨五位醫師 / 審訂
譯者：覃心愉
出版日期：2011 年 06 月 09 日
ISBN：9789861301969
定價：399 元

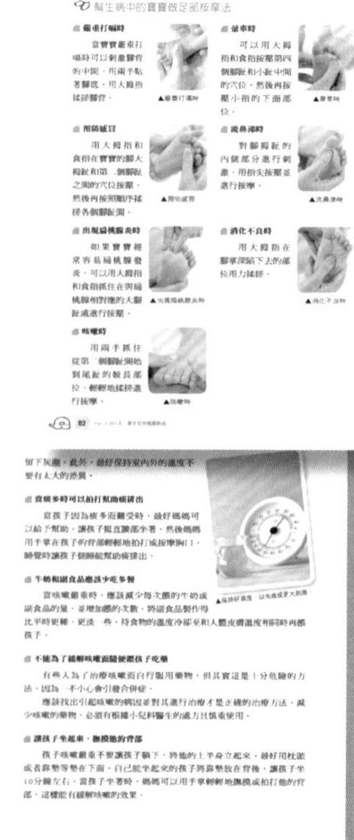

百萬父母都在問！ **教養子女的迷思與問題**

心理學博士給你最實用的方法最完整的答案

習慣教養　情緒教養　行為教養　必備的小百科

教出好習慣，爸媽天天都需要，教養疑惑完全解答

百萬父母都在問！
心理學博士寫給你的習慣教養書

每位父母對於孩子，有各式各樣不同的教養疑惑，本書完整蒐錄廣大爸爸媽媽在習慣教養上的種種困擾，而作者也把從醫多年來的經驗，以問答的方式呈現，並對種種疑問做出了最完整詳實的解答，提供給爸媽做為參考！

作者：吳恩瑛 / 審訂
譯者：全愛順
出版日期：2011 年 08 月 25 日
ISBN：9789861302003
定價：350 元

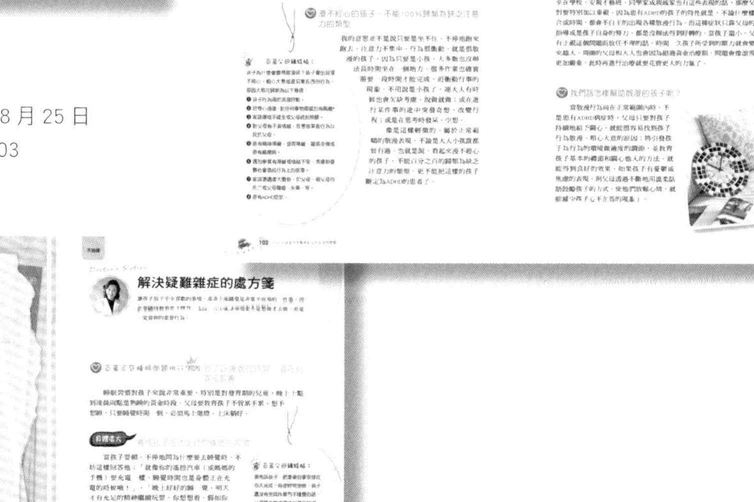

現在的孩子各個冰雪聰明！
未來競爭決勝點就是『誰擁有高 EQ ！』

百萬父母都在問！心理學博士寫給你的情緒教養書

孩子不講理、愛生氣、固執、害羞又焦慮…，

這些情緒障礙該怎麼排除？

超人氣兒童心理醫師吳恩瑛博士，獨家情緒教養技巧大公開，整合了日常生活中，孩子在情緒上經常會出現的問題，提供了最完整的解釋，以及最根本的解決之道！

孩子比你更不想輸給別人，現代父母不看以後絕對會後悔！

作者：吳恩瑛
譯者：全愛順
出版日期：2011 年 09 月 22 日
ISBN：9789861302034
定價：350 元

經常感到不安、害怕的小孩

不該笑時嗜笑，是孩子自我防禦機制的表現

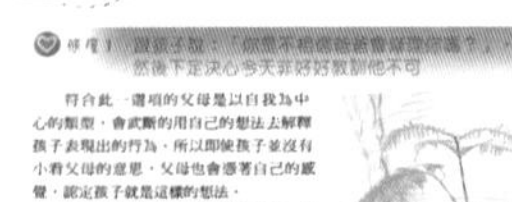

徹底改變孩子的偏差行為、教出人人稱讚的好品德！

百萬父母都在問！心理學博士寫給你的行為教養書

人格發展，是影響孩子一生的最重要關鍵！只要爸媽用對方法，就能讓孩子異常或失控的偏差行為 Out！

孩子沈迷於電腦、考試愛作弊、喜歡偷東西、老是霸凌同學…，這些偏差行為到底該怎麼糾正？

最有人氣的心理醫師吳恩瑛博士，行為教養技巧大公開，簡單又好用的對策，教你見招拆招，讓孩子的行為不再 NG！

作者：吳恩瑛
譯者：全愛順
出版日期：2011 年 10 月 27 日
ISBN：9789861302058
定價：350 元

怎樣幫孩子戒斷電視成癮的習慣

Tips 如果電視消失了，我們的生活會變成什麼樣子呢？

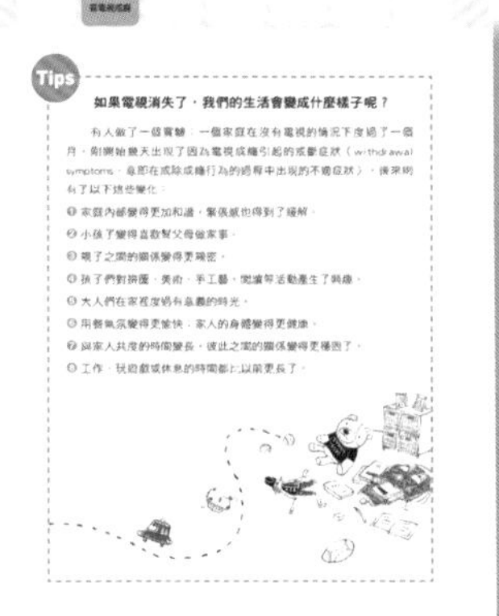

孩子適應能力差，該怎麼辦？

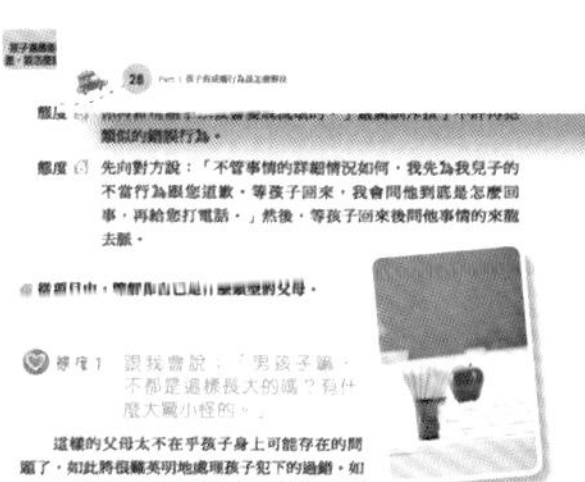

吃對食物，越吃越年輕

預防一個人老後有氣無力，讓你再年輕一次！
不長斑、不失眠、不頻尿、不健忘完全青春手冊

提早老化與疾病，有90%都是吃出來的！
吃錯食物，一定老的快！
中醫學博士親自傳授，**3階段**打造青春的法寶
強化腸胃功能、促進新陳代謝、增加抗病能力，
跟著做，讓你看起來永遠都像25歲！

作者：徐慧茵
出版日期：2012年05月31日
ISBN：9789861302126
定價：320元

90% 的人生病都掛錯科

權威健檢師教你看對醫生、做對檢查！

健檢報告出現紅字，該怎麼辦？
血濁、血油、循環不好該看哪一科？
動不動就腰痠背痛，是不是該去檢查腎臟？
好痛！手舉不高、伸不直，到底是要看神經內科還是復健科？
本書完整收錄**【17大檢查項目表】+【醫院科別症狀總覽】**
給你最完整、最清楚、最好用的就醫指南！
教你認識症狀、看對科別、做對檢查、讀懂報告，

頭痛

作者：廖俊凱
出版日期：2012年07月26日
ISBN：9789861302140
定價：350元

腰瘦美不復胖，
7天排毒擇食腰就瘦！

只要吃對食物，就能從XL到XS的奇蹟代謝法，讓你一瘦就是一輩子！

為什麼吃這麼少、再怎麼賣力運動還是瘦不下來？
為什麼好不容易瘦下來，卻又很快就胖回來？
為什麼工作這麼累、壓力這麼大，身體卻還是一直往橫向發展？
為什麼拼了命的用保養品，皮膚狀況卻越來越糟？

吃錯了，就像吃進毒素，當然瘦不了！
只要運用**【7天淨化排毒】**＋**【7招擇食養瘦】**，
就能把腰部的贅肉通通變不見！

腰瘦，人就瘦！
讓你一書在手，毒素、贅肉不上身＆輕鬆減重不傷身！
現在開始，改變吃法！7天就能看見瘦身效果！

作者：王剴鏘
出版日期：2012年11月01日
ISBN：9789861302188
定價：299元

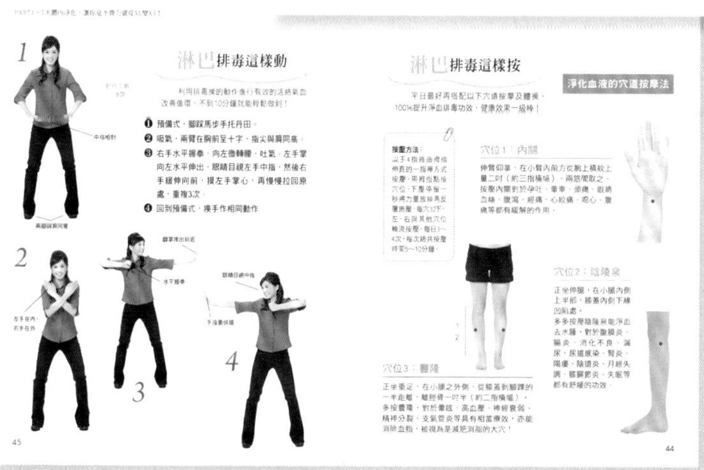

國家圖書館出版品預行編目資料

百萬父母都說讚! 菜市場的營養學：權威營養師為寶寶寫的110道主、副食品烹調技巧 / 饒月娟等編著.
-- 初版. -- 新北市中和區：台灣廣廈，2012.12
面： 公分
ISBN 978-986-130-219-5 (平裝)
1.育兒 2.小兒營養 3.食譜
428.3 101022566

菜市場的營養學

權威營養師為寶寶寫的110道主、副食品烹調技巧

作者 WRITER	饒月娟 高雅群 黃雅慧 吳雅惠
出版者 PUBLISHING COMPANY	台灣廣廈有聲圖書有限公司 Taiwan Mansion Books Group
登記證	局版台業字第6110號
發行人 / 社長 PUBLISHER / DIRECTOR	江媛珍 Jasmine Chiang
總編輯 MANAGING EDITOR	張秀環 Katy Chang
執行編輯	許秀妃
文字協力	謝函芳
美術設計	張晴涵
行政會計	吳鳳茹
發行管理	吳俞賢、李瑞翔
法律顧問	第一國際法律事務所 余淑杏律師
郵撥戶名	台灣廣廈有聲圖書有限公司 （購書300以內，需外加30元郵資，滿300（含）以上，免郵資）
劃撥帳號	18788328
圖書總經銷	知遠文化事業有限公司
訂書專線	（02）2664-8800
傳真專線	（02）2664-8801
網址 www.booknews.com.tw	www.booknew.com.tw 博・訊・書・網
排版／製版／印刷／裝訂	菩薩蠻／東豪／弼聖／秉成
出版日期	2017年12月初版8刷

版權所有・翻印必究
Traditional Chinese edition copyright © 2012 by Taiwan Mansion Publishing Co.Ltd .

廣 告 回 信
板橋郵局登記證
板橋廣字第771號
免 貼 郵 票

台灣廣廈出版集團

23586 新北市中和區中山路二段359巷7號2樓

編輯部 收

讀者服務專線：(02) 2225-5777 *142、143

菜市場的營養學

權威營養師為寶寶寫的110道主、副食品烹調技巧

讀者回函卡

親愛的讀者：

感謝您購買本書籍，雖然我們很謹慎地推出每一本健康好書，以利社會大眾的健康觀念能融入生活脈絡中。但健康的世界浩瀚無垠，與其要從眾多的資訊中辛苦的搜尋，倒不如將寶貴的意見毫不吝嗇的告訴我們，期盼您能將以下資料填妥後寄回本公司，讓我們能製作出更多輕鬆讀、看得懂、簡單學的實用健康書，非常感謝您！

1. 您最想獲得的健康醫學資訊 □西醫新知 □中醫天地
2. 您最想蒐集的健康資訊優先順序是：（請依順序填寫）

   □胎兒成長 □嬰幼兒養護 □青春期發育 □婦女保健 □男性保健 □銀髮族照護 □上班族解壓秘方
   □防癌、抗癌
3. 在有限的預算中，您購買健康類書籍的優先順序是：（請依順序填寫）

   □日常保健 □營養調理 □醫藥新知 □健康飲食 □美容4.請問您的性別：□女 □男
5. 您的年齡：□20歲以下 □20～30歲 □30～40歲 □40歲～50歲 □50歲～60歲 □60歲以上
6. 您習慣以何種方式購書：

   □書店 □劃撥 □書展 □網路書店 □超商 □量販店 □電視購 □其他 ____________
7. 您的職業：

   □學生 □上班族 □ 家庭主婦 □軍警/公教 □金融業 □傳播/出版□服務業 □自由業 □銷售業 □製造業
   □其他 ____________
8. 您是否有興趣接受敝社新書資訊？ □有 □沒有
9. 如果方便，請留下您的電子信箱，我們會將最新出版訊息報給您知：

   E-mail：____________
10. 您從何處得知本書出版訊息：

   書店 □報紙、雜誌 □廣播 □電視 □親友介紹 □其他 ____________
11. 您對本書的評價（請填代號1.非常滿意 2.滿意 3.普通 4.有待改進）

   □書名 □內容 □封面設計 □版面編排 □實用性
12. 您希望我們未來出版何種主題書，或其他的建議是：（請以正楷詳細填寫，以便使您的資料完整登錄）

   姓名 /____________ 電話 / ____________ 手機 /____________

   地址 / 郵遞區號□□□

   ____

台灣廣廈出版社「新手媽咪特訓班」系列，將陸續推出能夠讓新手媽咪安心且放心的精彩好書！

讀者服務：〈02〉22255777轉142、143